低压电工入门考证一本通

刘理云　贺应和　编著

化学工业出版社

·北京·

本书从电工初学者角度出发，结合低压电工上岗考证相关要求，介绍了低压电工的必备基础知识和各项操作技能。书中简要说明了电工基础知识、常用电工电料及选用、常用低压电器以及低压电工线路，重点介绍了常用电工工具仪表的使用技巧、低压电工安装操作技能；注重提高技能和解决实用工作中遇到的问题，内容图文并茂，由浅入深，帮助读者尽快掌握低压电工应知应会的基本知识和实用技能，轻松取证上岗。

本书可供电工技术人员阅读，也可供相关专业院校师生、电工专业培训使用。

图书在版编目（CIP）数据

低压电工入门考证一本通/刘理云，贺应和编著. —北京：化学工业出版社，2016.8（2023.3 重印）
ISBN 978-7-122-27022-1

Ⅰ．①低⋯　Ⅱ．①刘⋯②贺⋯　Ⅲ．①低电压-电工技术-基本知识　Ⅳ．①TM

中国版本图书馆 CIP 数据核字（2016）第 096922 号

责任编辑：刘丽宏　　　　　　　　　　　　　文字编辑：孙凤英
责任校对：宋　玮　　　　　　　　　　　　　装帧设计：刘丽华

出版发行：化学工业出版社（北京市东城区青年湖南街 13 号　邮政编码 100011）
印　　装：北京科印技术咨询服务有限公司数码印刷分部
787mm×1092mm　1/16　印张 14¾　字数 389 千字　2023 年 3 月北京第 1 版第 10 次印刷

购书咨询：010-64518888　　　　　　　售后服务：010-64518899
网　　址：http://www.cip.com.cn
凡购买本书，如有缺损质量问题，本社销售中心负责调换。

定　　价：49.80 元

随着生产和生活中用电量的不断增大，低压电工的工作显得越来越重要，为此，笔者从实际出发，本着易学、够用、实用的原则编写了本书，引导读者轻松掌握低压电工上岗必备的操作技能和技巧。

《低压电工入门考证一本通》以服务低压电工岗位需求为编写指导思想，对低压电工应掌握的基础知识和实用操作技能做了全面的介绍，力求内容实用和通俗易懂，突出低压电气设备与低压电气线路的检修等实用内容，注重提高技能和解决实用工作中遇到的问题，精选典型电气控制实际故障案例进行说明。

全书从电工初学者角度出发，结合低压电工上岗考证的相关要求，简要说明了电工基础知识、常用电工电料及选用、常用低压电器以及低压电工线路，重点介绍了常用电工工具仪表的使用技巧、低压电工安装操作技能。内容图文并茂，由浅入深，注重操作技能的培养，帮助读者尽快掌握低压电工应知应会的基本知识和实用技能，轻松取证上岗。

本书由刘理云、贺应和编著，由祖国建审稿。

由于编著者水平有限，书中不足之处难免，敬请广大读者批评指正。

编著者

第1章
低压电工基础

1.1 低压电工安全知识

安全用电是指电气工作人员、生产人员以及其他用电人员，在既定环境条件下，采取必要的措施和手段，在保证人身及设备安全的前提下正确使用电力。安全用电不仅仅是电气工作的重要组成部分，同时也是劳动保护工作的重要方面。

1.1.1 低压电气事故的形成与类型

1.1.1.1 低压电气事故的形成

(1) 电气事故的主要原因

① 电气设备在设计、制造、安装时未能按有关规定进行。

② 缺少安全措施和安全知识而未能及时发现异常情况和采取措施。

③ 缺少安全管理造成运行和维护不当。

④ 设备绝缘损坏和自然老化。

⑤ 高分子化学工业的发展，企业中由于静电引起的爆炸和火灾事故越来越多。

⑥ 由于高层建筑、高压和超高压输电线路，雷电灾害也屡见不鲜。

(2) 低压触电事故的具体原因

① 设备不合格或严重失修　低压架空导线过低，离地净空高度和离建筑物的距离不符合规程要求；电杆拉线的固定部位不合适，工艺不良，拉线无隔离绝缘子且触及导线；用断股导线或一般铁丝作为电线，用绝缘破损、严重老化的电线作进户线或电动机引线；电线和电气设备长期使用后绝缘老化、破损，严重失修；单极开关误接在中性线上，使灯头长期带电，以及螺口灯座与灯泡的带电部位外露；广播线与电力线搭连；插座、插头不合格，或胶木闸刀开关、灯头等绝缘护罩、护盖失落、破坏；使用手持式电动工具缺少必要的安全技术措施；电动机绝缘受潮、老化和保护接地（或接零）失效；使用220V作行灯照明；配电盘设计和制造上的缺陷，使配电盘前后带电部分易于触及人体；电线或电缆因绝缘磨损或腐蚀而损坏，在带电时拆装电缆；大风刮断的低压线路未能及时修理等。

② 违章作业　带电搭接电源或修理电气设备，以及带电移动漏电设备；在架空线下面建造房屋或起吊重物而无安全措施；剪修高压线附近树木而接触高压线；趁供电线路停电，不经申报擅自在停电设备上工作；违反制度，约时停送电；在高低压共杆架设的线路电杆上检修低压线或广播线；带电接临时照明线及临时电源；火线误接在电动工具外壳上；用湿手拧灯泡；窃电等。

③ 缺乏安全知识　赤手拨拉断落的带电导线或拖拉触电者；插头接地端子误接相线，使用电设备金属外壳带电，或将电源接在插头上；爬登变压器或登杆掏鸟窝；任意将无盖闸刀开关放在地上运行；用非绝缘物包裹导线接头；潮湿场所用电未采用安全电压等。

④ 私拉乱接电源　装接一线一地照明；直接用导线挂钩架空线用电；私设220V用电围

栏；用破旧导线私拉地爬线、拦腰线等。

1.1.1.2 低压电气事故的类型

根据电能的不同作用形式，可将电气事故分为触电事故、静电危害事故、雷电灾害事故、电磁场危害事故和电气系统故障危害事故等。

(1) 触电事故

① 电击　这是电流通过人体，刺激机体组织，使肌肉非自主地发生痉挛性收缩而造成的伤害。严重时会破坏人的心脏、肺部、神经系统的正常工作，形成危及生命的伤害。

电击对人体的效应是由通过的电流决定的，而电流对人体的伤害程度与通过人体电流的强度、种类、持续时间、通过途径及人体状况等多种因素有关。

按照人体触及带电体的方式，电击可分为以下几种情况。

a. 单相触电。这是指人体接触到地面或其他接地导体的同时，人体另一部位触及某一相带电体所引起的电击。

中性点直接接地电网的单相触电：如图 1-1 所示，人体承受 220V 的相电压，电流经过人体、大地和中性点的接地装置，形成闭合回路。该触电形式发生得较多，后果往往很严重。

中性点不接地电网的单相触电：如图 1-2 所示，人碰到任一相带电体时，该相电流通过人体经另外两根相线对地绝缘电阻和分布电容而形成回路，如果绝缘阻抗非常大，则通过人体的电流较小，对人体伤害的危险性也降低；如果线路的绝缘不良，则通过人体的电流就较大，对人体伤害的危险性也就较高。

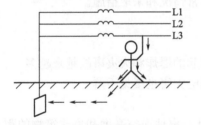

图 1-1　中性点直接接地电网单相触电

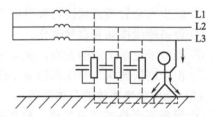

图 1-2　中性点不接地电网单相触电

b. 两相触电。这是指人体的两个部位同时触及两相带电体所引起的电击。如图 1-3 所示。两相触电时，人体承受的电压是线电压（380V），因此，两相触电的危害性比单相触电严重得多。

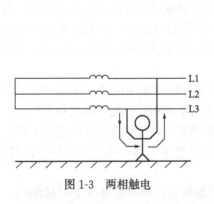

图 1-3　两相触电

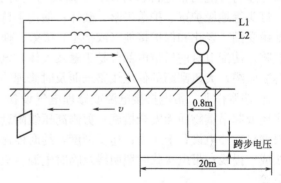

图 1-4　跨步电压触电

c. 跨步电压触电。这是指站立或行走的人体，受到出现于人体两脚之间的电压，即跨步电压作用所引起的电击。如图 1-4 所示，当带电体接地时，就会形成一个以接地点为圆心的电位分布区。接地点的电位就是导线的电位，离接地点越远，地面的电位就越低，在接地点

20m 以外，地面电位近似为零；离接地点越近，地面电位越高，如果人的两脚（或牲畜的前后蹄）站在离接地点远近不同的位置上，两脚之间就有电位差，此电位差称为跨步电压。此时，电流就会从一脚经胯部再到另一脚流入地下，形成回路，称为跨步电压触电。前后脚距离越大，所受跨步电压也就越大，触电的危险性也就越大。

② 电伤　这是电流的热效应、化学效应、机械效应等对人体所造成的伤害。此伤害多见于机体的外部，往往在机体表面留下伤痕。能够形成电伤的电流通常比较大。

电伤属于局部伤害，其危险程度决定于受伤面积、受伤深度、受伤部位等。

电伤包括电烧伤、电烙印、皮肤金属化、机械损伤、电光眼等多种伤害。

电烧伤是最为常见的电伤，大部分触电事故都含有电烧伤成分。电烧伤又分为电流灼伤和电弧烧伤。

电流灼伤是人体同带电体接触，电流通过人体时，因电能转换成的热能引起的伤害。由于人体与带电体的接触面积一般都不大，且皮肤电阻又比较高，因而产生在皮肤与带电体接触部位的热量就较多，因此，使皮肤受到比体内严重得多的灼伤。电流愈大、通电时间愈长、电流途径上的电阻愈大，则电流灼伤愈严重。

电弧烧伤是由弧光放电造成的烧伤。电弧发生在带电体与人体之间，有电流通过人体的烧伤称为直接电弧烧伤；电弧发生在人体附近，对人体形成的烧伤以及被熔化金属溅落的烫伤称为间接电弧烧伤。弧光放电时电流很大，能量也很大，电弧温度高达数千摄氏度，可造成大面积的深度烧伤，严重时能将机体组织烘干、烧焦。

在全部电烧伤的事故当中，大部分事故发生在电气维修人员身上。

电烙印是电流通过人体后，在皮肤表面接触部位留下与接触带电体形状相似的斑痕，如同烙印。斑痕处皮肤呈现硬变，表层坏死，失去知觉。

皮肤金属化是由高温电弧使周围金属熔化、蒸发并飞溅渗透到皮肤表层内部所造成的。受伤部位呈现粗糙、张紧。

机械损伤多数是电流作用于人体，使肌肉产生非自主的剧烈收缩所造成的。其损伤包括肌腱、皮肤、血管、神经组织断裂以及关节脱位乃至骨折等。

电光眼的表现为角膜和结膜发炎。弧光放电时辐射的红外线、可见光、紫外线都会损伤眼睛。在短暂照射的情况下，引起电光眼的主要原因是紫外线。

(2) 静电危害事故　静电危害事故是由静电电荷或静电场能量引起的。在生产工艺过程中以及操作人员的操作过程中，某些材料的相对运动、接触与分离等原因导致了相对静止的正电荷和负电荷的积累，即产生了静电。由此产生的静电其能量不大，不会直接使人致命。但是，其电压可能高达数十千伏乃至数百千伏，发生放电，产生放电火花。静电危害事故主要有以下几个方面。

① 在有爆炸和火灾危险的场所，静电放电火花会成为可燃性物质的点火源，造成爆炸和火灾事故。

② 人体因受到静电电击的刺激，可能引发二次事故，如坠落、跌伤等。此外，对静电电击的恐惧心理还对工作效率产生不利影响。

③ 某些生产过程中，静电的物理现象会对生产产生妨碍，导致产品质量不良，电子设备损坏，造成生产故障，乃至停工。

(3) 雷电灾害事故　雷电是大气中的一种放电现象。雷电放电具有电流大、电压高的特点。其能量释放出来可能形成极大的破坏力。其破坏作用主要有以下几个方面。

① 直击雷放电、二次放电、雷电流的热量会引起火灾和爆炸。

② 雷电的直接击中、金属导体的二次放电、跨步电压的作用及火灾与爆炸的间接作用，

均会造成人员的伤亡。

③ 强大的雷电流、高电压可导致电气设备击穿或烧毁。发电机、变压器、电力线路等遭受雷击，可导致大规模停电事故。雷击可直接毁坏建筑物、构筑物。

(4) 射频电磁场危害事故 射频指无线电波的频率或者相应的电磁振荡频率，泛指100kHz以上的频率。射频伤害是由电磁场的能量造成的。射频电磁场的危害主要有：

① 在射频电磁场作用下，人体因吸收辐射能量会受到不同程度的伤害。过量的辐射可引起中枢神经系统的机能障碍，出现神经衰弱等临床症状；可造成植物神经紊乱，出现心率或血压异常，如心动过缓、血压下降或心动过速、高血压等；可引起眼睛损伤，造成晶体浑浊，严重时导致白内障；可使睾丸发生功能失常，造成暂时或永久的不育症，并可能使后代产生疾患；可造成皮肤表层灼伤或深度灼伤等。

② 在高强度的射频电磁场作用下，可能产生感应放电，会造成电引爆器件发生意外引爆。感应放电对具有爆炸、火灾危险的场所来说是一个不容忽视的危险因素。此外，当受电磁场作用感应出的感应电压较高时，会给人以明显的电击。

(5) 电气系统故障危害事故 电气系统故障危害是由于电能在输送、分配、转换过程中失去控制而产生的。断线、短路、异常接地、漏电、误合闸、误掉闸、电气设备或电气元件损坏、电子设备受电磁干扰而发生误动作等都属于电路故障。系统中电气线路或电气设备的故障也会导致人员伤亡及重大财产损失。电气系统故障危害主要体现在以下几方面。

① 引起火灾和爆炸。线路、开关、熔断器、插座、照明器具、电热器具、电动机等均可能引起火灾和爆炸；电力变压器、多油断路器等电气设备不仅有较大的火灾危险，还有爆炸的危险。在火灾和爆炸事故中，电气火灾和爆炸事故占有很大的比例。就引起火灾的原因而言，电气原因仅次于一般明火而位居第二。

② 异常带电。电气系统中，原本不带电的部分因电路故障而异常带电，可导致触电事故发生。例如：电气设备因绝缘不良产生漏电，使其金属外壳带电；高压电路故障接地时，在接地处附近呈现出较高的跨步电压，形成触电的危险条件。

③ 异常停电。在某些特定场合，异常停电会造成设备损坏和人身伤亡。如正在浇注钢水的吊车，因骤然停电而失控，导致钢水洒出，引起人身伤亡事故；医院手术室可能因异常停电而被迫停止手术，无法正常施救而危及病人生命；排放有毒气体的风机因异常停电而停转，致使有毒气体超过允许浓度而危及人身安全等；公共场所发生异常停电，会引起妨碍公共安全的事故；异常停电还可能引起电子计算机系统的故障，造成难以挽回的损失。

1.1.2 低压电气安全的主要措施

1.1.2.1 低压电工安全用电常识

① 上岗前必须穿戴好规定的防护用品。一般不允许带电作业。

② 工作前应详细检查所用工具是否安全可靠，了解场地、环境情况，选好安全位置。

③ 各项电气工作要认真严格执行"装得安全、拆得彻底、检查经常、修理及时"的规定。

④ 在线路、电气设备上工作时要切断电源，并挂上警告牌，验明无电后才能进行工作。

⑤ 不准无故拆除电气设备上的熔丝、过负荷继电器或限位开关等安全保护装置。

⑥ 机电设备安装或修理完工后，在正式送电前必须仔细检查绝缘电阻及接地装置和传动部分防护装置，以确保其符合安全要求。

⑦ 发生触电事故时应立即切断电源，并采用安全、正确的方法立即对触电者进行抢救。

⑧ 装接灯头时开关必须控制相线（即开关应装在火线上）；临时线敷设时应先接地线，拆

除时应先拆相线。

⑨ 在使用电压高于 36V 的手电钻时，必须戴好绝缘手套，穿好绝缘鞋。使用电烙铁时，安放位置不得有易燃物或靠近电气设备，用完后要及时拔掉插头。

⑩ 工作中拆除的电线要及时处理好，带电的线头须用绝缘带包扎好。

⑪ 高空作业时应系好安全带。

⑫ 登高作业时，工具、物品不准随便向下扔，须装入工具袋内吊送或传递。地面上的人员应戴好安全帽，并离开施工区 2m 以外。

⑬ 雷雨或大风天气，严禁在架空线路上工作。

⑭ 低压架空线路上带电作业时，应有专人监护，使用专用绝缘工具，穿戴好专用防护用品。

⑮ 低压架空带电作业时，人体不得同时接触两根线头，不得穿越未采取绝缘措施的导线之间。

⑯ 在带电的低压开关柜（箱）上工作时，应采取防止相间短路及接地等安全措施。

⑰ 当电器发生火警时，应立即切断电源。在未断电前应用四氯化碳、二氧化碳或干砂灭火，严禁用水或普通酸碱泡沫灭火机灭火。

⑱ 配电间严禁无关人员入内。外来单位参观时必须经有关部门批准，由电气工作人员带入。倒闸操作必须由专职电工进行，复杂的操作应由两人进行：一人操作，一人监护。

1.1.2.2 低压电工安全操作技术措施

(1) 停电检修安全操作技术措施 在电气设备上进行工作，一般情况下均应停电后进行，停电工作应采取以下安全措施。

① 停电 检修电气设备时，首先应根据工作内容，做好全部停电的倒闸操作，断开被检修设备的电源，对于多回路的线路，特别要防止向被检修设备反送电。

② 验电 断开电源后，必须用符合电压等级的验电器（试电笔），对被停电的设备进出线两侧各相分别进行验电，确证该设备已无电压存在后，方可开始工作。

③ 装设临时短路接地线 对于可能送电到被检修设备的各个电源方向，以及可能产生感应电压的地方，都要装设临时短路接地线。

装设临时短路接地线时，必须先接接地端，后接导体端，且接触必须良好。拆除临时短路接地线的顺序与装设时相反。在装拆临时短路接地线时，应使用绝缘杆，戴绝缘手套，且应有专人监护。

④ 悬挂警告牌和装设遮栏 在已断开的开关和闸刀的操作手柄上挂上"禁止合闸，有人工作"的标示牌，必要时要加锁，以防止误合闸。

(2) 带电检修安全操作技术措施 如因特殊原因，设备或线路不能停电而又必须进行设备或线路的检修工作，就必须带电工作，带电工作应注意以下安全事项。

① 在 380/220V 的电气设备或线路上进行带电工作时，必须使用有绝缘手柄而且经耐压试验合格的工具，穿绝缘鞋，戴绝缘手套，站在干燥的绝缘物上进行操作，且应有专人进行监护。

② 将在工作中可能触及的其他带电体及接地物体，用绝缘物或网状遮栏隔离，以防造成相间短路或对地短路。

③ 在 380/220V 的设备或线路上带电工作时，应分清相线和零线。工作时任何情况下只准接触一根导线，不准同时接触两根导线，在进行连接或搭接导线时，要先连接中性线（地线），后连接相线（火线）；在断开导线时，要先断开相线，后断开中性线。

1.1.2.3　低压电气设备安全措施

为了保证电气设备的安全运行，电气设备的金属外壳应采用保护接地或保护接零的措施。

(1) 保护接地　如图 1-5 所示，将电气设备正常运行下不带电的金属外壳和架构通过接地装置与大地进行连接，称为保护接地。保护接地的作用：在中性点不接地的三相三线制电网中，当电气设备因一相绝缘损坏而使金属外壳带电时，如果设备上没有采取接地保护，则设备外壳存在着一个危险的对地电压，这个电压的数值接近于相电压，此时如果有人触及设备外壳，就会有电流通过人体，造成触电事故。

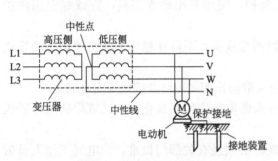

图 1-5　保护接地示意图

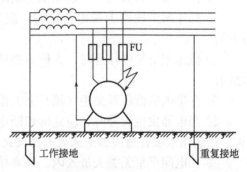

图 1-6　保护接零原理图

(2) 保护接零　如图 1-6 所示，将电气设备正常运行下不带电的金属外壳和架构与配电系统的零线直接进行电气连接，称为保护接零。保护接零的作用：采用保护接零时，电气设备的金属外壳直接与低压配电系统的零线连接在一起，当其中任一相的绝缘损坏而外壳带电时，形成相线和零线短路，短路电流很大，促使线路上的保护装置（如熔断器、自动空气断路器等）迅速动作，切断故障设备的电源，从而起到防止人身触电的保护作用及减少设备损坏的机会。

(3) 接地和接零的注意事项

① 在中性点直接接地的低压电网中，电力装置宜采用接零保护；在中性点不接地的低压电网中，电力装置应采用接地保护。

② 在同一配电线路中，不允许一部分电气设备接地，另一部分电气设备接零，以免接地设备一相碰壳短路时，可能由于接地电阻较大，而使保护电器不动作，造成中性点电位升高，使所有接零的设备外壳都带电，反而增加了触电的危险性。

③ 由低压公用电网供电的电气设备，只能采用保护接地，不能采用保护接零，以免接零的电气设备一相碰壳短路时，造成电网的严重不平衡。

④ 为防止触电危险，在低压电网中，严禁利用大地作相线或零线。

⑤ 用于接零保护的零线上不得装设开关或熔断器，单相开关应装在相线上。

1.1.3　电气火灾消防知识

一旦发生电气火灾，应立即组织人员采用正确方法进行扑救，同时拨打 119 火警电话，向公安消防部门报警，并且应通知电力部门用电监察机构派人到现场指导和监督扑救工作。

① 电气设备发生火灾时，要首先切断电源，以防火势蔓延和灭火时造成触电。

② 灭火时，灭火人员不可使身体或手持的灭火工具触及导线和电气设备，以防止触电。

③ 灭火时要采用黄砂、干粉、二氧化碳或 1211 灭火剂等不导电的灭火材料，不可用水或泡沫灭火器进行灭火。

④ 带电灭火要注意灭火器的本体、喷嘴及人体与带电体之间的距离。对电压在 10kV 及以下的电气设备，距离应不小于 0.4m；35kV 不小于 0.6m。

⑤ 若只能用普通水枪进行带电灭火，则应先做好预防触电的安全措施，如将水枪喷嘴接地，灭火人员戴手套，穿绝缘靴等。

⑥ 对架空电力线路或其他处于高处的电气设备进行灭火时，灭火人员的位置与带电体之间的仰角应不超过 45°，以防导线断落或设备倒下伤人。如遇带电导线断落地面，灭火人员须离开导线落地点 20m 以外，以防跨步电压触电。

1.1.4 触电急救技术

触电急救的要点是：动作迅速，救护得法。当发现有人触电时，切不可惊慌失措，束手无策，更不可借故逃离。应尽快使触电者脱离电源，然后根据触电者的具体情况，进行相应的救治。

1.1.4.1 使触电者迅速脱离电源

使触电者脱离电源的方法是，立即断开电源开关或拔掉电源插头。若无法及时断开电源开关，则可用有良好绝缘钳柄的钢丝钳剪断电线，或用有干燥木柄的斧头或其他工具将电线砍断。如身边什么工具都没有，可用干衣服、围巾等衣物，多层地、厚厚地把一只手严密包裹起来，拉触电者的衣服使其脱离电源。

1.1.4.2 简单诊断

触电者脱离电源后，要根据触电者的情况迅速进行救治。

① 触电者伤势不重，神志清醒，但心慌、四肢发麻、全身无力，或曾一度昏迷，但已清醒过来。此时应使触电者安静休息，不要走动，并请医生诊治或送往医院治疗。

② 触电者伤势较重，已失去知觉，但还有心脏跳动和呼吸存在。此时应使触电者舒适安静地平卧，周围不要围人观看，并应让空气流通。解开触电者衣服以利呼吸，如天气寒冷，要注意保暖，并请医生诊治或送医院治疗。如触电者呼吸困难或发生痉挛，应准备好一旦呼吸停止立即做进一步的抢救。

③ 触电者伤势严重，呼吸停止或心脏跳动停止，或二者都已停止。此时应立即施行人工呼吸法和胸外心脏挤压法进行抢救，并速请医生或送医院抢救。

1.1.4.3 现场急救方法

(1) 口对口人工呼吸法 口对口人工呼吸法是在触电者呼吸停止后应用的急救方法，是用人工的力量，促使肺部膨胀和收缩，达到恢复呼吸的目的。

① 使触电者仰卧，颈部伸直，解开触电者身上妨碍呼吸的衣服扣结、上衣、裤带等；掰开触电者的嘴，清除口腔内妨碍呼吸的呕吐物、黏液、活动假牙等；如果舌头后缩要把舌头拉出来，使呼吸道畅通。如果触电者牙关紧闭，可用木片、金属片等从嘴角伸入牙缝慢慢撬开，然后使触电者头部尽量后仰，如图 1-7(a) 所示。

② 救护人在触电者头部旁边，一手捏紧触电者的鼻孔不让漏气，另一手扶着触电者的下颌，使嘴张开，如图 1-7(b) 所示。

③ 救护人作深呼吸后，紧贴触电者的嘴（要防止漏气）吹气，同时观察触电者胸部膨胀情况，以胸部略有起伏为宜。吹气用力大小要根据不同的触电者而有区别。吹气情况如图 1-7(c) 所示。

④ 吹气人吹气完毕准备换气时，应立即离开触电者的嘴，并放开捏紧的触电者鼻孔，让

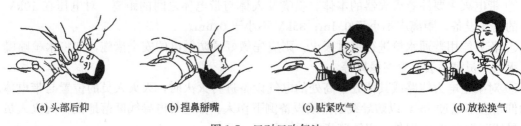

(a) 头部后仰　　　　(b) 捏鼻掰嘴　　　　(c) 贴紧吹气　　　　(d) 放松换气

图 1-7　口对口吹气法

触电者自行呼气，如图 1-7(d) 所示。

　　按以上步骤连续不断地进行。对成年触电者每分钟吹气 14～16 次，每次吹气约 2s，呼气约 3s；对儿童触电者每分钟吹气 18～24 次，不用捏紧鼻子，任其自然漏气。

　　(2) 胸外心脏挤压法　胸外心脏挤压法是用人工的方法在胸外挤压心脏，使触电者心脏恢复跳动。这种方法适用于抢救心脏跳动停止或心脏跳动不规则的触电者，具体做法如下。

　　① 使触电者仰卧，清除嘴里痰液，取下活动假牙。不使舌根后缩，使其呼吸道畅通。背部着地处应平整稳固，以保证挤压效果。

　　② 按图 1-8(a) 所示选好正确压点以后，救护人肘关节伸直，左手掌复压在右手背上，适当用力，带有冲击性地压触电者的胸骨（压胸骨时要对准脊椎骨，从上向下用力），如图 1-8(b) 和图 1-8(c) 所示。对成年人，可压下 3～4cm；对儿童应只用一只手，并且用力要小些，压下深度要浅些。

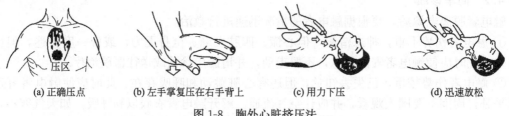

(a) 正确压点　　　(b) 左手掌复压在右手背上　　　(c) 用力下压　　　(d) 迅速放松

图 1-8　胸外心脏挤压法

　　③ 挤压后，掌根要迅速放松（但不要离开胸膛），使触电者的胸骨复位，如图 1-8(d) 所示。

　　挤压的次数为：成年人每分钟约 60 次，儿童每分钟 90～100 次。挤压的部位要找准，压力要适当，不可用力过大过猛，防止把胃里食物压出堵住气管或造成肋骨折断；但用力也不能太小，以免起不到挤压作用。

　　(3) 口对口吹气法和胸外心脏挤压法并用　如果触电者的呼吸和心脏跳动都已停止，应同时采取口对口吹气法和胸外心脏挤压法来进行救护。救护可以单人进行，也可双人进行，如图 1-9 所示。

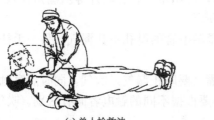

(a) 单人抢救法　　　　　　(b) 双人抢救法

图 1-9　呼吸和心脏跳动都已停止的抢救方法

1.2 电路基础

电路理论是电工技术的基本理论，无论发电、用电还是控制，均离不开电路。本节将介绍电路中的基本物理量、基本概念和基本定律等。

1.2.1 电路的基本知识

1.2.1.1 电路的概念

(1) 电路 电路是电流通过的路径。它由电源、负载、中间环节三部分组成。电路的特征是提供了电流流动的通道。复杂的电路亦可称之为网络。

如图 1-10 所示，手电筒电路即为一简单的电路组成；电源是提供电能或信号的设备，负载是消耗电能或输出信号的设备；电源与负载之间通过中间环节相连接。为了保证电路按不同的需要完成工作，在电路中还需加入适当的控制元件，如开关、主令控制器等。

根据作用的不同，电路可分为两类：一类是用于实现电能的传输和转换；另一类是用于进行电信号的传递和处理。

根据电源提供的电流不同，电路还可以分为直流电路和交流电路两种。

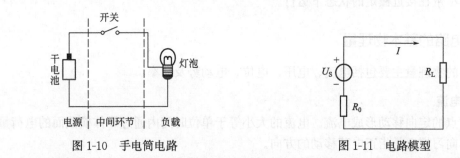

图 1-10 手电筒电路　　　　　　图 1-11 电路模型

(2) 电路模型 在一定条件下，常忽略实际元件的其他现象，而只考虑起主要作用的电磁现象，也就是用理想元件来替代实际元件的模型，这种模型称之为电路元件，又称理想电路元件。

用一个或几个理想电路元件构成的模型去模拟一个实际电路，模型中出现的电磁现象与实际电路中的电磁现象十分接近，这个由理想电路元件组成的电路称为电路模型。

如图 1-11 所示电路为图 1-10 手电筒电路的电路模型。

1.2.1.2 电路的状态

电路在不同的工作条件下，会处于不同的状态，并具有不同的特点。电路的工作状态有三种：开路状态、负载状态和短路状态。

(1) 开路状态 在图 1-12 所示电路中，当开关 K 断开时，电源则处于开路状态。开路时，电路中的电流为零，电源不输出能量，电源两端的电压称为开路电压，用 U_{OC} 表示，其值等于电源电动势 E，即

$$U_{OC} = E \tag{1-1}$$

(2) 短路状态 在图 1-13 所示电路中，当电源两端由于某种原因短接在一起时，电源则被短路。短路电流 $I_{SC} = \dfrac{E}{R_0}$ 很大，此时电源所产生的电能全被内阻 R_0 所消耗。

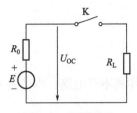 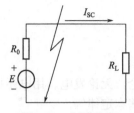 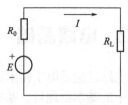

图 1-12　开路状态　　　　图 1-13　短路状态　　　　图 1-14　负载状态

短路通常是严重的事故，应尽量避免发生，为了防止短路事故，通常在电路中接入熔断器或断路器，以便在发生短路时能迅速切断故障电路。

(3) 负载状态　电源与一定大小的负载接通，称为负载状态。这时电路中流过的电流称为负载电流，如图 1-14 所示。负载的大小是以消耗功率的大小来衡量的。当电压一定时，负载的电流越大（即负载越大），则消耗的功率亦越大。

为使电气设备正常运行，在电气设备上都标有额定值，额定值是生产厂家为了使产品能在给定的工作条件下正常运行而规定的正常允许值。一般常用的额定值有：额定电压、额定电流、额定功率，分别用 U_N、I_N、P_N 表示。

需要指出，电气设备实际消耗的功率不一定等于额定功率。当实际消耗的功率 P 等于额定功率 P_N 时，称为满载运行；若 $P<P_N$，称为轻载运行；而当 $P>P_N$ 时，称为过载运行。电气设备应尽量在接近额定的状态下运行。

1.2.2　电路的基本物理量

电路中的物理量主要包括电流、电压、电位、电动势及功率。

1.2.2.1　电流

带电质点的定向移动形成电流。电流的大小等于单位时间内通过导体横截面的电荷量。电流的实际方向习惯上是指正电荷移动的方向。

电流分为两类：一是大小和方向均不随时间变化，称为恒定电流，简称直流，用 I 表示；二是大小和方向均随时间变化，称为交变电流，简称交流，用 i 表示。

对于直流电流，单位时间内通过导体截面的电荷量是恒定不变的，其大小为

$$I=\frac{Q}{T} \tag{1-2}$$

对于交流，若在一个无限小的时间间隔 $\mathrm{d}t$ 内，通过导体横截面的电荷量为 $\mathrm{d}q$，则该瞬间的电流为

$$i=\frac{\mathrm{d}q}{\mathrm{d}t} \tag{1-3}$$

在国际单位制（SI）中，电流的单位是安培（A）。常用的电流单位还有千安（kA）、毫安（mA）、微安（μA）。它们之间的关系是

$$1\mathrm{kA}=10^3\,\mathrm{A}=10^6\,\mathrm{mA}=10^9\,\mu\mathrm{A}$$

在复杂电路中，电流的实际方向有时难以确定。为了便于分析计算，便引入了电流参考方向的概念。

所谓电流的参考方向，就是在分析计算电路时，先任意选定某一方向，作为待求电流的方向，并根据此方向进行分析计算。若计算结果为正，说明电流的参考方向与实际方向相同；若计算结果为负，说明电流的参考方向与实际方向相反。图 1-15 表示了电流的参考方向（图中

实线所示）与实际方向（图中虚线所示）之间的关系。

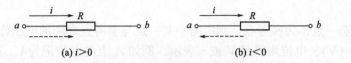

(a) $i>0$ (b) $i<0$

图 1-15 电流参考方向与实际方向

例 1.1 如图 1-16 所示，电流的参考方向已标出，并已知 $I_1=-1A$，$I_2=1A$，试指出电流的实际方向。

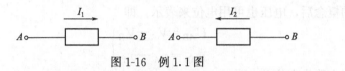

图 1-16 例 1.1 图

解： $I_1=-1A<0$，则 I_1 的实际方向与参考方向相反，应由点 B 流向点 A。

$I_2=1A>0$，则 I_2 的实际方向与参考方向相同，由点 B 流向点 A。

1.2.2.2 电压

在电路中，电场力把单位正电荷 (q) 从 a 点移到 b 点所做的功 (w) 就称为 a、b 两点间的电压，也称电位差，记为

$$u_{ab}=\frac{\mathrm{d}w}{\mathrm{d}q} \tag{1-4}$$

对于直流，则为

$$U_{AB}=\frac{W}{Q} \tag{1-5}$$

电压的单位为伏特（V）。常用的电压单位还有千伏（kV）、毫伏（mV）、微伏（μV）。它们之间的关系是

$$1\mathrm{kV}=10^3\mathrm{V}=10^6\mathrm{mV}=10^9\mu\mathrm{V}$$

电压的实际方向规定从高电位指向低电位，其方向可用箭头表示，也可用"＋""－"极性表示，如图 1-17 所示。若用双下标表示，如 U_{ab} 表示 a 指向 b。显然 $U_{ab}=-U_{ba}$。值得注意的是电压总是针对两点而言。

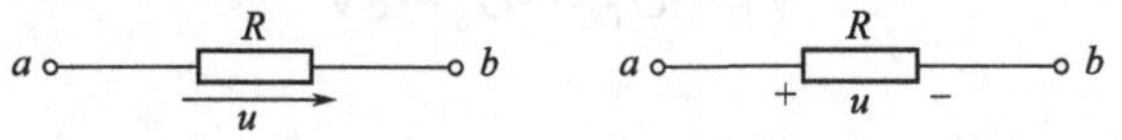

图 1-17 电压参考方向的设定

和电流的参考方向一样，也需设定电压的参考方向。电压的参考方向也是任意选定的，当参考方向与实际方向相同时，电压值为正；反之，电压值则为负。

例 1.2 如图 1-18 所示，电压的参考方向已标出，并已知 $U_1=1V$，$U_2=-1V$，试指出电压的实际方向。

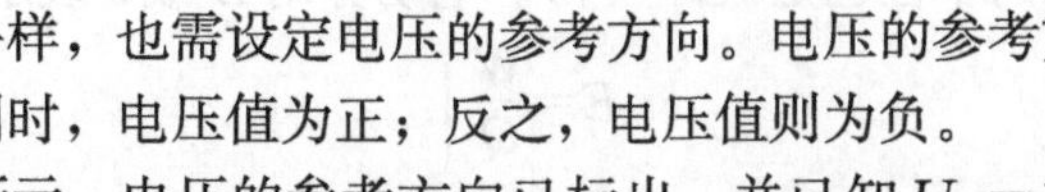

图 1-18 例 1.2 图

解： $U_1=1V>0$，则 U_1 的实际方向与参考方向相同，由 A 指向 B。

$U_2 = -1\text{V} < 0$，则 U_2 的实际方向与参考方向相反，应由 A 指向 B。

1.2.2.3 电位

在电路中任选一点作为参考点，则电路中某一点与参考点之间的电压称为该点的电位。电位的单位是伏特（V）。电位用符号 V 或 v 表示。例如 A 点的电位记为 V_A 或 v_A。若参与点为 O 点，则：$V_A = V_{AO}$，$v_A = v_{AO}$。

电路中的参考点可任意选定。当电路中有接地点时，则以地为参考点。若没有接地点，则选择较多导线的汇集点为参考点。在电子线路中，通常以设备外壳为参考点。参考点用符号"⊥"表示。

有了电位的概念后，电压也可用电位来表示，即

$$\left.\begin{array}{l} U_{AB} = V_A - V_B \\ u_{AB} = v_A - v_B \end{array}\right\} \tag{1-6}$$

因此，电压也称为电位差。

还需指出，电路中任意两点间的电压与参考点的选择无关。即对于不同的参考点，虽然各点的电位不同，但任意两点间的电压始终不变。

例 1.3 图 1-19 所示的电路中，已知各元件的电压为：$U_1 = 10\text{V}$，$U_2 = 5\text{V}$，$U_3 = 8\text{V}$，$U_4 = -23\text{V}$。若分别选 B 点与 C 点为参考点，试求电路中各点的电位。

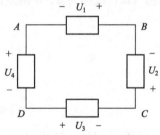

图 1-19 例 1.3 图

解： 选 B 点为参考点，则

$$V_B = 0$$
$$V_A = U_{AB} = -U_1 = -10\text{V}$$
$$V_C = U_{CB} = U_2 = 5\text{V}$$
$$V_D = U_{DB} = U_3 + U_2 = 8 + 5 = 13\text{V}$$

选 C 点为参考点，则

$$V_C = 0$$
$$V_A = U_{AC} = -U_1 - U_2 = -10 - 5 = -15\text{V}$$

或

$$V_A = U_{AC} = U_4 + U_3 = -23 + 8 = -15\text{V}$$
$$V_B = U_{BC} = -U_2 = -5\text{V}$$
$$V_D = U_{DC} = U_3 = 8\text{V}$$

1.2.2.4 电动势

电源力把单位正电荷由低电位点 B 经电源内部移到高电位点 A 克服电场力所做的功，称为电源的电动势。电动势的单位也是伏特（V）。电动势用 E 或 e 表示，即

$$\left.\begin{array}{l} E = \dfrac{W}{Q} \\ e = \dfrac{\mathrm{d}w}{\mathrm{d}q} \end{array}\right\} \tag{1-7}$$

电动势与电压的实际方向不同，电动势的方向是从低电位指向高电位，即由"－"极指向"＋"极，而电压的方向则从高电位指向低电位，即由"＋"极指向"－"极。此外，电动势只存在于电源的内部。

1.2.2.5 电功率

单位时间内电场力或电源力所做的功，称为电功率，用 P 或 p 表示，电功率的单位是瓦

特（W）。即

$$P=\frac{W}{T} \atop p=\frac{\mathrm{d}w}{\mathrm{d}t} \Bigg\}$$ (1-8)

若已知元件的电压和电流，电功率的表达式则为

$$P=UI \atop p=ui \Bigg\}$$ (1-9)

当电流、电压为关联参考方向（即电压、电流的参考方向相同）时，若计算结果为正，说明电路确实消耗电功率，为耗能元件；若计算结果为负，说明电路实际产生电功率，为供能元件。

当电流、电压为非关联参考方向时，若计算结果为正，说明电路确实产生电功率，为供能元件；若计算结果为负，说明电路实际消耗电功率，为耗能元件。

例1.4 ①在图 1-20 中，若电流均为 2A，$U_1=1\text{V}$，$U_2=-1\text{V}$，求该两元件消耗或产生的功率。②在图 1-20(b) 中，若元件产生的功率为 4W，求电流 I。

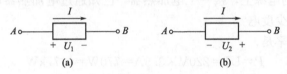

图 1-20 例 1.4 图

解： ① 对于图 1-20(a)，电流、电压为关联参考方向，元件消耗的功率为

$$P=U_1 I=1\times 2=2\text{W}>0$$

表明元件消耗功率，为负载。

对于图 1-20(b)，电流、电压为非关联参考方向，元件产生的功率为

$$P=U_2 I=(-1)\times 2=-2\text{W}<0$$

表明元件消耗功率，为负载。

② 因图 1-20(b) 中电流、电压为非关联参考方向，且是产生功率，故

$$P=U_2 I=4\text{W}$$

$$I=\frac{4}{U_2}=\frac{4}{-1}=-4\text{A}$$

负号表示电流的实际方向与参考方向相反。

1.2.3 电路的基本元件

电路中的基本器件有电阻元件、电感元件和电容元件，此外还有电压源和电流源。

1.2.3.1 电阻元件

电阻元件简称电阻，是一种对电流呈现阻碍作用的耗能元件，用符号 R 表示。

在国际单位制（SI）中，电阻的单位为欧姆（Ω）。常用的电阻单位还有兆欧（MΩ）、千欧（kΩ）。它们之间的关系是

$$1\text{MΩ}=10^3\text{kΩ}=10^6\text{Ω}$$

实验证明，导体的电阻和导体的截面积 S 成反比，与导体的长度 L 成正比，且与导体的材质（导体的电阻率 ρ）有关。即

$$R = \rho \frac{L}{S} \qquad (1\text{-}10)$$

为了方便计算，常常把电阻的倒数用电导 G 来表示，即

$$G = \frac{1}{R} \qquad (1\text{-}11)$$

在国际单位制（SI）中，电导 G 的单位为西门子（S）。

电阻元件在通电过程中要消耗电能，是一个耗能元件。在直流电路中，电阻所吸收的功率为

$$P = UI = RI^2 = \frac{U^2}{R} \qquad (1\text{-}12)$$

电阻元件吸收的能量全部转化为热能，其大小为

$$W = PT \qquad (1\text{-}13)$$

在国际单位制（SI）中，电能的单位是焦［耳］（J）；或千瓦·小时（kW·h），简称为度。

1 千瓦时是指功率为 1kW 的电源（负载）在 1h 内所输出（消耗）的电能。

例 1.5　在 220V 的电源上，接一个电加热器，已知通过电加热器的电流是 3.5A，问 4h 内，该电加热器用了多少度电？

解： 电加热器的功率是

$$P = UI = 220V \times 3.5A = 770W = 0.77kW$$

4h 中电加热器消耗的电能是

$$W = PT = 0.77kW \times 4h = 3.08kW \cdot h$$

即该电加热器用了 3.08 度电。

1.2.3.2　电感元件

电感元件简称电感，是一个储能元件，能够储存磁场能量，其电路模型如图 1-21 所示。

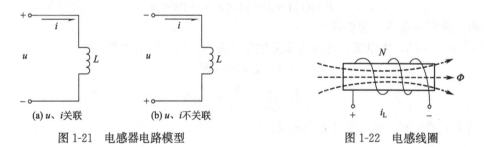

(a) u、i 关联　　　(b) u、i 不关联

图 1-21　电感器电路模型　　　　　　图 1-22　电感线圈

从模型图中可以看出，电感器是由一个线圈组成的。通常将导线绕在一个铁芯上制作成一个电感线圈，如图 1-22 所示。

线圈的匝数与穿过线圈的磁通之积为 $N\Phi$，称为磁链。

当电感元件为线性电感元件时，电感元件的特性方程为

$$N\Phi = Li \qquad (1\text{-}14)$$

式中，L 为元件的电感系数（简称电感），是一个与电感器本身有关，与电感器的磁通、电流无关的常数，又叫做自感。

在国际单位制（SI）中，电感的单位为亨［利］（H）。有时也用毫亨（mH）、微亨（μH），$1mH = 10^{-3}H$，$1\mu H = 10^{-6}H$，磁通 Φ 的单位是韦［伯］（Wb）。

当通过电感元件的电流发生变化时，电感元件中的磁通也发生变化，根据电磁感应定律，

在线圈两端将产生感应电压。设电压与电流关联，则电感线圈两端产生的感应电压为

$$u_L = L\frac{\mathrm{d}i}{\mathrm{d}t} \tag{1-15}$$

上式表示线性电感的电压 u_L 与电流 i 对时间 t 的变化率 $\frac{\mathrm{d}i}{\mathrm{d}t}$ 成正比。

在一定的时间内，电流变化越快，感应电压越大；电流变化越慢，感应电压越小；若电流变化为零（即直流电流），则感应电压为零，电感元件相当于短路。故电感元件在直流电路中相当于短路。

当流过电感元件的电流为 i 时，它所储存的能量为

$$W_L = \frac{1}{2}Li^2 \tag{1-16}$$

从上式中可以看出，电感元件在某一时刻所储存的能量仅与当时的电流值有关。

1.2.3.3 电容元件

电容元件简称电容，也是一个储能元件，能够储存电场能量，其电路模型如图 1-23 所示。

当电容为线性电容时，电容元件的特性方程为

$$q = Cu \tag{1-17}$$

式中，C 为电容元件的电容，它是一个与电容器本身有关，与电容器两端的电压、电流无关的常数。

在国际单位制（SI）中，电容的单位为法［拉］（F）。常用的电容单位还有微法（μF）、纳法（nF）、皮法（pF），它们之间的关系为

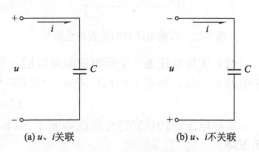

图 1-23　电容器电路模型

$$1\mu F = 10^{-6}F,\ 1nF = 10^{-9}F,\ 1pF = 10^{-12}F$$

电容的电荷量是随电容两端电压的变化而变化的，而由于电荷的变化，电容中产生的电流为

$$i_C = \frac{\mathrm{d}q}{\mathrm{d}t} \quad （设 u、i 关联）$$

$$i_C = C\frac{\mathrm{d}u}{\mathrm{d}t} \tag{1-18}$$

上式表示线性电容的电流与端电压对时间的变化率成正比。

当 $\frac{\mathrm{d}u}{\mathrm{d}t} = 0$ 时，则 $i_C = 0$，说明电容元件的两端电压恒定不变，通过电容的电流为零，电容处于开路状态。故电容元件对直流电路来说相当于开路。

电容所储存的电场能为

$$W_C = \frac{1}{2}Cu^2 \tag{1-19}$$

1.2.3.4 电压源

电源是将其他形式的能量（如化学能、机械能、太阳能、风能等）转换成电能后提供给电路的设备。电路分析中的基本电源有电压源和电流源两种。

(1) 理想电压源 理想电压源是指内阻为零且两端的端电压值恒定不变（直流电压）的电

源，如图 1-24 所示。人们平时说的电压源一般指的就是理想电压源。

电压源的特点是电压的大小取决于电压源本身的特性，与流过的电流无关。而流过电压源的电流大小与电压源外部电路有关，由外部负载电阻决定。因此，理想电压源称之为独立电压源。

电压为 U_S 的直流电压源的伏安特性曲线，是一条平行于横坐标的直线，如图 1-25 所示，特性方程为

$$U = U_S \tag{1-20}$$

如果电压源的电压 $U_S = 0$，则此时电压源的伏安特性曲线，就是横坐标，也就是电压源相当于短路。

图 1-24　电压源

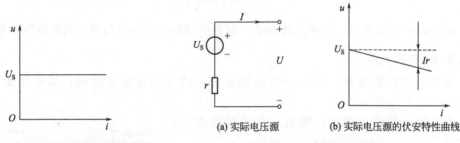

(a) 实际电压源　　　　(b) 实际电压源的伏安特性曲线

图 1-25　直流电压源的伏安特性曲线　　　　图 1-26　实际电压源模型

(2) 实际电压源　实际电压源可以用一个理想电压源 U_S 与一个理想电阻 r 串联组合成一个电路来表示，如图 1-26(a) 所示。其特征方程为

$$U = U_S - Ir \tag{1-21}$$

实际电压源的伏安特性曲线如图 1-26(b) 所示，可见电源输出的电压随负载电流的增加而下降。

1.2.3.5　电流源

(1) 理想电流源　理想电流源是指内阻为无限大、输出恒定电流 I_S 的电源，如图 1-27 所示。人们平时说的电流源一般指的就是理想电流源。

电流源的特点是电流的大小取决于电流源本身的特性，与电源的端电压无关。而端电压的大小与电流源外部电路有关，由外部负载电阻决定。因此，理想电流源也称之为独立电流源。

电流为 I_S 的直流电流源的伏安特性曲线，是一条垂直于横坐标的直线，如图 1-28 所示，其特性方程为

$$I = I_S \tag{1-22}$$

图 1-27　电流源

如果电流源短路，流过短路线路的电流就是 I_S，而电流源的端电压为零。

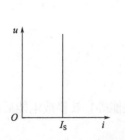

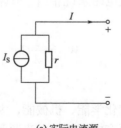

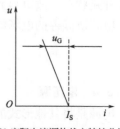

(a) 实际电流源　　　　(b) 实际电流源的伏安特性曲线

图 1-28　直流电流源的伏安特性曲线　　　　图 1-29　实际电流源模型

(2) 实际电流源 实际电流源可以用一个理想电流源 I_S 与一个理想电阻 r 并联组合成一个电路来表示，如图 1-29(a) 所示，其特征方程为

$$I=I_S-\frac{U}{r} \tag{1-23}$$

实际电流源的伏安特性曲线如图 1-29(b) 所示，可见电源输出的电流随负载电压的增加而减少。

例 1.6 在图 1-26 中，设 $U_S=20V$，$r=1\Omega$，若外接电阻 $R=4\Omega$，求电阻 R 上的电流 I。

解： 因为 $U=U_S-Ir=IR$

所以

$$I=\frac{U_S}{R+r}=\frac{20V}{4\Omega+1\Omega}=4A$$

例 1.7 在图 1-29 中，设 $I_S=5A$，$r=1\Omega$，若外接电阻 $R=9\Omega$，求电阻 R 上的电压 U。

解： 因为

$$I=I_S-\frac{U}{r}=\frac{U}{R}$$

所以

$$U=\frac{Rr}{R+r}I_S=\frac{1\Omega\times9\Omega}{1\Omega+9\Omega}\times5A=4.5V$$

1.2.4 电路的基本定律

电路的基本定律是在科学实验中总结归纳出来的，它指出了电路及电路元件之间电压和电流的约束关系，主要有欧姆定律、基尔霍夫定律等。

1.2.4.1 欧姆定律

(1) 部分电路的欧姆定律 一段电路中，流过导体的电流与这段导体两端的电压成正比，与导体的电阻成反比，这就是欧姆定律，即

$$I=\frac{U}{R} \tag{1-24}$$

式中 I——导体中的电流，A；

U——导体两端的电压，V；

R——导体的电阻，Ω。

欧姆定律是在电路中表示电压、电流和电阻三者之间关系的基本定律。

例 1.8 已知某 100W 的白炽灯在电压 220V 时正常发光，此时通过的电流是 0.455A，试求该灯泡工作时的电阻。

解：

$$R=\frac{U}{I}=\frac{220}{0.455}\approx484\Omega$$

(2) 全电路的欧姆定律 在图 1-30 所示的含有电源和负载的全电路中，电流与电源的电动势成正比，与整个电路的内外电阻之和成反比。其数学表达式为

$$I=\frac{E}{R+r} \tag{1-25}$$

式中 E——电源的电动势，V；

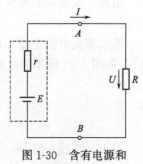

图 1-30 含有电源和
负载的全电路

    R——外电路（负载）电阻，Ω；

    r——电源内阻，Ω；

    I——电路中的电流，A。

由上式可得：

$$E=IR+Ir=U+U' \tag{1-26}$$

式中　U——电源向外电路输出的电压，又称电源的端电压；

    U'——电源内阻的电压降。

全电路欧姆定律又可表述为：电源的电动势在数值上等于闭合电路中内外电路电压降之和。

1.2.4.2　基尔霍夫定律

基尔霍夫定律包括基尔霍夫电流定律与电压定律，它们分别反映了电路中各条支路的电流以及各个部分电压之间的关系。

(1) 电路结构述语

① 支路。电路中通过同一个电流的每一条分支称为支路。如图 1-31 中有三条支路，分别

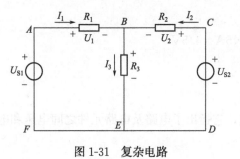

图 1-31　复杂电路

是 BAF、BCD 和 BE。支路 BAF、BCD 中含有电源，称为有源支路。支路 BE 中不含电源，称为无源支路。

② 节点。电路中三条或三条以上支路的连接点称为节点。如图 1-31 中 B、E 为两个节点。

③ 回路。电路中的任一闭合路径称为回路。如图 1-31 中有三个回路，分别是 $ABEFA$、$BCDEB$、$ABCDEFA$。

④ 网孔。内部不含支路的回路称为网孔。如图

1-31 中 $ABEFA$ 和 $BCDEB$ 都是网孔，而 $ABCDEFA$ 则不是网孔。

(2) 基尔霍夫电流定律（KCL）　基尔霍夫电流定律指出：任一时刻，流入电路中任一节点的电流之和等于流出该节点的电流之和。基尔霍夫电流定律简称 KCL，反映了节点处各支路电流之间的关系。

在图 1-31 所示电路中，对于节点 B 可以写出

$$I_1+I_2=I_3$$

或改写为

$$I_1+I_2-I_3=0 \tag{1-27}$$

即

$$\sum I=0 \tag{1-28}$$

由此，基尔霍夫电流定律也可表述为：任一时刻，流入电路中任一节点电流的代数和恒等于零。

基尔霍夫电流定律不仅适用于节点，也可推广应用到包围几个节点的闭合面（也称广义节点）。如图 1-32 所示的电路中，可以把三角形 ABC 看作广义的节点，用 KCL 可列出

$$I_A+I_B+I_C=0 \tag{1-29}$$

即

$$\sum I=0$$

可见，在任一时刻，流过任一闭合面电流的代数和恒等于零。

例 1.9　如图 1-33 所示电路，电流的参考方向已标明。若已知 $I_1=2\text{A}$，$I_2=-4\text{A}$，$I_3=$

—8A，试求 I_4。

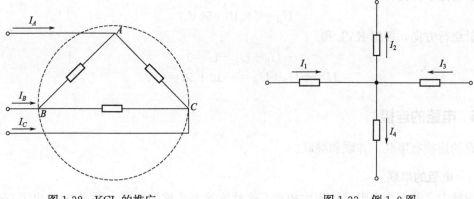

图 1-32　KCL 的推广　　　　　　　　　　图 1-33　例 1.9 图

解： 根据 KCL 可得

$$I_1 - I_2 + I_3 - I_4 = 0$$
$$I_4 = I_1 - I_2 + I_3 = 2 - (-4) + (-8) = -2A$$

(3) 基尔霍夫电压定律（KVL）　基尔霍夫电压定律指出：在任何时刻，沿电路中任一闭合回路，各段电压的代数和恒等于零。基尔霍夫电压定律简称 KVL，其一般表达式为

$$\sum U = 0 \tag{1-30}$$

应用上式列电压方程时，首先假定回路的绕行方向，然后选择各部分电压的参考方向，凡参考方向与回路绕行方向一致者，该电压前取正号；凡参考方向与回路绕行方向相反者，该电压前取负号。

在图 1-31 中，对于回路 ABCDEFA，若按顺时针绕行方向，根据 KVL 可得

$$U_1 - U_2 + U_{S2} - U_{S1} = 0$$

根据欧姆定律，上式还可表示为

$$I_1 R_1 - I_2 R_2 - U_{S2} + U_{S1} = 0$$

即

$$\sum IR = \sum U_S \tag{1-31}$$

上式表示，沿回路绕行方向，各电阻电压降的代数和等于各电源电动势升的代数和。

基尔霍夫电压定律不仅应用于回路，也可推广应用于一段不闭合电路。如图 1-34 所示电路中，A、B 两端未闭合，若设 A、B 两点之间的电压为 U_{AB}，按逆时针绕行方向可得

$$U_{AB} - U_S - U_R = 0$$

则

$$U_{AB} = U_S + RI \tag{1-32}$$

上式表明，开口电路两端的电压等于该两端点之间各段电压降之和。

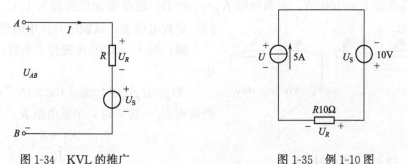

图 1-34　KVL 的推广　　　　　　　　　　图 1-35　例 1-10 图

例 1.10 求图 1-35 所示电路中 10Ω 电阻和电流源的端电压。

解： 按图示方向得

$$U_R = 5 \times 10 = 50V$$

按顺时针绕行方向，根据 KVL 得

$$-U_S + U_R - U = 0$$
$$U = -U_S + U_R = -10 + 50 = 40V$$

1.2.5 电路的连接

电路的连接有串联、并联和混联。

1.2.5.1 电阻的串联

在电路中，若干个电阻元件依次相连，这种连接方式称为串联。图 1-36 给出了三个电阻的串联电路。

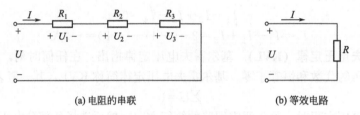

(a) 电阻的串联　　　　　(b) 等效电路

图 1-36　电阻的串联

电阻串联时有以下几个特点：

① 通过各电阻的电流相等。

② 总电压等于各电阻上的电压之和，即

$$U = U_1 + U_2 + U_3 \tag{1-33}$$

③ 等效电阻（总电阻）等于各电阻之和，即

$$R = R_1 + R_2 + R_3 \tag{1-34}$$

所谓等效电阻是指如果用一个电阻 R 代替串联的所有电阻接到同一电源上，电路中的电流是相同的。

④ 各电阻两端的电压与电阻的大小成正比，即

$$U_1 : U_2 : U_3 = R_1 : R_2 : R_3 \tag{1-35}$$

⑤ 各电阻消耗的功率与电阻成正比，即

$$P_1 : P_2 : P_3 = R_1 : R_2 : R_3 \tag{1-36}$$

例 1.11 多量程直流电压表是由表头、分压电阻和多位开关连接而成的，如图 1-37 所示。如果表头满偏电流 $I_g = 100\mu A$，表头电阻 $R_g = 1000\Omega$，现在要制成量程为 10V、50V、100V

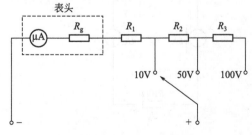

图 1-37　例 1.11 图

的三量程电压表，试确定分压电阻值。

解： 当 $I_g = 100\mu A$ 流过表头时，表头两端的电压

$$U_g = R_g I_g = 1000 \times 100 \times 10^{-6} = 0.1V$$

当量程 $U_1 = 10V$ 时，串联电阻 R_1

$$\frac{U_1}{U_g} = \frac{R_1 + R_g}{R_g}$$

$$\frac{10}{0.1} = \frac{R_1 + 1000}{1000}$$

得 $$R_1 = 99\text{k}\Omega$$

当量程 $U_2 = 50\text{V}$ 时，串联电阻 R_2

$$\frac{U_2}{U_1} = \frac{R_2 + (R_g + R_1)}{R_g + R_1}$$

$$\frac{50}{10} = \frac{R_2 + 100}{100}$$

得 $$R_2 = 400\text{k}\Omega$$

当量程 $U_3 = 100\text{V}$ 时，串联电阻 R_3，同样用上述方法可得

$$R_3 = 500\text{k}\Omega$$

1.2.5.2 电阻的并联

在电路中，若干个电阻一端连在一起，另一端也连在一起，使电阻所承受的电压相同，这种连接方式称为电阻的并联。图 1-38（a）所示为三个电阻的并联电路。

电阻并联时有以下几个特点：

① 各并联电阻两端的电压相等。

② 总电流等于各电阻支路的电流之和，即

$$I = I_1 + I_2 + I_3 \tag{1-37}$$

③ 等效电阻 R 的倒数等于各并联电阻倒数之和，即

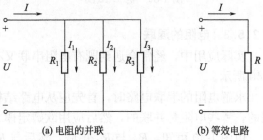

(a) 电阻的并联　(b) 等效电路

图 1-38 电路的并联

$$\frac{1}{R} = \frac{1}{R_1} + \frac{1}{R_2} + \frac{1}{R_3} \tag{1-38}$$

上式也可写成

$$G = G_1 + G_2 + G_3 \tag{1-39}$$

上式表明，并联电路的电导等于各支路电导之和。

对于只有两个电阻 R_1 及 R_2 并联，则等效电阻为

$$R = \frac{R_1 R_2}{R_1 + R_2} \tag{1-40}$$

④ 各电阻支路的电流与电导的大小成正比，即

$$I_1 : I_2 : I_3 = G_1 : G_2 : G_3 \tag{1-41}$$

也就是说电阻越大，分流作用就越小。

当两个电阻并联时

$$I_1 = \frac{R_2}{R_1 + R_2} I$$

$$I_2 = \frac{R_1}{R_1 + R_2} I \tag{1-42}$$

⑤ 各电阻消耗的功率与电导成正比，即

$$P_1 : P_2 : P_3 = G_1 : G_2 : G_3 \tag{1-43}$$

例 1.12 将例 1.11 的表头制成量程为 10mA 的电流表。

解： 要将表头改制成量程较大的电流表，可将电阻 R_F 与表头并联，如图 1-39 所示。并联电阻 R_F 支路的电流为 I_F

$$I_F = I - I_g = 10 \times 10^{-3} - 100 \times 10^{-6} = 9.9 \times 10^{-3} A = 9.9 mA$$

因为 $$I_F R_F = I_g R_g$$

所以

$$R_F = \frac{I_g R_g}{I_F} = \frac{100 \times 10^{-6} \times 1000}{9.5 \times 10^{-3}} \approx 10.1 \Omega$$

即用一个 10.1Ω 的电阻与该表头并联，即可得到一个量程为 $10mA$ 的电流表。

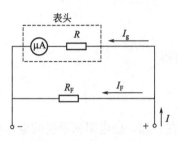

图 1-39 例 1.12 图

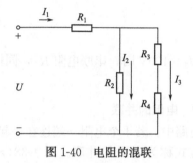

图 1-40 电阻的混联

1.2.5.3 电阻的混联

实际应用中，经常会遇到既有电阻串联又有电阻并联的电路，称为电阻的混联电路，如图 1-40 所示。

求解电阻的混联电路时，首先应从电路结构，根据电阻串并联的特征，分清哪些电阻是串联的，哪些电阻是并联的，然后应用欧姆定律、分压和分流的关系求解。

由图 1-40 可知，R_3 与 R_4 串联，然后与 R_2 并联，再与 R_1 串联，即等效电阻为

$$R = R_1 + R_2 // (R_3 + R_4)$$

符号"//"表示并联。则

$$I = I_1 = \frac{U}{R}$$

$$I_2 = \frac{R_3 + R_4}{R_2 + R_3 + R_4} I$$

$$I_3 = \frac{R_2}{R_2 + R_3 + R_4} I$$

各电阻两端的电压的计算读者自行完成。

1.3 单相交流电路

大小与方向均随时间作周期性变化的电流（电压、电动势）称为交变电流（电压、电动势），统称为交流电。在交流电作用下的电路称为交流电路，如图 1-41 所示为交流电路中的元件。

随时间按正弦规律变化的交流电称为正弦交流电，如图 1-42 所示。工程上用的一般都是正弦交流电。

正弦交流电易于进行电压变换，便于远距离输电和安全用电。交流电气设备与直流电气设备相比，具有结构简单、便于使用和维修等优点，所以正弦交流电在实践中得到了广泛的应用。工程上一般所说的交流电，通常都是指正弦交流电。

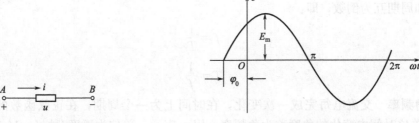

图 1-41　交流电路元件　　　　　　　图 1-42　正弦电动势波形图

1.3.1　正弦交流电的三要素

最大值、角频率和初相称为正弦量的三要素。对于一个确定的正弦量，其三要素均为常数，反之，如果三要素确定了，正弦量也就被唯一地确定了。

1.3.1.1　正弦交流电的瞬时值、最大值和有效值

(1) 瞬时值　交流电在某一瞬间的数值称为交流电的瞬时值，规定用小写字母 e、u、i 分别表示交变电动势、电压、电流的瞬时值。正弦交流电的瞬时值表达式为

$$\left.\begin{array}{l} e=E_{\mathrm{m}}\sin(\omega t+\varphi) \\ u=U_{\mathrm{m}}\sin(\omega t+\varphi) \\ i=I_{\mathrm{m}}\sin(\omega t+\varphi) \end{array}\right\} \tag{1-44}$$

(2) 最大值　交流电的最大瞬时值称为交流电的最大值（也称振幅值或峰值），用字母 I_{m}、U_{m}、E_{m} 等表示。

(3) 有效值　正弦交流电的瞬时值是随时间改变的，所以不好用来计量交流电的大小。而用有效值来表示，就较方便了。交流电的有效值是根据其热效应来确定的。

若一个交流电 i（e、u）和另一个直流电 I（E、U）通过阻值相同的电阻，经过相同的时间产生的热量相等，则这个直流电的量值就称为该交流电的有效值。用大写字母 I、E、U 等表示。

通过计算，正弦交流电的有效值和最大值之间有如下关系：

$$\left.\begin{array}{l} I_{\mathrm{m}}=\sqrt{2}\,I \\ U_{\mathrm{m}}=\sqrt{2}\,U \\ E_{\mathrm{m}}=\sqrt{2}\,E \end{array}\right\} \tag{1-45}$$

正弦量的有效值等于其最大值除以 $\sqrt{2}$，或者说正弦量的最大值等于有效值的 $\sqrt{2}$ 倍。

　注意：

平时所讲交流电流、电压、电动势的大小，都是指有效值的大小。常用的交流电压表、电流表所测的数值也是指有效值。电气设备铭牌上所标明的额定电压和额定电流值都是指有效值。

1.3.1.2　周期、频率和角频率

(1) 周期　正弦交流电每完成一次循环所需要的时间叫周期，用 T 表示，单位是秒（s）。

(2) 频率　每一秒钟内正弦交流电重复变化的次数叫频率，用 f 表示，单位是 s^{-1}，称为

赫兹（Hz）。

频率和周期互为倒数，即：

$$f = \frac{1}{T}$$

或

$$T = \frac{1}{f}$$ (1-46)

(3) 角频率 交流电每完成一次变化，在时间上为一个周期，在正弦函数的角度上则为 2π 弧度，单位时间内变化的角度称为角频率，用 ω 表示，单位为弧度/秒（rad/s）。

角频率与周期、频率的关系为

$$\omega = \frac{2\pi}{T} = 2\pi f$$ (1-47)

我国工业上使用的正弦交流电的频率为 50Hz，习惯上称为工频，其周期为 0.02s，角频率为 314rad/s。一般交流电动机、照明、电热等设备，都是按照 50Hz 交流电来设计制造的。

在某些设备中，却需要频率较高的交流电，例如，高频电炉所用频率可达 10^8 Hz，无线电工程上使用的频率为 $10^5 \sim 3 \times 10^{10}$ Hz。这类高频交流电都是用晶体管振荡器来产生的。

例1.13 频率为 100Hz 的交流电，其周期和角频率各等于多少？

解： 周期为

$$T = \frac{1}{f} = \frac{1}{100} = 0.01s$$

角频率为

$$\omega = 2\pi f = 2 \times 3.14 \times 100 = 628\text{rad/s}$$

1.3.1.3 相位、初相和相位差

(1) 相位 式(1-44)中的 $(\omega t + \varphi)$ 反映了正弦量的变化进程，它确定正弦量每一瞬间的状态，称之为相位角，简称为相位。

(2) 初相 $t = 0$ 时正弦交流电的相位角称为初相角或初相位，简称初相，用 φ 表示。初相决定交流电的起始状态。图 1-43(a)、图 1-43(b) 分别表示初相位为正值和负值时正弦交流电流的波形图。

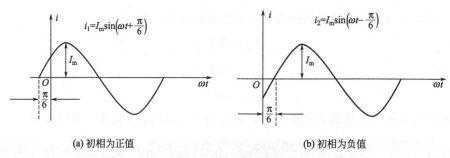

(a) 初相为正值　　　　　(b) 初相为负值

图 1-43　正弦电流的初相位

(3) 相位差 两个同频率正弦交流电的相位之差称为相位差，用 φ 表示。

例如：若

$$u = U_m \sin(\omega t + \varphi_u)$$
$$i = I_m \sin(\omega t + \varphi_i)$$

则 u、i 的相位差为

$$\varphi = (\omega t + \varphi_u) - (\omega t + \varphi_i) = \varphi_u - \varphi_i$$ (1-48)

即：两个同频率正弦量的相位差等于它们的初相之差。

相位差的大小表示了两个正弦量之间的相位关系，如图 1-44 所示。

① 当 $\varphi_u = \varphi_i$ 时，$\varphi = 0$，如图 1-44(a) 所示，u 与 i 同时到达正的最大值或零值，称 u 与 i 同相。

② 当 $\varphi_u > \varphi_i$ 时，$\varphi > 0$，如图 1-44(b) 所示，u 比 i 先到达正的最大值或零值，称 u 比 i 在相位上超前 φ 角；或 i 比 u 在相位上滞后 φ 角。

③ 当 $\varphi = \pi$ 时，u 与 i 的变化进程相差 180°，如图 1-44(c) 所示，称它们为反相。

④ 当 $\varphi = \pi/2$ 时，u 与 i 的变化进程相差 90°，如图 1-44(d) 所示，称它们为正交。

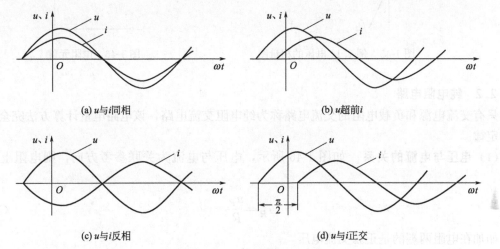

(a) u 与 i 同相　　　　　　　　　　　(b) u 超前 i

(c) u 与 i 反相　　　　　　　　　　　(d) u 与 i 正交

图 1-44　正弦量的相位关系

1.3.2　单相正弦交流电路的分析

1.3.2.1　正弦量的相量表示法

(1) 相量表示法　正弦交流电除了用解析式和波形图表示外，还可以用相量表示。所谓相量表示，就是用复数来表示正弦量，即用复数的模表示正弦电流（电压、电动势）的有效值（最大值），用辐角表示正弦电流（电压、电动势）的初相角。这种用相量表示相对应正弦量的方法称之为相量表示法。

相量表示符号为：$\dot{I}$、$\dot{I}_m$，$\dot{U}$、$\dot{U}_m$，$\dot{E}$、$\dot{E}_m$。

假设正弦交流电的解析式为：$u = \sqrt{2}U\sin(\omega t + \varphi)$，其对应的相量（复数）则为

$$\dot{U} = U\angle\varphi$$

或

$$\dot{U}_m = \sqrt{2}U\angle\varphi \tag{1-49}$$

(2) 相量图　所谓相量图，就是在直角坐标系中，用一经过坐标原点的带箭头的直线来表示正弦量，其长度表示正弦量的大小，与横轴的夹角表示正弦量的初相。相量图主要用于交流电路的分析计算中。

例 1.14　已知正弦电压

$$u_1 = 100\sqrt{2}\sin(314t + 60°)\text{V}$$

$$u_2 = 50\sqrt{2}\sin(314t - 60°)\text{V}$$

写出表示 u_1 和 u_2 的相量表示式，并画出相量图。

解：

$$\dot{U}_1 = 100\angle 60°\text{V}$$

$$\dot{U}_2 = 50\angle -60°\text{V}$$

相量图如图 1-45 所示。

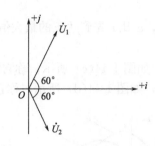 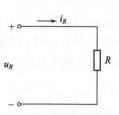

图 1-45 例 1.14 电压的相量图   图 1-46 电阻元件

1.3.2.2 纯电阻电路

只有交流电源和负载电阻的交流电路称为纯电阻交流电路，该电路电量计算方法完全符合欧姆定律。

(1) 电压与电流的关系 如图 1-46 所示，电压与电流为关联参考方向，则电阻上的电流为

$$i_R = \frac{u_R}{R} \tag{1-50}$$

如加在电阻两端的是正弦交流电压

$$u_R = U_{Rm}\sin(\omega t + \varphi_u)$$

则电路中的电流为

$$i_R = \frac{u_R}{R} = \frac{U_{Rm}\sin(\omega t + \varphi_u)}{R} = I_{Rm}\sin(\omega t + \varphi_i) \tag{1-51}$$

式中

$$I_{Rm} = \frac{U_{Rm}}{R}, \ \varphi_i = \varphi_u$$

电流与电压的有效值关系为

$$I_R = \frac{U_R}{R} \quad \text{或} \quad U_R = RI_R \tag{1-52}$$

电流与电压的相量关系为

$$\dot{U} = R\dot{I}_R = RI_R\angle\varphi_u = RI_R\angle\varphi_i \tag{1-53}$$

从以上分析可知：电阻两端的电压与电流同频率、同相位。其电流与电压的波形图如图 1-47 所示。

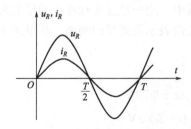 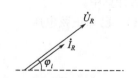

图 1-47 电阻元件的电压、电流波形图   图 1-48 电阻元件的相量图

电流与电压的相量图如图 1-48 所示。

(2) 电阻元件的功率 可以证明：电阻电路的平均功率为

$$P = U_R I_R = I_R^2 R = \frac{U_R^2}{R} \tag{1-54}$$

平常讲的功率，如灯泡功率是 40W、电炉功率是 2kW 等，都是指平均功率。

由于平均功率反映了元件实际消耗电能的情况，所以又称有功功率，习惯上常简称功率。

例 1.15　一额定电压为 220V、功率为 100W 的电烙铁，误接在 380V 的交流电源上，问此时它消耗的功率是多少？会出现什么现象？

解： 已知额定电压和功率，可求出电烙铁的等效电阻

$$R = \frac{U_R^2}{P} = \frac{220^2}{100} = 484\Omega$$

当误接在 380V 电源上时，电烙铁实际消耗的功率为

$$P_1 = \frac{380^2}{484} \approx 300\text{W}$$

此时，电烙铁内的电阻很可能被烧断。

1.3.2.3　纯电感电路

(1) 电压和电流的关系　如图 1-49 所示，设一电感 L 中通入正弦电流

$$i_L = I_{Lm} \sin(\omega t + \varphi_i)$$

则电感两端的电压为

$$u_L = L \frac{\mathrm{d}i_L}{\mathrm{d}t}$$

$$u_L = L \frac{\mathrm{d}i}{\mathrm{d}t} = I_{Lm} \omega L \cos(\omega t + \varphi_i) = U_{Lm} \sin\left(\omega t + \varphi_i + \frac{\pi}{2}\right)$$

$$= U_{Lm} \sin(\omega t + \varphi_u)$$

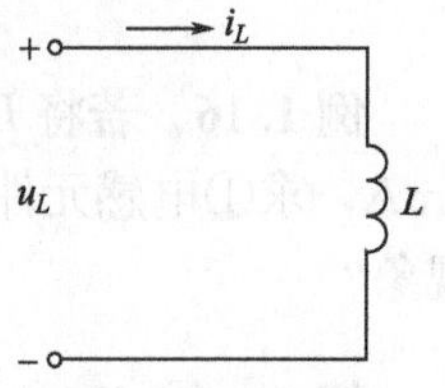

图 1-49　电感元件

式中　$U_{Lm} = \omega L I_{Lm}$，$\varphi_u = \varphi_i + \dfrac{\pi}{2}$。 $\tag{1-55}$

电流与电压的有效值关系为

$$U_L = \omega L I_L = X_L I_L \tag{1-56}$$

或

$$\frac{U_L}{I_L} = \omega L$$

电压与电流的相量关系为

$$\dot{U}_L = \omega L I_L \angle(\varphi_i + 90°) \tag{1-57}$$

从以上分析可知：电感两端的电压与电流频率相同，相位超前电流 90°。其电流与电压的波形图如图 1-50 所示。

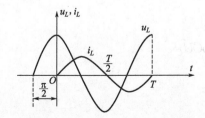

图 1-50　电感元件的电压、电流波形图

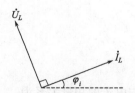

图 1-51　电感元件的相量图

电流与电压的相量图如图 1-51 所示。

(2) 电感的感抗 电感两端的电压与电流有效值（或最大值）之比为 ωL。

令
$$X_L = \omega L = 2\pi f L \qquad (1\text{-}58)$$

X_L 称为感抗，是用来表示电感元件对电流阻碍作用的一个物理量。它与角频率成正比，单位是欧姆（Ω）。

在直流电路中，$\omega = 0$，$X_L = 0$，所以电感在直流电路中视为短路。

(3) 电感元件的功率 可以证明：电感在通以正弦电流时，所吸收的平均功率为

$$P_L = 0 \qquad (1\text{-}59)$$

上式表明电感元件是不消耗能量的，它是储能元件。电感吸收的瞬时功率不为零，在第一和第三个 1/4 周期内，瞬时功率为正值，电感吸取电源的电能，并将其转换成磁场能量储存起来；在第二和第四个 1/4 周期内，瞬时功率为负值，将储存的磁场能量转换成电能返送给电源。

为了衡量电源与电感元件间的能量交换的大小，把电感元件瞬时功率的最大值称为无功功率，用 Q_L 表示。

$$Q_L = U_L I_L = I_L^2 X_L = \frac{U_L^2}{X_L} \qquad (1\text{-}60)$$

无功功率的单位为乏（Var），工程中有时也用千乏（kVar）。

$$1\text{kVar} = 10^3 \text{Var}$$

例 1.16 若将 $L = 20\text{mH}$ 的电感元件，接在 $U_L = 110\text{V}$ 的正弦电源上，则通过的电流是 1mA，求①电感元件的感抗及电源的频率；②若把该元件接在直流 110V 电源上，会出现什么现象？

解： ① $X_L = \dfrac{U_L}{I_L} = \dfrac{110}{1 \times 10^{-3}} = 110\text{k}\Omega$

电源频率 $\qquad f = \dfrac{X_L}{2\pi L} = \dfrac{110 \times 10^3}{2 \times 3.14 \times 20 \times 10^{-3}} \approx 8.75 \times 10^5 \text{Hz}$

② 在直流电路中，$X_L = 0$，电流很大，电感元件可能烧坏。

1.3.2.4 纯电容电路

(1) 电压和电流的关系 如图 1-52 所示，设一电容 C 中通入正弦交流电

$$u_C = U_{Cm} \sin(\omega t + \varphi_u)$$

则电路中的电流

$$i_C = C \frac{\mathrm{d}u_C}{\mathrm{d}t} = U_{Cm}\omega C \cos(\omega t + \varphi_u) = I_{Cm} \sin\left(\omega t + \varphi_u + \frac{\pi}{2}\right) = I_{Cm} \sin(\omega t + \varphi_i)$$

式中 $\quad I_{Cm} = U_{Cm}\omega C$，$\varphi_i = \varphi_u + \dfrac{\pi}{2} \qquad (1\text{-}61)$

电流与电压的有效值关系为

$$I_C = \frac{U_C}{X_C} = \omega C U_C \qquad (1\text{-}62)$$

或
$$\frac{U_C}{I_C} = \frac{1}{\omega C} \qquad (1\text{-}63)$$

电压与电流的相量关系为

$$\dot{I} = \omega C U_C \angle (\varphi_u + 90°) \qquad (1\text{-}64)$$

从以上分析可知：电容两端的电压与电流频率相同，相位滞后电流 90°。其电流与电压的

波形图如图 1-53 所示。

电流与电压的相量图如图 1-54 所示。

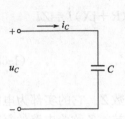

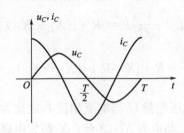

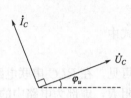

图 1-52　电容元件　　　　图 1-53　电容元件的电压、电流波形图　　　　图 1-54　电容元件的相量图

(2) 电容的容抗　电容两端的电压与电流的有效值（或最大值）之比为 $1/(\omega C)$。

令

$$X_C = \frac{1}{\omega C} = \frac{1}{2\pi f C} \tag{1-65}$$

X_C 称为容抗，是用来表示电容元件对电流阻碍作用的一个物理量。它与角频率成反比，单位是欧姆（Ω）。

在直流电路中，$\omega = 0$，$X_C = \infty$，所以电容在直流电路中视为开路。

(3) 电容元件的功率　可以证明：电容在通以正弦电流时，所吸收的平均功率为

$$P_C = 0 \tag{1-66}$$

与电感元件相同，电容元件也是不消耗能量的，它也是储能元件。电容吸收的瞬时功率不为零，在第一和第三个 1/4 周期内，瞬时功率为正值，电容吸取电源的电能，并将其转换成电场能量储存起来；在第二和第四个 1/4 周期内，瞬时功率为负值，将储存的电场能量转换成电能返送给电源。

用无功功率 Q_C 表示电源与电容间的能量交换

$$Q_C = U_C I_C = I_C^2 X_C = \frac{U_C^2}{X_C} \tag{1-67}$$

例 1.17　设加在一电容器上的电压 $u_{(t)} = 6\sqrt{2}\sin(1000t - 60°)\text{V}$，其电容 C 为 $10\mu\text{F}$，求流过电容的电流 $i_{(t)}$，并画出电压、电流的相量图。

解： $\dot{U}_C = 6\angle -60°\text{V}$

$$X_C = \frac{1}{\omega C} = \frac{1}{1000 \times 10 \times 10^{-6}} = 100\Omega$$

$$\dot{I} = \frac{\dot{U}_C}{-jX_C} = \frac{6\angle -60°}{-j100} = 0.60\angle(-60° + 90°) = 0.06\angle 30°\text{A}$$

电容电流　$i_{(t)} = 0.06\sqrt{2}\sin(1000t + 30°)\text{A}$

电容电压、电流的相量图如图 1-55 所示。

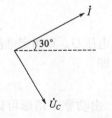

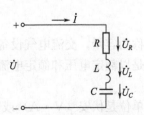

图 1-55　例 1.17 相量图　　　　　　图 1-56　RLC 串联电路

1.3.2.5 R、L、C 串联电路

(1) 电流与电压的关系 如图 1-56 所示，根据相量形式的 KVL 可得

$$\dot{U} = \dot{U}_R + \dot{U}_L + \dot{U}_C = \left(R + j\omega L + \frac{1}{j\omega C}\right)\dot{I} = [R + j(X_L - X_C)]\dot{I} = (R + jX)\dot{I} = Z\dot{I}$$

式中

$$Z = \frac{\dot{U}}{\dot{I}} = R + jX = R + j(X_L - X_C) \tag{1-68}$$

可见，在 RLC 串联电路中，电压相量 $\dot{U}$ 与电流相量 $\dot{I}$ 之比为一复数 Z。它的实部为电路的电阻 R，虚部为电路中的感抗 X_L 与电容 X_C 之差，X 称为电路的电抗，Z 称为电路的复阻抗。将复阻抗写成指数形式，则为

$$Z = \sqrt{R^2 + X^2} \angle \arctan\frac{X}{R} = |Z| \angle \varphi$$

其中

$$|Z| = \sqrt{R^2 + X^2} = \sqrt{R^2 + (X_L - X_C)^2} \tag{1-69}$$

$$\varphi = \arctan\frac{X}{R} = \frac{X_L - X_C}{R} \tag{1-70}$$

由此可以看出，RLC 串联电路中元件参数不同，电路所反映出的性质也不同。根据电路参数可得出 RLC 串联电路的性质：

① 当 $X_L > X_C$ 时，$\varphi > 0$，即电压超前电流，电路呈感性。
② 当 $X_L < X_C$ 时，$\varphi < 0$，即电压滞后电流，电路呈容性。
③ 当 $X_L = X_C$ 时，$\varphi = 0$，即电压与电流同相位，电路呈阻性，也称电路发生谐振。

(2) 电路的功率及功率因数 在 RLC 串联电路中，电路的有功功率（或平均功率）是电阻上消耗的功率，即

$$P = U_R I = UI\cos\varphi \tag{1-71}$$

式中，$\cos\varphi$ 为功率因数。

对于 RLC 串联电路，流过电阻、电感、电容三元件的电流相同，因此可以绘制电压、阻抗和功率三角形，如图 1-57 所示。

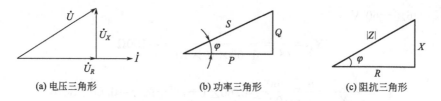

(a) 电压三角形　　　　(b) 功率三角形　　　　(c) 阻抗三角形

图 1-57　电压、阻抗、功率三角形

由功率三角形很容易得到无功功率 Q 和视在功率 S 分别为

$$Q = UI\sin\varphi \tag{1-72}$$

$$S = UI \tag{1-73}$$

视在功率也称为容量，交流电气设备是按照规定的额定电压 U_N 和额定电流 I_N 来设计的，变压器的容量就是以额定电压和额定电流的乘积来表示的，即

$$S = U_N I_N \tag{1-74}$$

视在功率的单位是伏安（V·A）或千伏安（kV·A）。由功率三角形可以得出三个功率之间的关系

$$S=\sqrt{P^2+Q^2} \tag{1-75}$$

例 1.18 电路如图 1-58(a) 所示，已知电压表 V_1 的读数为 6V，V_2 的读数为 8V，试求端口电压 U。

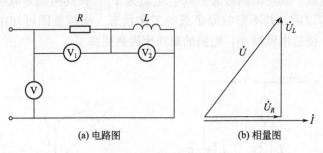

图 1-58 例 1.18 图

解： 以电流为参考相量，画出相量图如图 1-58(b) 所示。

由相量图可见，$\dot{U}_R$、$\dot{U}_L$、$\dot{U}_C$ 三者组成一直角三角形，故得

$$U=\sqrt{U_R^2+U_L^2}=\sqrt{6^2+8^2}=10\text{V}$$

1.3.2.6 R、L、C 并联电路

① 如图 1-59 所示，RLC 并联电路电流与电压的关系，同样可应用相量法进行分析。

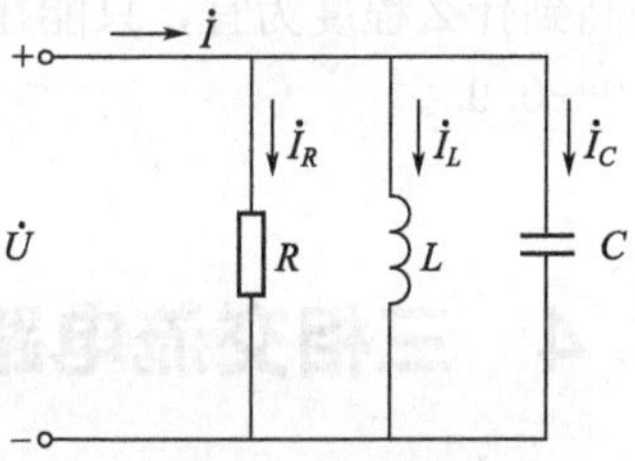

与串联电路相类似，并联电路的有功功率为电阻上消耗的功率，即

$$P=U_R I_R=UI\cos\varphi \tag{1-76}$$

电路的无功功率为

$$Q=UI\sin\varphi \tag{1-77}$$

电路的视在功率为

图 1-59 RLC 并联电路

$$S=UI \tag{1-78}$$

例 1.19 如图 1-60(a) 所示，已知电流表 A_1 的读数为 3A，A_2 的读数为 4A，求电流表 A 的读数。

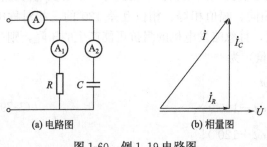

图 1-60 例 1.19 电路图

解： 以电压为参考相量，画出相量图如图 1-60(b) 所示。

由相量图可见，$\dot{I}_R$、$\dot{I}_L$、$\dot{I}_C$ 三者组成一直角三角形，故得

$$I=\sqrt{I_R^2+I_C^2}=\sqrt{3^2+4^2}=5\text{A}$$

② 功率因数的提高。前已述及，电源设备的额定容量是指设备可能发出的最大功率，实际运行中设备发出的功率还取决于负载的功率因数。功率因数越高，发出的功率越接近于额定容量，电源设备的能力就越能得到充分发挥。另外，当负载的功率和电压一定时，功率因数越高，线路中的电流就越小，输电线路的能量损耗就越小，从而提高了输电效率，改善了供电质量。所以提高功率因数有重要的经济意义。

功率因数不高的原因，主要是由于大量电感性负载的存在。工厂生产中广泛使用的三相异

步电动机就相当于电感性负载。为了提高功率因数，可以从两个基本方面来着手：一方面是改进用电设备的功率因数，但这主要涉及更换或改进设备；另一方面是在感性负载的两端并联适当大小的电容器。

原负载为感性负载，其功率因数为 $\cos\varphi$，电流为 $\dot{I}_1$，在其两端并联电容器 C，电路如图 1-61 所示。并联电容以后，并不影响原负载的工作状态。从相量图可知由于电容电流补偿了负载中的无功电流，使总电流减小，电路的总功率因数提高了。

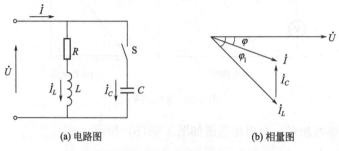

(a) 电路图　　　　　　　(b) 相量图

图 1-61　并联电容提高感性负载的功率因数

在实际生产中并不需要把功率因数提高到 1，因为这样做需要并联的电容较大，功率因数提高到什么程度为宜，只能在做具体的技术经济比较之后才能决定。通常只将功率因数提高到 0.9～0.95。

1.4　三相交流电路

三相电源是由三个频率相同、幅值相等、相位互差 120° 的正弦电动势按一定方式连接而成的，用三相电源供电的电路就称为三相电路。

1.4.1　三相交流电源

1.4.1.1　三相交流电的表示法

三相交流电是由三相交流发电机产生的。当原动机（汽轮机、水轮机等）带动发电机的转子旋转时，在三相定子绕组中将产生三个频率相同、幅值相等、相位互差 120° 的三相对称电动势。如果电压的参考方向由绕组始端指向末端，且忽略发电机的阻抗可能产生的压降，则三相对称电压的瞬时值表达式（以 u_A 为参考正弦量）为

$$\left.\begin{aligned} u_A &= \sqrt{2}U\sin\omega t \\ u_B &= \sqrt{2}U\sin(\omega t - 120°) \\ u_C &= \sqrt{2}U\sin(\omega t + 120°) \end{aligned}\right\} \tag{1-79}$$

也可以用相量形式表示

$$\left.\begin{aligned} \dot{U}_A &= U\angle 0° \\ \dot{U}_B &= U\angle -120° \\ \dot{U}_C &= U\angle 120° \end{aligned}\right\} \tag{1-80}$$

对称三相电压的波形图和相量图如图 1-62 和图 1-63 所示。

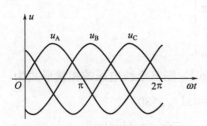

图 1-62　对称三相电源波形图

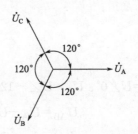

图 1-63　对称三相电源相量图

对称三相电压的瞬时值之和为零，即

$$u_A + u_B + u_C = 0 \qquad (1\text{-}81)$$

三个电压的相量之和亦为零，即

$$\dot{U}_A + \dot{U}_B + \dot{U}_C = 0 \qquad (1\text{-}82)$$

这是对称三相电源的重要特点。

1.4.1.2　三相电源的相序

三相电源中每一相电压经过同一值（如正的最大值）的先后次序称为相序。从图 1-62 中可以看出，其三相电压到达最大值的次序依次为 u_A，u_B，u_C，其相序为 A—B—C—A，称为顺序或正序。若将发电机转子反转，则

$$u_A = \sqrt{2}U\sin\omega t$$
$$u_C = \sqrt{2}U\sin(\omega t - 120°) \qquad (1\text{-}83)$$
$$u_B = \sqrt{2}U\sin(\omega t + 120°)$$

则相序为 A—C—B—A，称为逆序或负序。

工程上常用的相序是顺序，如果不加以说明，都是指顺序。工业上通常在交流发电机的三相引出线及配电装置的三相母线上，涂有黄、绿、红三种颜色，分别表示 A、B、C 三相。

1.4.2　三相交流电源的连接

三相交流电源的连接方式有星形（也称 Y 形）和三角形（也称△形）两种连接方式。对三相发电机来说，通常采用星形连接。

1.4.2.1　三相电源的星形连接

将对称三相电源的尾端 X、Y、Z 连在一起，首端 A、B、C 引出作输出线，这种连接称为三相电源的星形连接，如图 1-64 所示。

连接在一起的 X、Y、Z 点称为三相电源的中点，用 N 表示，从中点引出的线称为中线。三个电源首端 A、B、C 引出的线称为端线（俗称火线）。

电源每相绕组两端的电压称为电源的相电压，用符号 u_A、u_B、u_C 表示；而端线之间的电压称为线电压，用 u_{AB}、u_{BC}、u_{CA} 表示。规定线电压的方向是由 A 线指向 B 线，B 线指向 C 线，C 线指向 A 线。

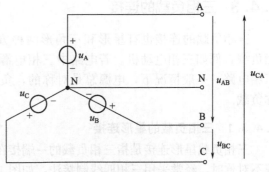

图 1-64　星形连接的三相电源

根据图 1-64，由 KVL 可得，三相电源的线电压与相电压的关系为

$$\left.\begin{aligned} u_{AB} &= u_A - u_B \\ u_{BC} &= u_B - u_C \\ u_{CA} &= u_C - u_A \end{aligned}\right\} \tag{1-84}$$

假设 $\dot{U}_A = U\angle 0°$、$\dot{U}_B = U\angle -120°$、$\dot{U}_C = U\angle 120°$，则三个线电压的相量形式为

$$\left.\begin{aligned} \dot{U}_{AB} &= \dot{U}_A - \dot{U}_B = \sqrt{3}U\angle 30° = \sqrt{3}\dot{U}_A\angle 30° \\ \dot{U}_{BC} &= \dot{U}_B - \dot{U}_C = \sqrt{3}U\angle -90° = \sqrt{3}\dot{U}_B\angle -90° \\ \dot{U}_{CA} &= \dot{U}_C - \dot{U}_A = \sqrt{3}U\angle 150° = \sqrt{3}\dot{U}_C\angle 150° \end{aligned}\right\} \tag{1-85}$$

由上可知，对称三相电源作星形连接时，其线电压也是对称的。线电压的有效值（U_1）是相电压有效值（U_p）的 $\sqrt{3}$ 倍，即 $U_1 = \sqrt{3}U_p$；各线电压的相位超前于相应的相电压 30°。

三相电源星形连接的供电方式有两种，一种是三相四线制（三条端线和一条中线），另一种是三相三线制，即无中线。目前电力网的低压供电系统（又称民用电）为三相四线制，此系统供电的线电压为 380V，相电压为 220V，通常写作电源电压 380/220V。

1.4.2.2 三相电源的三角形连接

将对称三相电源中的三个单相电源首尾相接，由三个连接点引出三条端线就形成了三角形连接的对称三相电源，如图 1-65 所示。

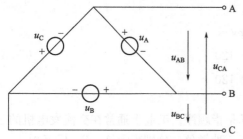

图 1-65 三角形连接的三相电源

对称三相电源三角形连接时，只有三条端线，没有中线，它一定是三相三线制。线电压与相应相电压的关系是

$$\left.\begin{aligned} u_{AB} &= u_A \\ u_{BC} &= u_B \\ u_{CA} &= u_C \end{aligned}\right\} \text{或} \left.\begin{aligned} \dot{U}_{AB} &= \dot{U}_A \\ \dot{U}_{BC} &= \dot{U}_B \\ \dot{U}_{CA} &= \dot{U}_C \end{aligned}\right\} \tag{1-86}$$

上式说明三角形连接的对称三相电源，线电压等于相应的相电压。

三相电源三角形连接时，形成一个闭合回路。由于对称三相电源 $\dot{U}_A + \dot{U}_B + \dot{U}_C = 0$，所以回路中不会有电流。但若有一相电源极性接反，造成三相电源电压之和不为零，将会在回路中产生很大的环流，烧毁电源设备。所以三相电源作三角形连接时，连接前必须仔细检查。

1.4.3 三相负载的连接

三相负载的连接也有星形和三角形两种方式。当三个负载复阻抗相等时，称为对称三相负载，例如三相电动机。若电路中三相电源对称，三相负载也对称，则该电路称为对称三相电路。一般情况下，电源总是对称的，负载可能是不对称的，例如照明负载就是不对称负载。

1.4.3.1 三相负载的星形连接

三相负载星形连接是指三相负载的一端接在一起，另一端分别接在不同的三个端线上，负载不对称时，经常采用三相四线制接法，如图 1-66 所示。

图中，负载中性点 n 与电源中性点 N 相连的线称为中性线；流经各相负载的电流称为相电流；流经端线中的电流称为线电流；每相负载两端的电压称为负载相电压；每两根端线之间

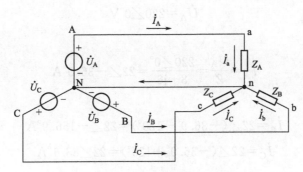

图 1-66 三相四线制星形连接

的电压称为负载线电压。

在三相四线制电路中，由于中性线的存在，若忽略线路损耗，则负载相电压等于电源相电压，即 $U'_p = U_p$；负载线电压等于电源线电压，即 $U'_1 = U_1$，且线电压等于相电压的 $\sqrt{3}$ 倍，即 $U'_1 = \sqrt{3} U'_p$。

三相四线制电路中，线路的线电流等于对应负载的相电流，即

$$\left.\begin{aligned} \dot{I}_A &= \frac{\dot{U}_A}{Z_A} \\ \dot{I}_B &= \frac{\dot{U}_B}{Z_B} \\ \dot{I}_C &= \frac{\dot{U}_C}{Z_C} \end{aligned}\right\} \qquad (1\text{-}87)$$

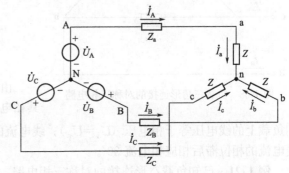

流过中性线的电流称为中性线电流，用 $\dot{I}_N$ 表示，中性线电流为

$$\dot{I}_N = \dot{I}_A + \dot{I}_B + \dot{I}_C \qquad (1\text{-}88)$$

若三相负载对称，则

图 1-67 对称负载三相三线制星形连接

$$\dot{I}_N = 0 \qquad (1\text{-}89)$$

此时，可将中性线去掉，对电路没有任何影响，如图 1-67 所示。

 注意：

在不对称三相电路中，若负载作星形连接，则必须有中性线，以保证负载正常工作。若无中性线，则中性点电位会位移，造成负载相电压不对称，从而可能使负载不能正常工作。实际接线中，中线的干线必须考虑有足够的机械强度，且不允许安装开关和熔断器。

例 1.20 某对称三相电路，负载为 Y 形连接，三相三线制，其电源线电压为 380V，每相负载阻抗 $Z = 8 + j6\Omega$，忽略输电线路阻抗。求负载每相电流。

解： 已知 $U_1 = 380V$，负载为 Y 形连接，其电源无论是 Y 形还是△形连接，都可用等效的 Y 形连接的三相电源进行分析。

电源相电压

$$U_p = \frac{380}{\sqrt{3}} = 220V$$

设
$$\dot{U}_A = 220\angle 0°\text{V}$$

则
$$\dot{I}_A = \frac{\dot{U}_A}{Z} = \frac{220\angle 0°}{8+j6} = 22\angle -36.9°\text{A}$$

根据对称性可得
$$\dot{I}_B = 22\angle(-36.9°-120°) = 22\angle -156.9°\text{A}$$

$$\dot{I}_C = 22\angle(-36.9°+120°) = 22\angle 83.1°\text{A}$$

1.4.3.2 三相负载的三角形连接

将三相负载接成三角形后与电源相连，如图 1-68 所示。

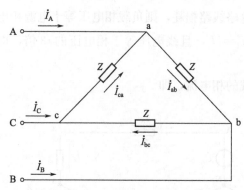

图 1-68 负载三角形连接的对称三相电路

由图可以看出，不管电源是星形连接还是三角形连接，与负载相连的一定是电源的三个线电压。当忽略输电线阻抗时，负载线电压等于电源线电压。

线电流与相电流的关系为

$$\left.\begin{array}{l} \dot{I}_A = \dot{I}_{ab} - \dot{I}_{ca} = \sqrt{3}\,I_{ab}\angle -30° \\ \dot{I}_B = \dot{I}_{bc} - \dot{I}_{ab} = \sqrt{3}\,I_{bc}\angle -30° \\ \dot{I}_C = \dot{I}_{ca} - \dot{I}_{bc} = \sqrt{3}\,I_{ca}\angle -30° \end{array}\right\} \qquad (1\text{-}90)$$

由上述可知，对称三相负载作三角形连接时，其相电压、线电压，相电流、线电流均对称；每相负载上的线电压等于相电压（$U_1 = U_p$）；线电流的大小等于相电流大小的 $\sqrt{3}$ 倍（$I_1 = \sqrt{3}\,I_p$），线电流的相位滞后相应相电流 30°。

例 1.21 已知负载△形连接的对称三相电路，电源为 Y 形连接，其相电压为 110V，负载每相阻抗 $Z = 4+j3\Omega$。求负载的相电压和线电流。

解： 电源线电压
$$U_1 = \sqrt{3}U_p = \sqrt{3}\times110 = 190\text{V}$$

设
$$\dot{U}_{AB} = 190\angle 0°\text{V}$$

则相电流
$$\dot{I}_{ab} = \frac{\dot{U}_{AB}}{Z} = \frac{190\angle 0°}{4+j3} = 38\angle -36.9°\text{A}$$

根据对称性得
$$\dot{I}_{bc} = 38\angle -156.9°\text{A}$$

$$\dot{I}_{ca} = 38\angle 83.1°\text{A}$$

线电流
$$\dot{I}_A = \sqrt{3}\dot{I}_{ab}\angle -30° = \sqrt{3}\times38\angle(-36.9°-30°) = 66\angle -66.9°\text{A}$$

$$\dot{I}_B = 66\angle(-66.9°-120°) = 66\angle -186.9° = 66\angle 173.1°\text{A}$$

$$\dot{I}_C = 66\angle(-66.9°+120°) = 66\angle 53.1°\text{A}$$

1.4.4 三相电路的功率

在三相电路中，三相负载的有功功率、无功功率分别等于每相负载上的有功功率、无功功率之和，即

$$P = P_A + P_B + P_C$$
$$Q = Q_A + Q_B + Q_C$$

三相负载对称时，各相负载吸收的功率相同，根据负载星形及三角形接法时线、相电压和线、相电流的关系，则三相负载的有功功率、无功功率分别表示为

$$P = 3P_A = 3U_p I_p \cos\varphi = \sqrt{3} U_1 I_1 \cos\varphi \tag{1-91}$$

$$Q = 3Q_A = 3U_p I_p \sin\varphi = \sqrt{3} U_1 I_1 \sin\varphi \tag{1-92}$$

式中，U_1、I_1 为负载的线电压和线电流；U_p、I_p 为负载的相电压和相电流；φ 为每相负载的阻抗角。

对称三相电路的视在功率和功率因数分别为

$$S = \sqrt{P^2 + Q^2} = \sqrt{3} U_1 I_1 \tag{1-93}$$

$$\cos\varphi = \frac{P}{S} \tag{1-94}$$

例 1.22　某三相异步电动机每相绕组的等值阻抗 $|Z| = 27.74\Omega$，功率因数 $\cos\varphi = 0.8$，正常运行时绕组作三角形连接，电源线电压为 380V。试求：

① 正常运行时相电流、线电流和电动机的输入功率。

② 为了减小启动电流，在启动时改接成星形，试求此时的相电流、线电流及电动机输入功率。

解： ① 正常运行时，电动机作三角形连接

$$I_p = \frac{U_1}{|Z|} = \frac{380}{27.74} = 13.7A$$

$$I_1 = \sqrt{3} I_p = \sqrt{3} \times 13.7 = 23.7A$$

$$P = \sqrt{3} U_1 I_1 \cos\varphi = \sqrt{3} \times 380 \times 23.7 \times 0.8 = 12.51kW$$

② 启动时，电动机作星形连接

$$I_p = \frac{U_p}{|Z|} = \frac{380/\sqrt{3}}{27.74} = 7.9A$$

$$I_1 = I_p = 7.9A$$

$$P = \sqrt{3} U_1 I_1 \cos\varphi = \sqrt{3} \times 380 \times 7.9 \times 0.8 = 3.17kW$$

从此例可以看出，同一个对称三相负载接于同一电路，当负载作△形连接时的线电流是 Y 形连接时线电流的三倍，作△形连接时的功率也是作 Y 形连接时功率的三倍。即

$$I_\triangle = 3 I_Y \tag{1-95}$$

1.5　常用电工材料

电工材料按其电阻率的大小可以分为绝缘材料（电阻率为 $10^9 \sim 10^{22} \Omega \cdot cm$）、导电材料（电阻率为 $10^{-6} \sim 10^{-2} \Omega \cdot cm$）和半导体材料（电阻率为 $10^{-2} \sim 10^9 \Omega \cdot cm$）三类。除此分类外，还有磁性材料、安装材料等其他材料。

1.5.1　导电材料

金属中导电性能最好的是银，其次是铜、铝。但由于银的价格比较昂贵，因此在特殊场合和电子电路中才使用，一般都将铜和铝用作主要的导电金属材料。

在产品型号中，铜线的标志是 T，铝线的标志是 L。为了简化型号，对于铜芯的电线电缆，T 有时可以省略。所以，有些产品型号没有标明 T 或 L 的，材料就是铜。另外，根据材料的软硬程度，在 T 或 L 后面还标志 R（表示软的）或 Y（表示硬的）。所以，TR 与 TY 分别表示软铜与硬铜，LR 与 LY 分别表示软铝与硬铝。

1.5.1.1 裸电线

裸电线包括圆铜线、圆铝线、铝绞线、铜芯铝绞线、硬铜绞线、轻型钢芯铝绞线及加强型钢芯铝绞线等。常用裸电线的种类、型号、截面积（或线径范围）及用途见表 1-1。

表 1-1　裸导线的常用数据

名称	型号	截面积（或线径）范围	主要用途
圆铜线	TR TY TYT	0.02～14mm 0.02～14mm 1.5～5mm	用作架空线
圆铝线	LR LY4、LY6 LY8、LY9	0.3～10mm 0.3～10mm 0.3～5mm	
铝绞线	LJ	10～600mm²	用作 10kV 以下档距小于 100m 的架空线
钢芯铝绞线	LGJ	10～400mm²	用于 35kV 以上较高电压或档距较大的线路上
软型钢芯铝绞线	LGJR	150～700mm²	
加强型钢芯铝绞线	LGJJ	150～400mm²	
硬铜绞线	TJ	16～400mm²	用于机械强度高、耐腐蚀的高、低压输电线路上

1.5.1.2 绝缘电线

绝缘电线是配电、动力与照明线路常用的材料，其型号、名称、主要用途见表 1-2。

表 1-2　常用绝缘电线的型号、名称及主要用途

型号	名称	主要用途
BV	聚氯乙烯绝缘铜芯线	
BVR	聚氯乙烯绝缘铜芯软线	
BVV	聚氯乙烯绝缘、聚氯乙烯护套铜芯线	
BLV	聚氯乙烯绝缘铝芯线	
BLVR	聚氯乙烯绝缘铝芯软线	适用于交流电压 U_0/U 为 450/750V、300/500V 及以下的动力装置的固定敷设
BLLV	聚氯乙烯绝缘、聚氯乙烯护套铝芯线	
BLVV	聚氯乙烯绝缘护套铝芯圆形电线	
BVVB	聚氯乙烯绝缘、聚氯乙烯护套平型铜芯线	
BLVVB	聚氯乙烯绝缘护套铝芯平型电线	
BV-105	聚氯乙烯绝缘耐热 105℃铜芯线	
RV	聚氯乙烯绝缘连接铜芯软线	
RVB	聚氯乙烯绝缘平行连接铜芯软线	
RVS	聚氯乙烯绝缘双绞连接铜芯软线	适用于交流电压 U_0/U 为 450/750V、300/500V 及以下的家用电路、小型电动工具、仪器仪表及动力照明等装置的连接
RVV	聚氯乙烯绝缘护套圆形连接铜芯软线	
RVVB	聚氯乙烯绝缘护套平型连接铜芯软线	
RV-105	聚氯乙烯绝缘耐热 105℃连接软电线	
RFB	丁腈聚氯乙烯复合物绝缘线（平型软线）	用于交流电压 250V 或直流电压 500V 及以下的各种日用电器照明灯座和无线电设备等的连接
RFS	丁腈聚氯乙烯复合物绞型线	

续表

型 号	名 称	主要用途
AV	聚氯乙烯绝缘铜芯安装电线	
AV-105	聚氯乙烯绝缘耐热105℃铜芯安装软电线	
AVR	聚氯乙烯绝缘铜芯安装软电线	
AVRB	聚氯乙烯绝缘铜芯安装平型软电线	
AVRS	聚氯乙烯绝缘铜芯安装绞型软电线	
AVVR	聚氯乙烯绝缘铜芯护套安装软电线	适用于交流额定电压300/500V及以下电器、仪表和电子设备及自动化装置的连接
AVP	聚氯乙烯绝缘铜芯屏蔽电线	
AVP-105	聚氯乙烯绝缘耐热105℃铜芯屏蔽电线	
RVP	聚氯乙烯绝缘铜芯屏蔽软电线	
RVP-105	聚氯乙烯绝缘耐热105℃铜芯屏蔽软电线	
RVVP	聚氯乙烯绝缘铜芯屏蔽护套软电线	
RVVP1	聚氯乙烯绝缘铜芯缠绕屏蔽护套软电线	
BX	铜芯橡皮线	
BLX	铝芯橡皮线	
BXR	铜芯橡皮软线	用于交流电压500V以下、直流电压1000V及以下的照明及电气设备装置的连接
BXF	铜芯氯丁橡皮线	
BLXF	铝芯氯丁橡皮绝缘电线	

BV、BLV、BVR、BX、BLX、BXR 型单芯电线单根空气敷设载流量如表 1-3 所示。

表 1-3 BV、BLV、BVR、BX、BLX、BXR 型单芯电线单根空气敷设载流量

标称截面积/mm²	长期连续负荷允许载流量/A				相应电缆表面温度/℃	
	铜芯		铝芯			
	BV BVR	BX BXR	BLV	BLX	BV BLV BVR	BX BLX BXR
0.75	16	18	—	—	60	60
1.0	19	21	—	—	60	60
1.5	24	27	18	19	60	60
2.5	32	35	25	27	60	61
4	42	45	32	35	61	61
6	55	58	42	45	60	61
10	75	85	55	65	60	61
16	105	110	80	85	60	61
25	138	145	105	110	60	61
35	170	180	130	138	60	61
50	215	230	165	175	60	61
70	260	285	205	220	60	61
95	325	345	250	265	60	61
120	375	400	285	310	60	61
150	430	470	325	360	60	61
185	490	540	380	420	60	61
240	—	660	—	510	—	61
300	—	770	—	600	—	61
400	—	940	—	730	—	61
500	—	1100	—	850	—	61
630	—	1250	—	980	—	61

注：导线最高允许工作温度为65℃、环境温度为25℃。

RV、RVV、RVB、RVS、BVV、BLVV 型塑料软线和护套线单根空气敷设载流量如表1-4所示。

表1-4 RV、RVV、RVB、RVS、BVV、BLVV 型塑料软线和护套线单根空气敷设载流量

标称截面积/mm^2	长期连续负荷允许载流量/A					
	1芯		2芯		3芯	
	铜芯	铝芯	铜芯	铝芯	铜芯	铝芯
0.12	5	—	4	—	3	—
0.2	7	—	5.5	—	4	—
0.3	9	—	7	—	5	—
0.4	11	—	8.5	—	6	—
0.5	12.5	—	9.5	—	7	—
0.75	16	—	12.5	—	9	—
1.0	19	—	15	—	11	—
1.5	24	—	19	—	12	—
2	28	—	22	—	17	—
2.5	32	25	26	20	20	16
4	42	34	36	26	26	22
6	55	43	47	33	32	25
10	75	59	65	51	52	—

注：导线最高允许工作温度为65℃、环境温度为25℃。

BX、BLX 型单芯电线穿塑料管敷设载流量如表1-5所示。

表1-5 BX、BLX 型单芯电线穿塑料管敷设载流量

标称截面积/mm^2	长期连续负荷允许载流量/A					
	穿2根		穿3根		穿4根	
	铜芯	铝芯	铜芯	铝芯	铜芯	铝芯
1.0	13	—	12	—	—	—
1.5	17	14	16	12	11	11
2.5	25	19	22	17	15	15
4	33	25	30	23	20	20
6	43	33	38	29	26	26
10	59	44	52	40	35	35
16	76	58	68	52	46	46
25	100	77	90	68	60	60
35	125	95	110	84	74	74
50	160	120	140	108	95	95
70	195	153	175	135	120	120
95	240	184	215	165	150	150
120	278	210	250	190	170	170
150	320	250	290	227	205	205
185	360	282	330	255	232	232

注：导线最高允许工作温度为65℃、环境温度为25℃。

BV、BLV 型单芯电线穿塑料管敷设载流量如表1-6所示。

表 1-6　BV、BLV 型单芯电线穿塑料管敷设载流量

| 标称截面积/mm² | 长期连续负荷允许载流量/A | | | | | |
| | 穿2根 | | 穿3根 | | 穿4根 | |
	铜芯	铝芯	铜芯	铝芯	铜芯	铝芯
1.0	12	—	11	—	10	—
1.5	16	13	15	11.5	13	10
2.5	24	18	21	16	19	14
4	31	24	28	22	25	19
6	41	31	36	27	32	25
10	56	42	49	38	44	33
16	72	55	65	49	57	44
25	95	73	85	65	75	57
35	120	90	105	80	93	70
50	150	114	132	102	117	90
70	185	145	167	130	148	115
95	230	175	205	158	185	140
120	270	200	24	180	215	160
150	305	230	275	207	250	185
185	355	265	310	235	280	212

注：线最高允许工作温度为 65℃、环境温度为 25℃。

1.5.1.3　电磁线

电磁线是一种具有绝缘层的导电金属线，用于绕制电工产品的绕组或线圈。常用电磁线有漆包线、绕包线、无机绝缘电磁线等，其导电线芯有圆线和扁线两种。

(1) 漆包线　漆包线是将绝缘漆涂在导电线芯的表面，经烘干后形成以漆膜为绝缘层的电磁线。其特点是漆膜均匀、光滑，且较薄。它广泛应用于中小型电机、微电机、干式变压器及其他电工产品中，其常用参数见表 1-7。

表 1-7　漆包线和丝包线的常用参数

| 钢导线规格 | | 聚酯漆包线最大外径/mm | 丝包线 | | | | |
| 线径/mm | 标称截面积/mm² | | 单丝包线最大外径/mm | | 双丝包线最大外径/mm | | |
		QZ	SQ	SQZ	SZ	SEQ	SEQZ
0.05	0.001964	0.065	0.14	0.14	0.16	0.18	0.18
0.06	0.00283	0.080	0.15	0.16	0.17	0.19	0.20
0.07	0.00385	0.090	0.16	0.17	0.18	0.20	0.21
0.08	0.00503	0.100	0.17	0.18	0.19	0.21	0.22
0.09	0.00636	0.110	0.18	0.19	0.20	0.22	0.23
0.10	0.00785	0.125	0.19	0.20	0.21	0.23	0.24
0.11	0.00950	0.135	0.20	0.21	0.22	0.24	0.25
0.12	0.01131	0.145	0.21	0.22	0.23	0.25	0.26
0.13	0.01327	0.155	0.22	0.23	0.24	0.26	0.27
0.14	0.01539	0.165	0.23	0.24	0.25	0.27	0.28
0.15	0.01767	0.180	0.24	0.25	0.26	0.28	0.29
0.16	0.0201	0.190	0.26	0.28	0.28	0.30	0.32
0.17	0.0227	0.200	0.27	0.29	0.29	0.31	0.33
0.18	0.0254	0.210	0.28	0.30	0.30	0.32	0.34
0.19	0.0284	0.220	0.29	0.31	0.31	0.33	0.35

续表

钢导线规格		聚酯漆包线最大外径/mm	丝包线				
线径/mm	标称截面积/mm²	QZ	单丝包线最大外径/mm		双丝包线最大外径/mm		
			SQ	SQZ	SZ	SEQ	SEQZ
0.20	0.0341	0.230	0.30	0.32	0.32	0.35	0.36
0.21	0.0346	0.240	0.32	0.33	0.33	0.36	0.37
0.23	0.0415	0.265	0.35	0.36	0.36	0.39	0.41
0.25	0.0491	0.290	0.37	0.38	0.38	0.42	0.43
0.28	0.0616	0.320	0.40	0.41	0.41	0.45	0.46
0.31	0.0755	0.35	0.43	0.44	0.44	0.48	0.49
0.33	0.0855	0.37	0.46	0.48	0.47	0.51	0.53
0.35	0.0962	0.39	0.48	0.51	0.49	0.53	0.55
0.38	0.1134	0.42	0.51	0.53	0.52	0.56	0.58
0.40	0.1257	0.44	0.53	0.55	0.54	0.58	0.60
0.42	0.1835	0.46	0.55	0.57	0.56	0.60	0.62
0.45	0.1590	0.49	0.58	0.60	0.59	0.63	0.65
0.47	0.1735	0.51	0.60	0.62	0.61	0.65	0.67
0.50	0.1964	0.54	0.63	0.65	0.64	0.68	0.70
0.53	0.221	0.58	0.67	0.69	0.67	0.72	0.74
0.56	0.246	0.61	0.70	0.72	0.70	0.75	0.77
0.60	0.283	0.65	0.74	0.76	0.74	0.79	0.81
0.63	0.312	0.68	0.77	0.79	0.77	0.83	0.84
0.67	0.353	0.72	0.82	0.85	0.82	0.87	0.90
0.71	0.396	0.76	0.86	0.89	0.86	0.91	0.94
0.75	0.442	0.81	0.91	0.94	0.91	0.97	1.00
0.80	0.503	0.86	0.96	0.99	0.96	1.02	1.05
0.85	0.567	0.91	1.01	1.04	1.01	1.07	1.10
0.90	0.636	0.96	1.06	1.09	1.06	1.12	1.15
0.95	0.709	1.01	1.11	1.14	1.11	1.17	1.2
1.00	0.785	1.07	1.18	1.22	1.17	1.24	1.28
1.06	0.882	1.14	1.25	1.28	1.23	1.31	1.34
1.12	0.958	1.20	1.32	1.34	1.29	1.37	1.40
1.18	1.094	1.26	1.37	1.40	1.35	1.43	1.46
1.25	1.227	1.33	1.44	1.47	1.42	1.50	1.53
1.30	1.327	1.38	1.49	1.52	1.47	1.55	1.58
1.35	1.431	1.43	—	—	—	—	—
1.40	1.539	1.48	1.59	1.62	1.57	1.65	1.68
1.50	1.767	1.58	1.69	1.72	1.67	1.75	1.78
1.60	2.01	1.69	1.80	1.83	1.78	1.87	1.90
1.70	2.27	1.79	1.90	1.93	1.88	1.97	2.00
1.80	2.54	1.89	2.00	2.03	1.98	2.07	2.10
1.90	2.84	1.99	2.10	2.13	2.08	2.17	2.20
2.00	3.14	2.09	2.20	2.23	2.18	2.27	2.30
2.12	3.53	2.21	2.32	2.35	2.30	2.39	2.42
2.24	3.94	2.33	2.44	2.47	2.42	2.51	2.54
2.36	4.37	2.45	2.56	2.50	2.54	2.63	2.66

漆包线有圆漆包线和扁漆包线两类，圆漆包线的规格以直径表示，扁漆包线的规格以窄边×宽边尺寸表示。

(2) 绕包线　绕包线是以绝缘纸、天然丝、玻璃丝等纤维材料或合成薄膜材料紧密绕制包在导电线芯上，以形成绝缘层的电磁线，也有在漆包线上再绕包绝缘层的。除薄膜绕包线外，其他绕包线都还要经过浸渍处理，以提高其电气性能、力学性能和防潮性能。绕包线一般用于大中型电工产品中。

(3) 无机绝缘电磁线　无机绝缘电磁线的绝缘层采用无机材料陶瓷、氧化铝膜等组成，并经有机绝缘漆浸渍后烘干填孔。其特点是耐高温、耐辐射，主要用于高温、辐射等场合。

(4) 特种电磁线　特种电磁线具有特殊的绝缘结构和性能，如耐水和多层绝缘结构，适用于潜水电机绕组等。

1.5.1.4　电缆线

(1) 电缆线的结构　一般电缆最基本的结构有导体、绝缘层及外护层，如图 1-69 所示为单芯电力电缆的基本结构。根据要求可再增加一些结构，如屏蔽层、内护层或铠装层等，如图 1-70 所示。导体是传输电流或信号的载体，其他结构都是作防护用。防护的性能根据电缆产品的需要总体上有三种：一种是保护电缆本身各单元不相互（或减少）影响，如耐压、耐热、防电磁场产生的损耗，通信电缆防信号相互干扰等；另一种防护是保护导体中的电流不对外部产生影响，如防止电流外泄、防电磁波外泄等；最后一种是保护外界不对电缆内部产生影响，如抗压、抗拉、耐热、耐潮、耐燃、防水、抗电磁波干扰等。

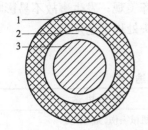

图 1-69　单芯电力电缆的基本结构

1—护套层；2—绝缘层；
3—导电线芯

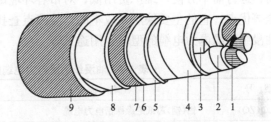

图 1-70　电力电缆的结构

1—导体；2—线芯绝缘；3—填料；4—统包绝缘；5—内护套；
6—防腐层；7—沥青黄麻层；8—钢带铠装；9—外护套

下面简单介绍电力电缆的结构。

① 导体（或称导电线芯）　导体的作用是传导电流。有实芯和绞合之分。材料有铜、铝、银、铜包钢、铝包钢等。银的导电性能最好，但价格贵，所以主要用的是铜与铝。铜的导电性能比铝要好得多。国家标准要求铜导体的电阻率不小于 $0.017241\Omega \cdot mm^2/m$（20℃），铝导体的电阻率不小于 $0.028264\Omega \cdot mm^2/m$（20℃）。

② 耐火层　只有耐火型电缆有此结构。其作用是在火灾中电缆能经受一定时间，给人们逃生时多一些用电的时间。现在使用的材料主要是云母带。火灾中，电缆会很快燃烧，因云母带的云母片耐高温，且又有绝缘作用，在火灾中能保护导体运行一定时间。

③ 绝缘层　将绝缘材料按其耐受电压程度的要求，以不同的厚度包覆在导体外面而成。其作用是隔绝导体，承受相应的电压，防止电流泄漏。绝缘材料多种多样，如聚氯乙烯（PVC）、聚乙烯（PV）、交联聚乙烯（XLPE）、橡胶（丁腈橡胶、氯丁橡胶、丁苯橡胶、乙丙橡胶等）、氟塑料、尼龙、绝缘纸等。这些材料最主要的性能就是绝缘性能要好，其他的性能要求根据电缆使用要求各有不同。有的要求介电系数要小，以减少损耗；有的要求有阻燃性能或能耐高温；有的要求电缆在燃烧时不会或少产生浓烟或有害气体；有的要求能耐油、耐腐

蚀；有的则要求柔软等。

④ 屏蔽层 屏蔽层在绝缘层外、外护层内。其作用是限制电场和电磁干扰。对于不同类型的电缆，屏蔽材料也不一样，主要有：铜丝编织、铜丝缠绕、铝丝（铝合金丝）编织、铜带、铝箔、铝（钢）塑带、钢带等绕包或纵包等。

⑤ 填充层 填充的作用主要是让电缆圆整、结构稳定，有些电缆的填充物还起到阻水、耐火等作用。主要的材料有聚丙烯绳、玻璃纤维绳、石棉绳、橡胶等，种类很多，但有一个主要的性能要求是非吸湿性材料，当然还不能导电。

⑥ 内护层 内护层的作用是保护绝缘线芯不被铠装层或屏蔽层损伤。内护层有挤包、绕包和纵包等几种形式。对要求高的采用挤包形式，要求低的采用绕包或纵包形式。现在绕包用的材料也多种多样，如钢带铠装的内护层，有采用 PVC 带绕包的，也有采用聚丙烯带绕包的。

⑦ 铠装层 铠装层的作用是保护电缆不被外力损伤。最常见的是钢带铠装与钢丝铠装，还有铝带铠装、不锈钢带铠装等。钢带铠装主要是抗压用，钢丝铠装主要是抗拉用。根据电缆的大小，铠装用的钢带厚度是不一样的，这在各电缆标准中都有规定。

⑧ 外护层 外护层在电缆最外层起保护作用。主要有三种：塑料类、橡胶类及金属类。其中塑料类最常用的是聚氯乙烯塑料、聚乙烯塑料，还有根据电缆特性有阻燃型、低烟低卤型、低烟无卤型等。

(2) 电力电缆线的选择 电力电缆主要传输和分配电能。它一般埋设于土壤或敷设于管道、沟道、隧道中。它有着不用杆塔，受外界因素（如气候、环境）影响小；供电可靠性、安全性高；运行简单方便，维护费用低；对市容环境影响较少，整齐美观；发生事故不易影响人身安全等优点。它的主要缺点是成本高，故障点查找较困难，接头处理工艺复杂。

油浸纸绝缘电力电缆的型号、用途见表 1-8。

表 1-8　油浸纸绝缘电力电缆的型号及主要用途

型　号	名　称	主要用途
ZLQ(ZQ)	铝(铜)芯纸绝缘裸铅电力电缆	敷设于室内无机械损伤、无腐蚀处
ZLQ1(ZQ1)	铝(铜)芯纸绝缘铅包麻被电力电缆	敷设于室内无机械损伤、无腐蚀处
ZLQ2(ZQ2)	铝(铜)芯纸绝缘铅包钢带铠装电力电缆	敷设于土壤中，能承受机械损伤，但不能受大拉力
ZLQ20(ZQ20)	铝(铜)芯纸绝缘铅包裸钢带铠装电力电缆	敷设于室内能承受机械损伤，但不受大拉力
ZLQ3(ZQ3)	铝(铜)芯纸绝缘铅包细钢丝铠装电力电缆	敷设于土壤中，能承受机械损伤和相当的拉力
ZLQ30(ZQ30)	铝(铜)芯纸绝缘铅包裸细钢丝铠装电力电缆	敷设于室内及矿井，能承受机械损伤和相当的拉力
ZLQ5(ZQ5)	铝(铜)芯纸绝缘铅包粗钢丝铠装电力电缆	敷设于水中，能承受较大拉力
ZLQF2(ZQF2)	铝(铜)芯纸绝缘分相包钢带铠装电力电缆	敷设条件同 ZLQ2，用于 20～35kV
ZLQF20(ZQF20)	铝(铜)芯纸绝缘分相包裸钢带铠装电力电缆	敷设条件同 ZLQ20，用于 20～35kV
ZLQF5(ZQF5)	铝(铜)芯纸绝缘分相包粗钢丝铠装电力电缆	敷设条件同 ZLQ5，用于 20～35kV
ZLL2(ZL2)	铝(铜)芯纸绝缘铅包钢丝铠装一级防腐电力电缆	敷设条件同 ZLQ5，用于 20～35kV
ZLL120(ZL120)	铝(铜)芯纸绝缘铅包裸钢带铠装一级防腐电力电缆	敷设于室内，能承受机械外力作用，但不能受拉力

1.5.2　绝缘材料

绝缘材料又称电介质，它在外加电压作用下，只有微小的电流通过。

1.5.2.1　绝缘材料的用途

在电工产品的结构中，绝缘材料占有极其重要的地位，其主要作用是隔离不同电位的导体，使电流按一定的方向流动；其次是在不同的电工产品中，根据电工产品技术要求的需要，起着散热冷却、灭弧、储能、机械支撑、防晕、防潮、防霉以及保护导体等不同作用。

1.5.2.2　绝缘材料的耐热等级

电气设备在运行时，导体和磁性材料都会发热，并传到电介质中；电介质本身由于存在介质损耗也要发热；或者整个电气设备本身就处在高温环境中工作，所以电气设备的绝缘材料长期在热态下工作。耐热性是指绝缘材料承受高温而不改变介质、机械、理化等特性的能力。对于低压电机、电器而言，耐热性是决定绝缘性能的主要因素。

绝缘材料在高温作用下，性能往往在短时间内就会发生显著的恶化。例如，绝缘材料发生软化，绝缘塑料因增塑剂挥发而变硬变脆，绝缘油气化而带来危险性等。电气设备有时在低温环境下工作，寒冷也会使材料的机械性能变坏，甚至于不能使用。

低压电机、电器的额定功率实际上取决于绝缘材料在运行中所能承受的最热点的温度。使用耐热性较好的绝缘材料，可使电机电器的体积和重量都大大减小，技术经济指标和使用寿命得到提高。绝缘材料允许最高温度分为 7 个耐热等级，见表 1-9。

表 1-9　绝缘材料的耐热等级

耐热等级	Y	A	E	B	F	H	C
允许长期使用的最高温度/℃	90	105	120	130	155	180	>180

促使绝缘材料老化的主要原因：在低压设备中是过热，在高压设备中是局部放电。

1.5.2.3　常用绝缘材料

(1) 绝缘漆　绝缘漆主要由漆基、溶剂、稀释剂、催干剂、增塑剂等材料组成。按用途可分为浸渍漆、涂覆漆、胶黏漆三大类。但在实际使用时，一种漆往往兼有多种用途。

(2) 绝缘胶　绝缘胶和绝缘漆的区别在于：绝缘胶中不含有挥发性的溶剂，黏度较大，一般加有填料。绝缘胶广泛用于浇注电缆接头和套管，以及密封电子元件和零部件等。

(3) 熔敷粉末　熔敷粉末是一种粉末状的绝缘材料，它属于无溶剂涂料。主要用来涂敷小电机、微电机的定、转子铁芯，作为槽绝缘和导线绝缘，也可用于小型变压器和电器外壳的涂敷。

(4) 浸渍纤维制品　浸渍纤维制品是以绝缘纤维制品为底材，浸渍绝缘漆制成的产品。产品有漆布（绸）、漆管和绑扎带三类。主要用于电机电器、仪表、电线电缆及无线电的制造和安装中，用作槽部、匝间、线圈和相间绝缘，连接和引出线的包扎，以及变压器铁芯、电机转子绕组绑扎等。

(5) 绝缘层压制品　绝缘层压制品是以纸或布作底材，浸涂不同的胶黏剂，经热压而成的层状结构绝缘材料。一般作为绝缘材料和结构材料应用于电气与电子工业中。

(6) 电工塑料　电工塑料品种很多，主要用于加工成各种规格形状电工设备的绝缘零部件、结构件，以及作为电线电缆的绝缘层、保护套等。

(7) 云母及其制品　云母具有完好的解理性、很好的耐热性、极好的介电性，其化学稳定性好，吸湿性也很小。由云母片或粉云母、胶黏剂和补强材料可制成云母板、云母带、云母箔、云母玻璃等各种制品。主要用作电机、电器绝缘，如垫圈、垫片、阀型避雷器的零件等。

(8) 电工薄膜、复合制品和黏带 电工薄膜是由高分子化合物制成的一种薄而软的材料，主要用于电机、电器线圈和电线电缆的线包绝缘，以及作电容器的介质。复合制品主要用作相间绝缘和线圈端部绝缘。黏带是指在常温或一定温度下，能自粘成形的带状材料，使用方便，适用于作电机及电器线圈绝缘、包扎固定和电线接头的包扎绝缘等。

(9) 绝缘油 绝缘油有天然矿物油、天然植物油和合成油。天然矿物油有变压器油 DB 系列、开关油 DV 系列、电容器油 DD 系列、电缆油 DL 系列等。天然植物油有蓖麻油、大豆油等。合成油有氯化联苯、甲基硅油等。实践证明，空气中的氧和温度是引起绝缘油老化的主要因素，而许多金属对绝缘油的老化起催化作用。

1.5.3 其他电工材料

1.5.3.1 磁性材料

(1) 电工硅钢薄板 电工硅钢薄板属软磁材料，是制造电机变压器及电器的主要磁性材料。

(2) 铁氧体软磁材料 铁氧体软磁材料又称铁淦氧，是采用粉末烧结工艺制成的非金属磁性材料，其电阻率较高，通常在 $10^2 \sim 10^9 \, \Omega \cdot cm$ 之间，涡流损耗小，所以适用于几千赫到几百赫的频率之间。

(3) 电工用纯铁 纯铁具有高的饱和磁感应强度、高的磁导率和低的矫顽力。它的纯度越高，磁性能越好。最常用的电工用纯铁为电磁纯铁。

(4) 合金硬磁材料 合金硬磁材料具有优良的磁性能、良好的稳定性和较低的温度系数，是电机、电器产品中常用的永磁材料。

(5) 铁氧体硬磁材料 铁氧体硬磁材料与合金硬磁材料相比，具有高矫顽力、高电阻率、小密度、低价格等优点，其缺点是剩磁感应强度较低，温度系数较大。

1.5.3.2 电气安装材料

电气安装材料有电线管、有缝钢管、聚氯乙烯（PVC）硬管及半硬管、塑料胀锚螺栓管、包塑金属软管及金属软管接头等。

1.5.3.3 电机用电刷

电刷是用在电机的换向器或集电环上传导电流的滑动接触件。

(1) 石墨电刷（S 型） 石墨电刷以天然石墨为主要材料，采用沥青或树脂作黏结剂，经烘焙或在约 1000℃高温下烧结而成。石墨电刷质地较软，用在一般整流条件正常、负载均匀的电机上。

(2) 电化石墨电刷（D 型） 电化石墨电刷由石墨、焦炭、炭黑经高温 2500℃以上而制成。电化石墨电刷耐磨，对换向器磨损小，广泛用于各类交直流电机。

(3) 金属石墨电刷（J 型） 金属石墨电刷由铜及少量的锡、铅等金属粉末渗入石墨混合制成。金属石墨电刷既有石墨的润滑特性，又有金属的高导电性，故适用于高负荷和对换向要求不高的低压电机。

1.6 低压电工电路识图

电工技术人员要学会看电气图，要了解电路图的构成及电气符号的意义，要掌握识图和绘图的基本方法和步骤。

1.6.1　电气图的构成和类型

1.6.1.1　电气图的基本构成

电路图一般是由电路、技术说明和标题栏三部分组成。

(1) 电路　电路是电路图的主要构成部分。因为电气元件的外形和结构比较复杂，所以采用国家统一规定的图形符号和文字符号来表示电气元件的不同种类、规格以及安装方式。此外，根据电路图的不同用途，要绘制成不同的形式。有的电路只绘制其工作原理图，以便了解电路的工作过程及特点。有的电路只绘制装配图，以便了解各电气元件的安装位置及配线方式。对于比较复杂的电路，通常绘制工作原理图和安装接线图。必要时，还要绘制展开接线图、平面布置图等，以供生产部门和用户使用。

电路通常分为主电路和辅助电路两部分。主电路也叫一次回路，是电源向负载输送电能的电路。它一般包括电源、变压器、开关、接触器、熔断器和负载等。辅助电路也叫二次回路，是对主电路进行控制、保护、监测、指示的电路。它一般包括继电器、仪表、指示灯、控制开关等。通常主电路通过的电流较大，线径较粗；而辅助电路中的电流较小，线径较细。

图 1-71 所示为某车间照明电路图。其中图 1-71(a) 为照明工作原理图，图 1-71(b) 为照明配线平面图。照明原理图表示：由 220V 单相交流电源供电，经开关 QS 和熔断器 FU 控制后分成四条支路为照明供电，每条支路都由各自的开关和熔断器控制、保护。照明配线平面图则表示了照明配电箱和灯具的安装位置及线路的敷设方式。

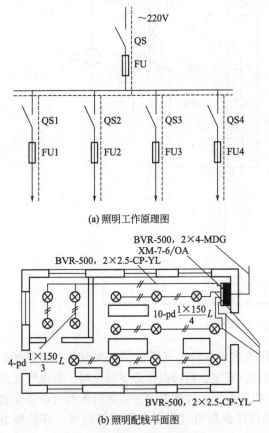

(a) 照明工作原理图

(b) 照明配线平面图

图 1-71　某车间照明电路图

技术说明：
　　1.照明供电电源由220V单相架空线引至车间，再穿电线管明敷进户。
　　2.照明配电箱外壳应采取保护接地。

7	单联开关	220V5A	个	14	
6	电线管	DG20	米	3	
5	瓷瓶	G-20	个	80	
4	导线	G-2×4	米	30	
3	导线	BLX2×2.5	米	200	
2	白炽灯具	pd1×150W	套	14	
1	配电箱	XM-7-6/OA	个	1	
序号	名称	规格	单位	数量	备注

审批		工程名称	
校核			
制图		××车间照明电器图	
设计		图号	

图 1-72　技术说明和标题栏示意图

（2）技术说明　电路图中的文字说明和元件明细表等，总称为技术说明。其中，在文字说明中注明电路的某些要点及安装要求等。文字说明通常写在电路图的右上方。元件明细表列出电路中元器件的名称、符号、规格和数量等。元件明细表一般以表格形式写在标题栏的上方，元件明细表中序号自下而上编排，如图 1-72 所示。

（3）标题栏　标题栏画在电路图的右下角，如图 1-72 所示。其中注有工程名称、图名、图号，还有设计人、制图人、审核人、批准人的签名和日期等。标题栏是电路图的重要技术档案，栏目中的签名者对图中的技术内容要各负其责。

1.6.1.2　电气图的类型

电气图主要包括电气原理图、电气元件布置图和电气安装接线图等三种。

（1）电气原理图　电气原理图也叫接线原理图或原理接线图。它表示电流从电源到负载的传送情况和电气元件的动作原理，不表示电气元件的结构尺寸、安装位置和实际配线方法。阅读原理图可以了解负载的工作方式和功能，电气原理图是绘制安装接线图的基本依据，在调试和寻找故障时有重要作用。如图 1-73 所示为某机床的电气原理图。

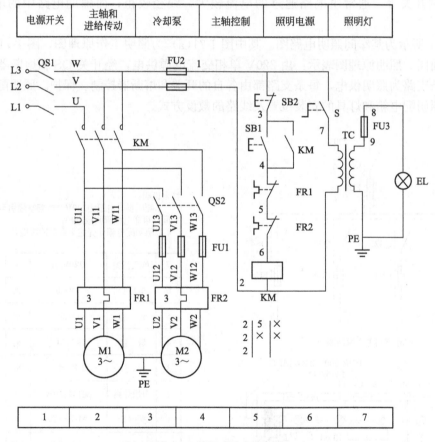

图 1-73　某机床电气原理图

（2）电气元件布置图　电气元件布置图主要用来表示各种电气设备在机械设备上和电气控制柜中的实际安装位置，为机械电气控制设备的制造、安装、检修提供必要的资料。各电气元件的安装位置是由机床的结构和工作要求来决定的，机床电气元件布置图主要由机床电气设备布置图、控制柜及控制板电气设备布置图、操纵台及悬挂操纵箱电气设备布置图等组成。在绘制电气设备布置图时，所有能见到的以及须表示清楚的电气设备均用粗实线绘制出简单的外形轮廓，其他设备（如机床）的轮廓用双点画线表示，如图 1-74 所示为某机床的电气元件布置图。

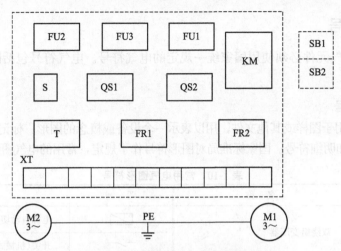

图 1-74　某机床电气元件布置图

（3）电气安装接线图　电气安装接线图是为安装电气设备和电气元件时进行配线或检查检修电气控制线路故障服务的。在图中要表示各电气设备之间的实际接线情况，并标注出外部接线所需的数据。在接线图中各电气元件的文字符号、元件连接顺序、线路号码编制都必须与电气原理图一致。

电气安装接线图如图 1-75 所示。图中表明了该电气设备中电源进线、按钮板、照明灯、电动机与电气安装板接线端之间的关系，也标注了所采用的包塑金属软管的直径和长度以及导

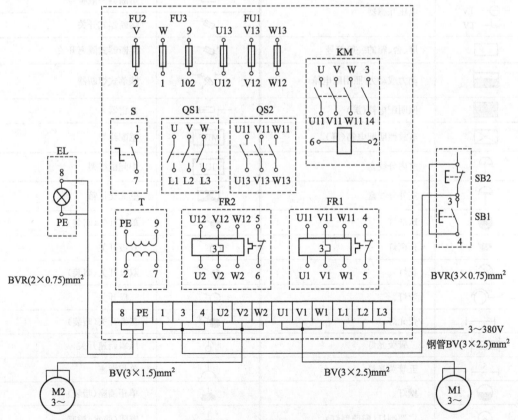

图 1-75　某机床电气安装接线图

线的根数、截面积。

1.6.2 电气符号

电路图中,电气元件必须使用国家统一规定的电气符号。电气符号包括图形符号、文字符号和回路标号三种。

1.6.2.1 图形符号

图形符号通常用于图样或其他文件,用以表示一个设备或概念的图形、标记或字符。它分为基本符号、一般符号和明细符号。国家标准局对图形符号作了规定,常用的电气图形符号见表1-10。

表 1-10 常用电气图形符号

图 例	名 称	图 例	名 称
	双绕组变压器		电源自动切换箱(屏)
			开关(机械式)
	三绕组变压器		隔离开关
			断路器
	电流互感器 脉冲变压器		负荷开关
			自动开关
	电压互感器		熔断器一般符号
			熔断器式开关
	屏、台、箱的一般符号		熔断器式隔离开关
	动力或动力-照明配电箱		跌落式熔断器
	照明配电箱(屏)		避雷器
	事故照明配电箱(屏)	MDF	总配线架
	室内分线盒	IDF	中间配线架
	室外分线盒		壁龛交接箱
	球形灯		单极开关(暗装)
	顶棚灯		双极开关
	花灯		双极开关(暗装)
	弯灯		三极开关
	荧光灯		三极开关(暗装)
	三管荧光灯		风扇调速开关
5	五管荧光灯		单相插座
	壁灯		单相插座(暗装)
	广照型灯(配照型灯)		密闭(防水)插座

图 例	名 称	图 例	名 称
⊗	防水防尘灯		防爆插座
	开关一般符号		带保护接点插座
	单极开关		带接地插孔的单相插座(暗装)
	双控开关(单极三线)		带保护接点密闭(防水)单相插座
Ⓥ	指示式电压表		带保护接点防爆插座
cosφ	功率因数表		带接地插孔的三相插座
Wh	有功电能表(瓦时计)		带接地插孔的三相插座(暗装)
	电信插座一般符号。用以下的文字符号区别不同插座: TP——电话;FX——传真;FM——调频;TV——电视;M——传声器		插座箱(板)
		⊛	荧光灯启动器
	单极限时开关	Ⓐ	指示式电流表
	吊式电风扇	⊗	轴流式风扇
	调光器		匹配终端
🔑	钥匙开关	⊂	传声器一般符号
∩	电铃	◁	扬声器一般符号
Y	天线一般符号	S	感烟探测器
▷	放大器一般符号	∧	感光火灾探测器
	分配器,两路,一般符号	⊰	气体火灾探测器(点式)
	三路分配器	CT	缆式线型定温探测器
	四路分配器	I	感温探测器
	电线、电缆、母线、传输通路一般符号 三根导线 三根导线 n 根导线	Y	手动火灾报警按钮
	接地装置 ①有接地极 ②无接地极	↗	水流指示器
F	电话线路	★	火灾报警控制器
V	视频线路	⌂	火灾报警电话机(对讲电话机)
B	广播线路	EEL	应急疏散指示标志灯

图 例	名 称	图 例	名 称
	消火栓	EL	应急疏散照明灯
	多极开关一般符号单线表示		多极开关一般符号多线表示
	接触器(在非动作位置触点断开)	E-\	按钮开关(不闭锁)
	旋转开关(闭锁)		热继电器的触点
	当操作器件被吸合时延时闭合的动合触点		当操作器件被释放时延时闭合的动合触点
	当操作器件被释放时延时闭合的动断触点		当操作器件被吸合时延时闭合的动断触点
	位置开关,动合触点 限制开关,动合触点		位置开关,动断触点 限制开关,动断触点
	动合(常开)触点		动断(常闭)触点
	电气设备线圈		操作器件一般符号
	热继电器的驱动器件		换接片
	座(内孔的)或插座的一个极		插头和插座(凸头的和内孔的)
	插头(凸头的)或插头的一个极		接通的连接片
	电阻器一般符号		可变电阻器 可调电阻器
	滑动触点电位器		预调电位器
	电抗器 扼流圈		自耦变压器
	电容器一般符号		可变电容器 可调电容器
	双联同调可变电容器		气体继电器
	控制及信号线路		原电池或蓄电池
	原电池组或蓄电池组		接地一般符号

续表

图　例	名　　称	图　例	名　　称
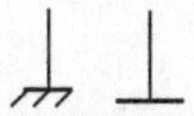	接机壳或接底板		无噪声接地
	保护接地		等电位
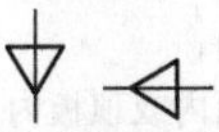	电缆终端头	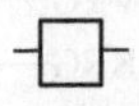	线型探测器
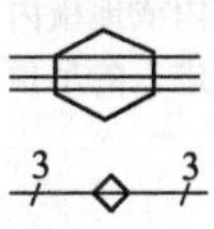	电力电缆直通接线盒	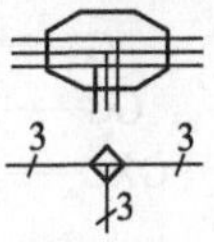	电力电缆连接盒 电力电缆分线盒
	控制和指示设备		报警启动装置
	自动重闭合器件		火灾报警装置
	照明灯		指示灯
	交流发电机	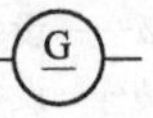	直流发电机
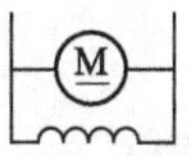	并励直流电动机		直流电动机一般符号
	他励直流电动机	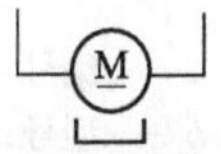	永磁直流电动机
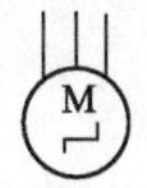	三相步进电动机	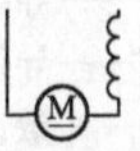	串励直流电动机
	笼型交流异步电动机		绕线型交流异步电动机
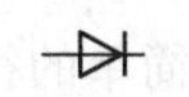	二极管	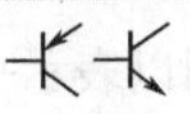	三极管
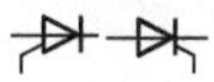	晶闸管		整流器
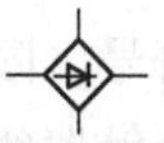	桥式整流器	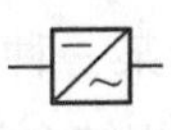	逆变器

在工程平面图中标注的各种符号与代号名称见表 1-11。

表 1-11　在工程平面图中标注的各种符号与代号名称

在动力或照明配电设备上标写的格式	在配电线路上的标写格式	表达线路明敷设部位的代号
$a\dfrac{b}{c}$ 或 $a\text{-}b\text{-}c$	$a\text{-}b(c\times d)e\text{-}f$	
只注编号时为：	末端支路只注编号时为：	S——沿钢索敷设；
a——设备编号，一般用 1、2、3、…表示。	a——回路编号；	LM——沿屋架或屋架下弦敷设；
只注编号时，为了便于区别，照明设	b——导线型号；	M——沿柱敷设；
备用一、二、三、…表示；	c——导线根数；	QM——沿墙敷设；
b——设备型号；	d——导线截面积；	PM——沿天棚敷设；
c——设备容量，kW	e——敷设方式及穿管管径；	PNM——在能进入的吊顶棚内敷设
	f——敷设部位	

对照明灯具的表达格式	表达线路敷设方式的代号	表达线路暗敷设部位的代号
$$a\text{-}b\,\dfrac{c\times d}{e}\,f$$ a——灯具数； b——型号； c——每盏灯的灯泡数或灯管数； d——灯泡容量，W； e——安装高度，m； f——安装方式。 注：1. 安装高度，壁灯时，指灯具中心与地距离；吊灯时，为灯具底部与地距离。 2. 灯具符号内已标注编号者，不再注明型号	GBVV——用轨型护套线敷设； VXC——用塑制线槽敷设； VG——用硬塑料管敷设； VYG——用半硬塑制管敷设； KRG——用可挠型塑制管敷设； DG——用薄电线管敷设； G——用厚电线管敷设； GG——用水煤气钢管敷设； GXC——用金属线槽敷设	LA——暗设在梁内； ZA——暗设在柱内； QA——暗设在墙内； PA——暗设在屋面内或顶板内； DA——暗设在地面内或地板内； PNA——暗设在不能进入的吊顶内
在电话交接箱上标写的格式	**在用电设备或电动机 出线口处标写的格式**	**表达照明灯具安装方式的代号**
$$\dfrac{a\text{-}b}{c}\,d$$ a——编号； b——型号； c——线序； d——用户数	$$\dfrac{a}{b}$$ a——设备编号； b——设备容量	X——自在器线吊式； X1——固定线吊式； X2——防水线吊式； X3——吊线器式； L——链吊式； G——管吊式； B——壁装式； D——吸顶式或直附式； R——嵌入式； T——台上安装； DR——顶棚内安装； BR——墙壁内安装； J——支架上安装； Z——柱上安装； ZH——座装
标写计算用的代号	**在电话线路上标写的格式**	
P_e——设备容量，kW； P_{gs}——计算负荷，kW； I_{le}——计算电流，A； I_z——整定电流，A； K_x——需要系数； $\Delta U\%$——电压损失； $\cos\varphi$——功率因数	$$a\text{-}b(c\times d)e\text{-}f$$ a——编号； b——型号； c——导线对数； d——导线芯径，mm； e——敷设方式和管径； f——敷设部位	

(1) 基本符号 基本符号不表示独立的电气元件，只说明电路的某些特征。例如，"～"表示交流。

(2) 一般符号 一般符号是用以表示一类产品和这类产品特征的一种通常很简单的符号。例如，"⅞"表示双绕组变压器。

(3) 明细符号 明细符号表示某一种具体的电气元件。明细符号是由一般符号、限定符号、物理量符号、文字符号等符号相结合派生出来的。例如，"⊏⊐"是继电器、接触器线圈的一般符号。当要表明电流种类和特点时，增加相应的符号，就可成为明细符号。例如，"⊏⊐"表示交流线圈。

现根据图形符号来看图 1-71 所示的电路图。

先看照明工作原理图 1-71(a)：QS 是单极开关，FU 是熔断器，QS1～QS4 是组合式转换开关。

再看照明配线平面图 1-71(b)：电源引入线标注为 BVR-500、2×4-MDG，意义是两根截面积为 4mm² 的塑料绝缘软铜线，绝缘耐压等级为 500V，穿电线管明敷。电源引至规格为 XM-7-6/OA 的照明配电箱，从照明配电箱分四路配出，配出线标注为 BVR-500、2×2.5-CP-YL，意义是截面积为 2.5mm² 的塑料绝缘软铜线，用瓷瓶沿梁敷设。灯具情况：第一路配电线路上共有四盏灯，标注符号为 4-pd $\frac{1\times150}{3}$ L，意义是四盏普通灯，1×150 是指每盏灯具一个灯泡，功率为 150W，分母"3"表示安装高度距地面 3m，"L"表示用链吊安装方式；其余三路共 10 盏灯，其标注意义同上。

1.6.2.2 文字符号

文字符号是用来表示电气设备、装置和元器件种类的字母代码和功能字母代码。文字符号分为基本文字符号和辅助文字符号两类。

(1) 基本文字符号 基本文字符号有单字母符号和双字母符号两种。单字母符号是按大写的拉丁字母将各种电气设备、装置和元器件划分为若干大类，每一大类用一个专用单字母符号表示。如"C"表示电容器类，"R"表示电阻类等。只有当用单字母不能满足要求，需将某一大类进一步划分时，才采用双字母。如"F"表示保护器件类，而"FU"表示熔断器，"FR"表示有延时动作的限流保护器件，"FV"表示限压保护器件等。电气设备常用基本文字符号如表 1-12 所示。

表 1-12 电气设备常用基本文字符号

设备、装置和元器件种类		基本文字符号		设备、装置和元器件种类		基本文字符号	
		单字母符号	双字母符号			单字母符号	双字母符号
组件部件	电桥	A	AB	变压器	电流互感器	T	TA
	晶体管		AD		控制变压器		TC
	集成电路		AJ		电源变压器		
	放大器				电力变压器		TM
	磁放大器		AM		电压互感器		TV
非电量与电量变换器	送话器	B		电感器	感应线圈	L	
	扬声器				陷波器		
	压力变换器		BP		电抗器		
	位置变换器		BQ	电动机	电动机	M	
	温度变换器		BT		同步电动机		MS
	速度变换器		BV				
电容器	电容器	C		测量设备试验设备	指示器件	P	
其他元器件	发热器件	E	EH		电流表		PA
	照明灯		EL		电能表		PJ
	空气调节器		EV		记录仪器		PS
					电压表		PV
保护	避雷器	F		电力电路开关器件	断路器	Q	QF
	熔断器		FU		保护开关		
	限压保护器件		FV		隔离开关		QS
发生器电源	同步发电机	G	GS	电阻器	电阻器	R	
	异步发电机		GA		变阻器		RP
	蓄电池		GB		电位器		
信号器件	声响指示器	H	HA	控制、记忆、信号电路的开关器件选择器	控制开关	S	
	光指示器		HL		选择开关		SA
	指示灯		HL		按钮开关		SB
继电器、接触器	交流继电器	K	KA		压力开关		SL
	接触器		KM		温度开关		ST
	逆流继电器		KR		温度传感器		ST

(2) 辅助文字符号 用以表示电气设备、装置和元器件以及线路的功能、状态和特征。如

"SYN"表示同步，"RD"表示红色，"L"表示限制等。辅助文字还可以单独使用，如"ON"表示接通，"OFF"表示断开，"M"表示中间线，"PE"表示接地等。因"I"和"O"同阿拉伯数字"1"和"0"容易混淆，因此不能单独作为文字符号使用。

电气设备常用辅助文字符号如表 1-13 所示。

表 1-13　电气设备常用辅助文字符号

名　称	文字符号	名　称	文字符号
交流	AC	反馈	FB
自动	A,AUT	正,向前	FW
异步	ASY	绿	GN
制动	B,BRK	高	H
黑	BK	输入	INH
蓝	BL	增	INC
向后	BW	低	L
控制	C	闭锁	LA
顺时针	CW	手动	M,MAN
逆时针	CCW	中性线	N
直流	DC	断开	OFF
减	DEC	闭合	ON
接地	E	输出	OUT
紧急	EM	保护	P
速度	V	保护接地	PE
停止	STP	保护接地与中性线共用	PEN
同步	SYN	不接地保护	PU
时间	T	红	RD
温度	T	信号	S
白	WH	反	R
黄	YE	右	R
信号	S	辅助	AUX

1.6.2.3　回路标号

电路图中的回路都标有文字符号和数字标号，统称为回路标号。回路标号主要用来表示各回路的种类和特征等，通常由三位或三位以下的数字组成，按照"等电位"的原则进行标注。所谓等电位的原则，即为回路中连接在一点上的所有导线（具有同一电位）标注相同的回路标号。由线圈、绕组、触点、电阻、电容等元（部）件所间隔的线段，标注不同的回路标号。

(1) 直流回路标号　在直流二次回路中，正极回路的线段按奇数顺序标号，如 1、3、5等，负极回路的线段按偶数顺序标号，如 2、4、6 等。

在同一回路中，经过压降元件（如电阻、电容等）时，要改变标号的极性，对不能明确标明极性的线段，可任意选标奇数或偶数。

在直流一次回路中，用个位数字的奇、偶数区分回路的极性；用十位数字的顺序区分回路中的不同线段，如正极回路用 1、11、21、31…顺序标注，负极回路用 2、12、22、32…顺序标注；用百位数字区分不同供电电源的回路，如 A 电源的正、负极回路分别标注为 101、111、121…和 102、112、122…，B 电源的正、负极回路分别标注为 201、211、221…和 202、212、222…。

(2) 交流回路的标号 交流二次回路的标号原则与直流二次回路的标号原则相似。回路的主要压降元（部）件两侧的不同线段分别按奇数和偶数的顺序标号。如一侧按 1、3、5…标号，另一侧按 2、4、6…标号。元（部）件间的连接导线，可任意选标奇数或偶数。

在交流一次回路中，用个位数字的顺序区分回路的相别，用十位数字的顺序区分回路中的不同线段。如第一相回路按 1、11、21…顺序标号，第二相按 2、12、22…顺序标号，第三相按 3、13、23…顺序标号。

对于不同供电电源的回路，也可用百位数字的顺序标号进行区分。

(3) 电力拖动、自动控制电路的标号 一次回路的标号由文字标号和数字标号两部分组成。

①文字标号用来标明一次回路中电气元件和线路的技术特性。如交流电动机定子绕组的首端用 U1、V1、W1 表示，尾端用 U2、V2、W2 表示。三相交流电源端用 L1、L2、L3 表示。

②数字标号用来区别同一文字标号回路中的不同线段。如三相交流电源端用 L1、L2、L3 标号，开关以下用 L11、L12、L13 标号，熔断器以下用 L21、L22、L23 标号等。

在二次回路中，除电气元件和线路标注文字符号外，其他只标注回路标号，方法同直流回路和交流回路的标注。

1.6.3 电气原理图的识读

1.6.3.1 识图的方法

(1) 结合电工基础理论看图 无论是变配电所、电力拖动，还是照明供电和各种控制电路的设计，都离不开电工基础理论。因此，要想搞清电路的电气原理，必须具有电工基础知识。例如，笼式电动机的正、反转控制，其原理就是笼式电动机的旋转方向由电动机的三相电源的相序所决定，所以通常用两个接触器进行切换，改变三相电源的相序，从而达到使电动机正转或反转的目的。

(2) 结合电气元件的结构和工作原理看图 电路中有各种电气元件。例如，在高压供电电路中常用高压隔离开关、断路器、熔断器、互感器、避雷器等；在低压电路中常用各种继电器、接触器和控制开关等。因此，在看电路图时，首先应该搞清这些电气元件的性能、相互控制关系以及在整个电路中的地位和作用，然后才能搞清工作原理，否则，无法看懂电路图。

(3) 结合典型电路看图 所谓典型电路，就是常见的基本电路。如电动机的启动、制动、正（反）转控制电路、继电保护电路、联锁电路、时间和行程控制电路、整流和放大电路等。一张复杂的电路图，细分起来不外乎是由若干典型电路所组成。因此，熟悉各种典型电路，对于看懂复杂的电路图有很大帮助，不仅在看图时能很快地分清主次环节，抓住主要矛盾，而且不易搞错。

(4) 结合电路图的绘制特点看图 前面已介绍过绘制电路图的一些特点，如主、辅电路在图纸上的位置为主电路在左、辅助电路在右等。再如绘制电路图时，促使触点动作的外力方向，当图形是垂直放置时，为从左向右；当图形是水平放置时，为从上向下。掌握了这些绘图特点，对识读电路图也是有帮助的。

1.6.3.2 识图的步骤

(1) 看图纸说明 拿到图纸后，首先要仔细阅读图纸的主标题栏和有关说明。如图纸目录、技术说明、电气元件明细表、施工说明书等，结合已有的电工知识，对该电气图的类型、性质、作用有一个明确的认识，从整体上理解图纸的概况和所要表述的重点。

(2) 看概略图和框图 由于概略图和框图只是概略表示系统或分系统的基本组成、相互关系及其主要特征，因此紧接着就要详细看电路图，这样才能搞清它们的工作原理。

(3) 看电路图 看电路图是看图的重点和难点。电路图是电气图的核心，也是内容最丰富、最难读懂的电气图纸。看电路图首先要看有哪些图形符号和文字符号，了解电路图各组成部分的作用，分清主电路和辅助电路、交流回路和直流回路。其次，按照先看主电路，再看辅助电路的顺序进行看图。

看主电路时，通常要从下往上看，即先从用电设备开始，经控制电气元件，顺次往电源端看。看辅助电路时，则自上而下、从左至右看，即先看主电源，再顺次看各条支路，分析各条支路电气元件的工作情况及其对主电路的控制关系，注意电气与机械机构的连接关系。

通过看主电路，要搞清负载是怎样取得电源的，电源线都经过哪些电气元件到达负载和为什么要通过这些电气元件。通过看辅助电路，则应搞清辅助电路的构成，各电气元件之间的相互联系和控制关系及其动作情况等。同时还要了解辅助电路和主电路之间的相互关系，进而搞清楚整个电路的工作原理和来龙去脉。

(4) 电路图与接线图对照起来看图 接线图和电路图互相对照看图，可帮助看清楚接线图。读接线图时，要根据端子标志、回路标号从电源端顺次查下去，搞清楚线路走向和电路的连接方法，搞清每条支路是怎样通过各个电气元件构成闭合回路的。

配电盘（屏）内、外电路相互连接必须通过接线端子板。一般来说，配电盘内有几号线，端子板上就有几号线的接点，外部电路的几号线只要在端子板的同号接点上接出即可。因此，看接线图时，要把配电盘（屏）内、外的电路走向搞清楚，就必须注意搞清端子板的接线情况。

1.6.3.3 看电气控制电路图

看电气控制电路图的一般方法是先看主电路，再看辅助电路，并用辅助电路的回路去研究主电路的控制程序。

(1) 看主电路

① 看清主电路中的用电设备 用电设备指消耗电能的用电器具或电气设备，看图首先要看清楚有几个用电设备，它们的类别、用途、接线方式及一些不同要求等。

② 弄清楚用电设备是用什么电气元件控制的 控制电气设备的方法很多，有的直接用开关控制，有的用各种启动器控制，有的用接触器控制。

③ 了解主电路中所用的控制电器及保护电器 前者是指除常规接触器以外的其他控制元件，如电源开关（转换开关及空气断路器）、万能转换开关。后者是指短路保护器件及过载保护器件，如空气断路器中的电磁脱扣器及热脱扣器、熔断器、热继电器及过电流继电器等元件。一般来说，对主电路做如上内容的分析以后，即可分析辅助电路。

④ 看电源 要了解电源电压等级，是 380V 还是 220V，是从母线汇流排供电还是配电屏供电，还是从发电机组接出来的。

(2) 看辅助电路 辅助电路包含控制电路、信号电路和照明电路。

在分析辅助电路时，可根据主电路中各电动机和执行电器的控制要求，逐一找出控制电路中的控制环节，将控制电路"化整为零"，按功能不同划分成若干个局部控制线路来进行分析。如果控制电路较复杂，则可先排除照明、显示等与控制关系不密切的电路，以便集中精力进行分析。

① 看电源 首先要看清电源的种类，是交流还是直流。其次，要看清辅助电路的电源是从什么地方接来的，电压等级是多少。电源一般是从主电路的两根相线上接来的，其电压为

380V；也有从主电路的一根相线和一根零线上接来，电压为单相 220V；此外，也可以从专用隔离电源变压器接来，电压有 140V、127V、36V、6.3V 等。辅助电路为直流时，直流电源可从整流器、发电机组或放大器上接来，其电压一般为 24V、12V、6V、4.5V、3V 等。辅助电路中的一切电气元件的线圈额定电压必须与辅助电路电源电压一致。否则，电压低时电路元件不动作；电压高时，则会把电气元件的线圈烧坏。

② 看控制电路　了解控制电路中所采用的各种继电器、接触器的用途，如采用了一些特殊结构的继电器，还应了解它们的动作原理。

③ 根据辅助电路来研究主电路的动作情况　分析了上面这些内容再结合主电路中的要求，就可以分析辅助电路的动作过程了。

控制电路总是按动作顺序画在两条水平电源线或两条垂直电源线之间的。因此，也就可从左到右或从上到下来进行分析。对复杂的辅助电路，在电路中整个辅助电路构成一个大回路，在这个大回路中又分成几个独立的小回路，每个小回路控制一个用电器或一个动作。当某个小回路形成闭合回路有电流流过时，在回路中的电气元件（接触器或继电器）则动作，把用电设备接入或切除电源。在辅助电路中一般是靠按钮或转换开关把电路接通的。对于控制电路的分析必须随时结合主电路的动作要求来进行，只有全面了解主电路对控制电路的要求以后，才能真正掌握控制电路的动作原理，不可孤立地看待各部分的动作原理，而应注意各个动作之间是否有互相制约的关系，如电动机正、反转之间应设有联锁等。

④ 研究电气元件之间的相互关系　电路中的一切电气元件都不是孤立存在的而是相互联系、相互制约的。这种互相控制的关系有时表现在一个回路中，有时表现在几个回路中。

⑤ 研究其他电气设备和电气元件　如整流设备、照明灯等。

(3) 电气控制电路图的查线看图法　电气控制电路图的查线看图法的要点为：

① 分析主电路　从主电路入手，根据每台电动机和执行电器的控制要求去分析各电动机和执行电器的控制内容，如电动机启动、转向控制、制动等基本控制环节。

② 分析辅助电路　看辅助电路电源，弄清辅助电路中各电气元件的作用及其相互间的制约关系。

③ 分析联锁与保护环节　生产机械对于安全性、可靠性有很高的要求，实现这些要求，除了合理地选择拖动、控制方案以外，在控制线路中还设置了一系列电气保护和必要的电气联锁。

④ 分析特殊控制环节　在某些控制线路中，还设置了一些与主电路、控制电路关系不密切，相对独立的特殊环节。如产品计数装置、自动检测系统、晶闸管触发电路、自动调温装置等。这些部分往往自成一个小系统，其读图分析的方法可参照上述分析过程，并灵活运用所学过的电子技术、交流技术、自控系统、检测与转换等知识逐一分析。

⑤ 总体检查　经过"化整为零"，逐步分析了每一局部电路的工作原理以及各部分之间的控制关系之后，还必须用"集零为整"的方法，检查整个控制线路，看是否有遗漏。最后还要从整体角度去进一步检查和理解各控制环节之间的联系，以达到清楚地理解电路图中每一电气元器件的作用、工作过程及主要参数。

1.6.4　电气图的绘制

1.6.4.1　电气原理图的绘制

① 继电器-接触器控制原理图一般由电源电路、主电路（动力电路）、控制电路、辅助电

路四部分组成,各部分电路应分开绘制。

a. 电源电路由电源保护和电源开关组成,按规定水平绘制。

b. 主电路是从电源到电动机大电流通过的电路,应垂直于电源线路,画在原理图的左边。

c. 控制电路由继电器和接触器的触点、线圈和按钮、开关等组成,是用来控制继电器和接触器线圈得电与否的小电流的电路。控制电路画在原理图的中间,垂直地画在两条水平电源线之间,控制电路中的耗能元件画在电路的最下端。

d. 辅助电路包括照明电路、信号电路等,应垂直地绘于两条水平电源线之间,画在原理图的右边。

② 同一电器的不同部件常常不画在一起,而是按其功能分别画在电路的不同地方,但要用同一文字符号标明。例如接触器的主触点通常画在主电路中,而吸引线圈和辅助触点则画在控制电路中,但它们都用 KM 表示。

③ 有几个相同的电气元件时,用相同的字母表示,但在字母的后边加上数码或其他字母下标以示区别,例如两个接触器分别用 KM1、KM2 表示,或用 KMF、KMR 表示。

④ 原理图中,各电气元件的导电部件如线圈和触点的位置,应根据便于阅读和发现的原则来安排,绘在它们完成作用的地方。同一电气元件的各个部件可以不画在一起。

⑤ 原理图中所有电器的触点,都按没有通电或没有外力作用时的开闭状态画出。如:继电器、接触器的触点按线圈未通电时的状态画;按钮的触点按手指未按下按钮时触点的状态画;热继电器的常闭触点按未发生过载动作时的状态画等。

⑥ 原理图中,无论是主电路还是辅助电路,各电气元件一般应按动作顺序从上到下,从左到右依次排列,可水平布置或垂直布置。

⑦ 原理图中,有直接电联系的交叉导线连接点,要用黑圆点表示。无直接联系的交叉导线连接点不画黑圆点。

⑧ 为了便于检索和阅读,可将图分成若干个图区。如图 1-73 所示,图纸下方的 1、2、3 等数字是图区编号,图区编号也可以设置在图的上方。图上方的"电源开关……"等字样,表明对应区域下方元件或电路的功能,使读者能清楚地知道某个元件或某部分电路的功能,以利于理解全电路的工作原理。

⑨ 在较复杂的电气原理图中,对继电器、接触器线圈的文字符号下方要标注其触点位置的索引;而在其触点的文字符号下方要标注其线圈位置的索引。

a. 线圈位置索引用图号、页次和图区编号的组合索引法,索引代号的组成如下。

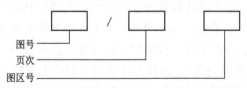

当与某一元件相关的各符号元素出现在不同图号的图样上,而每个图号仅有一页图样时,索引代号可以省去页次;当与某一元件相关的各符号元素出现在同一图号的图样上,而该图号有几张图样时,索引代号可省去图号。依次类推,当与某一元件相关的各符号元素出现在只有一张图样的不同图区时,索引代号只用图区号表示。

b. 触点位置索引是在相应线圈的下面,给出触点的图形符号(有时也省去),注明相应触点所在图区,对未使用的触点用"×"表明(或不作表明)。

对接触器各栏表示的含义如下:

左栏	中栏	右栏
主触点所在图区号	辅助常开触点所在图区号	辅助常闭触点所在图区号

对继电器各栏表示的含义如下：

左栏	右栏
常开触点所在图区号	常闭触点所在图区号

图 1-73 中 KM 线圈下方的是接触器 KM 相应触点的索引（图中省去了触点的图形符号），如图 1-76 所示。

在接触器 KM 触点的位置索引中，可看出有三个主触点在图区 2，一个常开辅助触点在图区 5，右栏两个辅助常闭触点都没有使用。

图 1-76　符号位置索引　　　　图 1-77　技术数据的标注

⑩ 电气元件的数据和型号，一般用小号字体注在电器代号下面，如图 1-77 所示就是热继电器动作电流值范围和整定值的标注。

⑪ 原理图上各电气元件连接点应编排接线号，以便检查和接线。

1.6.4.2　电气元件布置图的绘制

电气元件布置图主要是表明电气设备上所有电气元件的实际位置，为电气设备的安装及维修提供必要的资料。电气元件布置图可根据电气设备的复杂程度集中绘制或分别绘制。图中不需标注尺寸，但是各电气元件代号应与有关图纸和电气元件清单上所有的元气件代号相同，在图中往往留有 10%以上的备用面积及导线管（槽）的位置，以供改进设计时用。

电气元件布置图的绘制原则：

① 绘制电气元件布置图时，机床的轮廓线用细实线或点画线表示，电气元件均用粗实线绘制出简单的外形轮廓。

② 绘制电气元件布置图时，电动机要和被拖动的机械装置画在一起；行程开关应画在获取信息的地方；操作手柄应画在便于操作的地方。

③ 绘制电气元件布置图时，各电气元件之间，上、下、左、右应保持一定的间距，并且应考虑器件的发热和散热因素，应便于布线、接线和检修。

如图 1-74 所示的电气元件布置图中，FU1～FU4 为熔断器、KM 为接触器、FR 为热继电器、TC 为照明变压器、XT 为接线端子板。

1.6.4.3　电气安装接线图的绘制

电气安装接线图主要用于电气设备的安装配线、线路检查、线路维修和故障处理。在图中要表示出各电气设备、电气元件之间的实际接线情况，并标注出外部接线所需的数据。在电气安装接线图中各电气元件的文字符号、元件连接顺序、线路号码编制都必须与电气原理图一致。

电气安装接线图的绘制原则：

① 绘制电气安装接线图时，各电气元件均按其在安装底板中的实际位置绘出。元件所占图面按实际尺寸以统一比例绘制。

② 绘制电气安装接线图时，一个元件的所有部件绘在一起，并用点画线框起来，有时将多个电气元件用点画线框起来，表示它们是安装在同一安装底板上的。

③ 绘制电气安装接线图时，安装底板内外的电气元件之间的连线通过接线端子板进行连接，安装底板上有几条接至外电路的引线，端子板上就应绘出几条线的接点。

④ 绘制电气安装接线图时，走向相同的相邻导线可以绘成一股线。

第2章
常用低压电器

低压电器通常是指工作在交流电压小于1000V、直流电压小于1200V的电路中起通断、保护、控制或调节作用的电气设备。低压电器的用途广泛，种类繁多，按其用途可分为低压控制电器和低压保护电器两大类。

2.1 常用低压控制电器

低压控制电器主要有刀开关、主令电器、接触器、继电器等。主要用于电力拖动自动控制系统和用电系统中，要求寿命长、体积小且工作可靠。

2.1.1 低压刀开关

低压刀开关是手动电器中结构最简单的一种，主要用于不频繁地接通或切断功率较小的电动机等电气设备与电源的联系。在配电设备中也可用作隔离开关，即用于电气设备长期停止运行或检修电路时切断电源。

低压刀开关按刀片的数目分为单极、双极和三极三种；按操作方法分有直接手柄操作、杠杆操作和电动操作三种；按合闸方向分有单投和双投两种。

2.1.1.1 HK系列开启式负荷开关

HK系列开启式负荷开关俗称闸刀开关，其结构如图2-1所示。它主要由瓷手柄、动触点、瓷底座、上胶木盖、下胶木盖等组成。

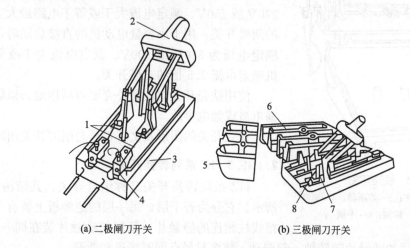

(a) 二极闸刀开关　　　　　　　　(b) 三极闸刀开关

图2-1　HK系列刀开关

1—熔丝；2—瓷质手柄；3—瓷底座；4—出线座；5—上胶盖；6—下胶盖；7—静夹座；8—进线座

对于普通负载，闸刀开关可以根据额定电流来选择；而对于电动机，闸刀开关额定电流可选电动机额定电流的 3 倍左右。

安装和使用时应注意以下事项：

① 电源进线应接在进线端（进线座应在上方）上，用电设备应接在出线端（出线座在下方）上。这样，当开关断开时，闸刀和熔丝均不带电，以保证更换熔丝的安全。

② 安装时，刀开关在合闸状态下手柄应该向上，不能倒装或平装，以防止闸刀松动落下时误合闸。

③ HK 系列闸刀开关不设专门的灭弧装置，因此，不宜带负载操作。若带一般小负载操作，动作应迅速，使电弧很快熄灭。

刀开关的符号如图 2-2 所示。

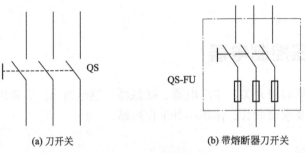

(a) 刀开关　　　　　　　　(b) 带熔断器刀开关

图 2-2　刀开关符号

2.1.1.2　HH 系列封闭式负荷开关

HH 系列封闭式负荷开关俗称铁壳开关，其结构如图 2-3 所示。它是在闸刀开关的基础上改进设计的一种开关。

HH 系列铁壳开关有灭弧装置，它的操作机构：一是装有速断弹簧，缩短了开关的通断时间，改善了灭弧性能；二是设有联锁装置，以保证开关合闸后不能打开开关盖，而开关盖打开后又不能合闸。

用于一般照明电路时，铁壳开关可选用额定电压为 220V 或 250V、额定电流大于或等于电路最大工作电流的两极开关；用于小容量电动机的直接启动时，可选用额定电压为 380V 或 500V、额定电流大于或等于电动机额定电流 1.5 倍的三极开关。

使用铁壳开关应注意外壳要可靠接地，以防止意外漏电造成触电事故。

铁壳开关的图形及文字符号与闸刀开关相同。

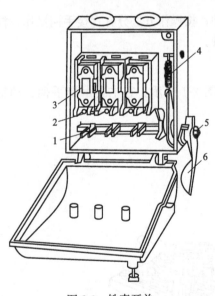

图 2-3　铁壳开关
1—闸刀；2—夹座；3—熔断器；4—速断弹簧；5—转轴；6—手柄

2.1.1.3　HZ 系列转换开关

HZ 系列转换开关又称组合开关，其结构如图 2-4 所示。它分为若干层，每一层的绝缘板上装有与机壳外接线柱相连的静触片，每层的动触片装在同一转轴上。转动手柄时，每层的动触片随转轴一起转动，使多对触点同时接通和断开。

组合开关常用作电源引入开关，也可用作小容量电动机不经常启动停止的控制。但它的通断能力较低，一般不可用来分断故障电流。

另外有一种组合开关，它不但能接通和断开电源，而且还能改变电源输入的相序，用来直

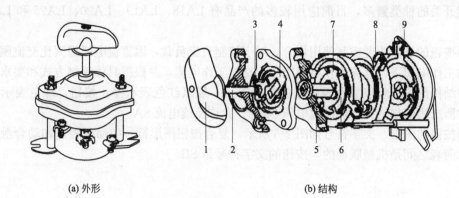

(a) 外形　　　　　　　　　　　　　(b) 结构

图 2-4　HZ10-10/3 型转换开关

1—手柄；2—转轴；3—弹簧；4—凸轮；5—绝缘杆；6—绝缘垫板；7—动触片；8—静触片；9—接线柱

接实现对小容量电动机的正反转控制，这类组合开关叫倒顺开关，也称为可逆转换开关，常用的有 HZ3 系列。

2.1.2　主令电器

主令电器是在自动控制系统中发出指令或信号的操纵电器。主令电器应用很广，种类繁多，最常见的有按钮、行程开关等。

2.1.2.1　按钮

按钮开关简称按钮，是用来短时间接通或断开小电流控制电路的手动电器。在低压控制电路中，主要用于发布手动控制指令。

按钮是由按钮帽、复位弹簧、桥式触点、静触点和外壳组成的，其外形如图 2-5(a) 所示。图 2-5(b) 为结构示意图，在图示位置时，静触点 1-1′通过动触点 3-3′连通，而静触点 2-2′之间是断开的。当用手按下按钮帽 4 时，连杆带动动触点 3-3′向下移动，使 1-1′先断开，经过极短时间后，与 2-2′连通。手松开以后，在复位弹簧 5 的作用下，动触点又恢复到图示位置。由于未按下按钮帽时，1-1′触点的常态是闭合的，按下按钮帽后断开，所以称为动断触点，又称为常闭触点。与此相应，2-2′称为动合触点，又称为常开触点。同时具有动断触点和动合触点的按钮称为复合按钮。

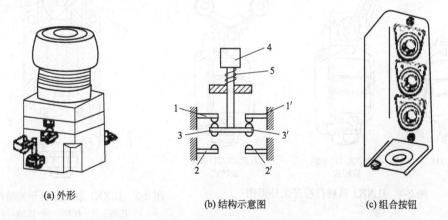

(a) 外形　　　　　　(b) 结构示意图　　　　　　(c) 组合按钮

图 2-5　按钮的结构和原理

1-1′—静触点；2-2′—静触点；3-3′—动触点；4—按钮帽；5—复位弹簧

按钮开关的种类繁多，目前应用较多的产品有 LA18、LA19、LA20、LA25 和 LAY3 等系列。

控制按钮的选用要考虑其使用场合，对于控制直流负载，因直流电弧熄灭比交流困难，故在同样的工作电压下，直流工作电流应小于交流工作电流，并根据具体控制方式和要求选择控制按钮的结构形式、触点数目及按钮的颜色等。一般以红色表示停止按钮，绿色表示启动按钮。通常所选用的规格为交流额定电压 500V、允许持续电流 8A。

控制按钮的图形、文字符号如图 2-6 所示，复合按钮图形符号中动断触点和动合触点间的虚线表示两者之间是机械联动的，按钮的文字符号是 SB。

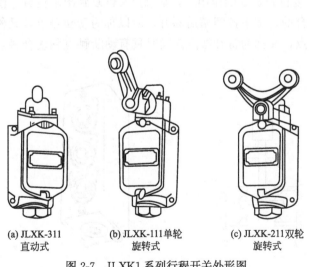

(a) 动合(常开)触点 (b) 动断(常闭)触点 (c) 复合触点

图 2-6　按钮的图形符号

2.1.2.2　行程开关

行程开关又称限位开关，在机械生产中，行程开关主要用于对机械部件的运动位置或行程进行控制。行程开关的种类较多，但其结构大体相同，一般由触点系统、操作机构及外壳组成。

行程开关按结构分为直动式、微动式和旋转式。直动式行程开关触点的分合速度取决于挡块的移动速度，在挡块移动速度低于 0.4m/min 时，触点断开较慢，电弧易烧坏触点，所以在速度较慢时不宜采用这类行程开关。旋转式行程开关适用于低速运动的机械。微动式行程开关动作灵敏而且体积小，适用于小型机构。常用的行程开关有 JLXK1、LX31、LX32 等型号，JLXK1 系列行程开关的外形如图 2-7 所示。

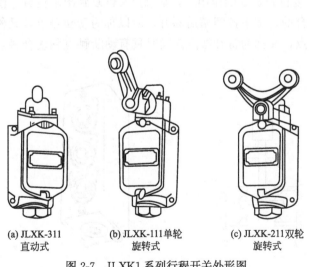

(a) JLXK-311
直动式

(b) JLXK-111单轮
旋转式

(c) JLXK-211双轮
旋转式

图 2-7　JLXK1 系列行程开关外形图

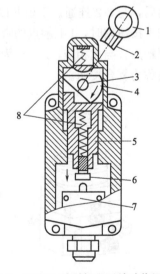

图 2-8　JLXK1 系列行程开关动作原理图
1—滚轮；2—杠杆；3—转轴；4—凸
轮；5—撞块；6—调节螺钉；
7—微动开关；8—复位弹簧

　　行程开关的工作原理与按钮的工作原理基本相同，不同的是行程开关是利用生产机械的某运动部件对开关操作机构的碰撞而使触点动作，来控制机械运动的方向和行程的大小或实现极限位置保护。而按钮则是通过人力使其动作来控制其他电器。

　　JLXK1 系列行程开关的动作原理如图 2-8 所示。当运动机械的挡铁压到行程开关的滚轮时，通过内部机构推动微动开关快速动作，使其常闭触点断开，常开触点闭合；滚轮上的挡铁移开后，复位弹簧就使行程开关各部分恢复到原始位置（自动复位）。

　　双滚轮式的不能自动复位，当挡铁碰压其中一个滚轮时，摆杆转动一个角度，使触点瞬时切换，挡铁离开滚轮后，摆杆不会自动复位，触点也不动，当部件返回时，挡铁碰动另一只滚轮，摆杆才回到原来的位置，触点又再次切换。

　　行程开关的符号如图 2-9 所示。

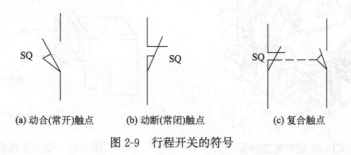

(a) 动合(常开)触点　　　　(b) 动断(常闭)触点　　　　(c) 复合触点

图 2-9　行程开关的符号

　　近年来，为了克服有触点行程开关操作频率低、使用寿命较短、可靠性较差等缺点，采用了无触点的行程开关，又称电子接近开关。它的功能是当金属物体与之接近到一定距离时，就发出动作信号，以控制继电器或逻辑元件。除作行程控制和限位保护外，它还可应用于检测、计数、定位等方面。

2.1.3　接触器

2.1.3.1　接触器的用途和分类

　　接触器是一种用途最为广泛的自动电器，用来频繁地接通和断开交直流主电路和大容量控制电路，如三相异步电动机的定子绕组电路、大容量电热设备等。接触器容易实现远距离控制，使操作人员远离了高电压、大电流电路，并且接触器具有欠（零）电压保护功能，进一步确保了人身和电气设备的安全。接触器实际上就是一个电磁开关，它利用电磁铁的吸力带动触点动作，通、断电动机的主电路。

　　根据接触器主触点通过电流的不同，可以分为交流接触器和直流接触器两种。

2.1.3.2　交流接触器的基本结构

　　交流接触器主要由电磁机构、触点系统、灭弧装置三部分组成，图 2-10 所示是交流接触器的外形和结构。常用的交流接触器有 CJ0 系列、CJ10 系列、CJ12 系列等。

　　(1) 电磁机构　电磁机构一般为交流机构，也有少数采用直流电磁机构的。它由固定在机座上的励磁线圈、静铁芯和动铁芯等组成。励磁线圈为电压线圈，使用时将其并接在电压相当的控制电源上即可。静铁芯和动铁芯的形状一般是双 E 形，一般用互相绝缘的硅钢片叠压铆成，以减少交变磁场在铁芯中产生的涡流和磁滞损耗，防止铁芯过热。铁芯上装有短路环，以消除动铁芯吸合后的振动和噪声，如图 2-11 所示。

　　(2) 触点系统　交流接触器的触点系统是接触器执行部件，触点可分为主触点和辅助触点。它们是利用动、静触点的分合来接通和断开电路的。主触点一般为三极动合触点，体积较大，通常装设灭弧机构，用于通断电流较大的主电路；辅助触点电流容量小，由两对动合和动断触点组成，不专门设置灭弧机构，主要用在控制电路或其他辅助电路中作联锁或自锁之用。

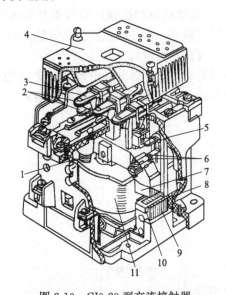

图 2-10　CJ0-20 型交流接触器

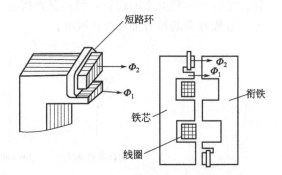

图 2-11　交流接触器铁芯的短路环

1—恢复弹簧；2—主触点；3—触点压力弹簧；4—灭弧罩；
5—常闭辅助触点；6—常开辅助触点；7—衔铁；8—缓冲
弹簧；9—静铁芯；10—短路铜环；11—线圈

(3) 灭弧装置　电弧会烧伤触点，同时会使电路的切断时间延长，甚至会引起其他事故。容量较小（10A 以下）的交流接触器一般采用双断口触点和电动力灭弧，如图 2-12 所示。当动、静触点分断时，若形成电弧，则两断口电弧电流方向相反，相互间产生排斥力，从而使电弧拉长且受冷熄灭。容量较大（20A 以上）的交流接触器一般采用灭弧栅灭弧，如图 2-13 所示。栅片将电弧分为若干段，每段电压不足以维持电弧，且栅片有冷却作用，电弧迅速熄灭。

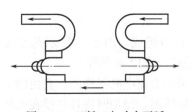

图 2-12　双断口电动力灭弧

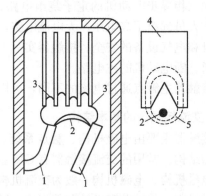

图 2-13　灭弧栅结构示意图

1—主触点；2—电弧；3—电弧被拉进灭弧栅片；
4—灭弧栅片；5—电弧所产生的磁场

(4) 其他部分　反作用弹簧的作用是当吸引线圈断电时，迅速使主触点和常开辅助触点分断；缓冲弹簧的作用是缓冲衔铁在吸合时对铁芯和外壳的冲击力。

2.1.3.3　交流接触器的工作原理

当励磁线圈通电流时，会产生较大的电磁吸力，使动铁芯向下吸合，并带动机械传动机构使动断触点断开，动合触点闭合。当励磁线圈断电后，电磁力消失，动铁芯在复位弹簧的作用下，恢复原位，各触点也恢复到原来的状态，这时动断触点闭合，动合触点断开。

2.1.3.4　接触器的选用

由于控制对象、使用场合和工作繁重程度等各方面的条件不一定相同，为了使接触器的技术数据满足电路的要求。同时还要兼顾经济等因素，这就需要正确选择交流接触器。一般依据以下几方面来选择接触器。

(1) 选择接触器的类型　一般情况，交流负载应使用交流接触器，直流负载应使用直流接触器。如果控制系统中主要是交流负载，而直流负载的容量较小时，也可用交流接触器，但触点的额定电流应适当选大些。

(2) 选择接触器主触点的额定电压　接触器铭牌上的额定电压是指主触点的额定电压。选用接触器时，主触点的额定电压应大于或等于负载的额定电压。

(3) 选择接触器主触点的额定电流　接触器铭牌上的额定电流是指主触点上的额定电流。选用时，主触点额定电流应大于负载的额定电流。

对于电动机负载还应根据其运行方式适当增大或减小。对于中小型容量的交流电动机，当额定电压为 380V 时，其额定电流值一般可按两倍的额定功率来计算。

在电动机频繁启动、制动和频繁正反转的场合下，接触器的容量应增大一倍。

(4) 选择接触器吸引线圈的电压　同一系列、同一容量的接触器，其线圈的额定电压有好几种规格，应使接触器吸引线圈额定电压等于控制回路的电压。

2.1.3.5　接触器的符号

接触器的文字符号用 KM 表示。其励磁线圈、主触点、动合触点和动断触点的图形符号如图 2-14 所示。

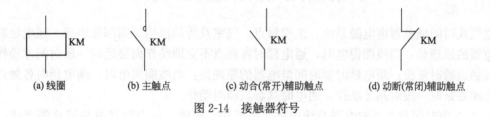

(a) 线圈　　　　　　(b) 主触点　　　　(c) 动合(常开)辅助触点　　　(d) 动断(常闭)辅助触点

图 2-14　接触器符号

2.1.4　继电器

继电器是根据某种输入的物理量（如电压、电流、时间、温度、速度等）来接通或断开小电流电路的控制电器，主要用于实现远距离自动控制、线路保护或信号转换。

继电器种类繁多，分类方法各异。按输入的物理量可分为时间继电器、热继电器、电压继电器、电流继电器、速度继电器和压力继电器等；按用途可分为控制用和保护用继电器等；按输出形式可分为有触点和无触点两种；按工作原理可分为电磁式继电器、感应式继电器、电动式继电器、热继电器和电子式继电器等。

2.1.4.1　时间继电器

在外界信号发生变化后，执行部件在延迟一段确定的时间后才动作的继电器称之为时间继电器。时间继电器的延迟时间可以在一定的范围内调节。时间继电器按照工作原理及结构的不同，分为电磁式、电子式、空气式、电动式等；按延时方式可分为通电延时型和断电延时型两种。

(1) 电磁式时间继电器 电磁式时间继电器结构简单、可靠性高且寿命长。但它仅能在断电时延时，延时时间短（如 JT3 型只有 0.3～5.5s），最长不超过 5.5s，而且延时精度低，一般只用于延时精度不高的场合。

(2) 空气式时间继电器 空气式时间继电器结构也比较简单、延时范围较大且可连续调节，但延时准确性较差。我国生产的 JS7-A 系列空气式时间继电器励磁线圈的电压是 24～380V，延时范围有 0.4～60s 和 0.4～180s 两种。在机床控制电路中，空气式时间继电器用得最多，其外形和结构如图 2-15 所示。

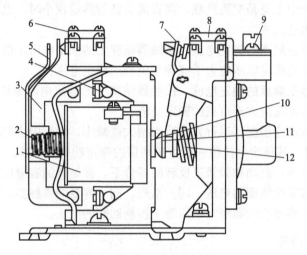

图 2-15　JS7-A 系列时间继电器
1—线圈；2—反力弹簧；3—衔铁；4—铁芯；5—弹簧片；6—瞬时触点；7—杠杆；8—延时触点；
9—调节螺杆；10—推板；11—推杆；12—宝塔弹簧

空气式时间继电器由电磁系统、工作触点、气室及传动机构等四部分组成。通电延时型时间继电器的原理是：当线圈得电时，通电延时各触点不立即动作而要延时一段时间才动作，断电时其触点瞬时复位；断电延时型时间继电器的原理是：当线圈失电时，断电延时各触点不立即动作而要延时一段时间才动作，通电时其触点瞬时动作。

图 2-15 中时间继电器的电磁系统由铁芯、线圈、衔铁、反力弹簧及弹簧片等组成；其触点包括两对瞬时触点和两对延时触点；它的气室内有一块弹簧橡皮膜，随空气量的增减而移动，气室上面有调节螺钉，可调节延时的长短；时间继电器的传动机械包括推板、推杆、杠杆及宝塔弹簧等。

(3) 电动式时间继电器 电动式时间继电器的延时精确度较高，延时可调范围大（有的可达几十小时），但价格较贵。

电动式时间继电器主要由同步电动机、电磁离合器、减速齿轮、触点与延时调整机构等组成。

(4) 电子式时间继电器 电子式时间继电器有阻容式和数字式之分。阻容式时间继电器是利用电容器充、放电的原理制成的，它延时准确、体积小、重量轻。数字式时间继电器是利用数字电路元器件制成的，它准确性高、设定的时间范围较大、显示直观，并且能在一定程度上实现智能控制，使用十分方便。

电子式时间继电器的外形如图 2-16(a) 所示，旋转旋钮可调整其延时的时间。其上端和下端各引出四个接线端，接线方法如图 2-16(b) 所示。

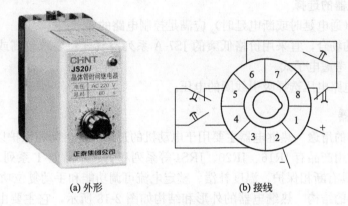

(a) 外形　　　　　　　　　　(b) 接线

图 2-16　JS20 型时间继电器外形及接线图

(5) 时间继电器的符号　时间继电器的符号如图 2-17 所示。

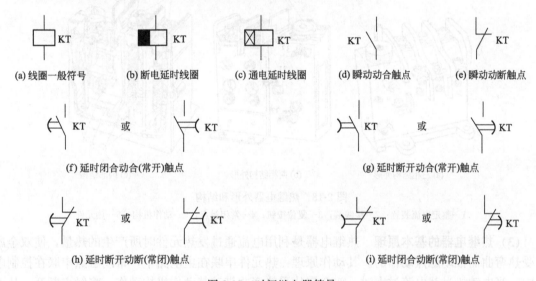

图 2-17　时间继电器符号

时间继电器的触点类型有以下六种，下面对其特点逐个说明。

① **瞬时动合触点和瞬时动断触点**　这类触点与其他继电器或接触器的触点完全一样，不会延迟动作，即励磁线圈一经通电，触点立即被接通或断开。线圈断电，它们也立即恢复为常态。

② **延时闭合动合触点**　在时间继电器的励磁线圈未通电时，此类触点的常态是断开的。线圈通电后，需延迟一段时间才能闭合。线圈一旦断电，触点立即断开，恢复常态。

③ **延时断开动合触点**　在时间继电器的励磁线圈未通电时，此类触点的常态是断开的。线圈一通电，该动合触点立即闭合、不延时。待励磁线圈断电时，需经一段延时，该触点才恢复常态（断开）。

④ **延时闭合动断触点**　在时间继电器的励磁线圈未通电时，此类触点的常态是闭合的。线圈一通电，该动断触点立即断开、不延时。待励磁线圈断电时，需经一段延时，该触点才恢复常态（闭合）。

⑤ 延时断开动断触点　在时间继电器的励磁线圈未通电时,此类触点的常态是闭合的。线圈通电后,需延迟一段时间才能断开。线圈一旦断电,触点立即闭合,恢复常态。

(6) 时间继电器的选择

① 延时性质（通电延时或断电延时）应满足控制电路的要求。

② 要求不高的场合,宜采用价格低廉的 JS7-A 系列空气式;要求较高或延时很长可用电动式;一般情况下考虑电子式。

③ 根据控制电路电压选择吸引线圈的电压。

2.1.4.2　热继电器

(1) 热继电器的用途　热继电器主要用于电动机的过载保护、断相保护以及电流不平衡保护。热继电器的常用产品有 JR16、JR20、JRS1 等系列和引进产品如 T 系列、LR1-D 系列等。JR20、JRS1 系列具有断相保护、温度补偿、整定电流可调功能和手动复位功能。

(2) 热继电器的结构　热继电器的外形和结构如图 2-18 所示,它主要由热元件、双金属片、动作机构、触点系统、整定调节装置和温度补偿元件等组成。

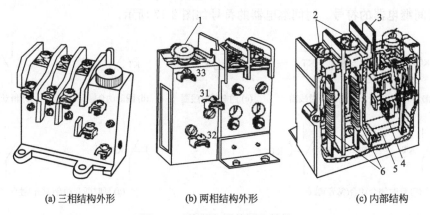

(a) 三相结构外形　　　　(b) 两相结构外形　　　　(c) 内部结构

图 2-18　热继电器外形和结构

1—整定电流装置；2—接线端；3—复位按钮；4—常闭触点；5—动作机构；6—热元件

(3) 热继电器的基本原理　热继电器是利用电流通过发热元件时所产生的热量,使双金属片受热弯曲而推动触点动作的。其动作原理:热元件串联在主电路中,常闭触点串联在控制电路中,当电动机过载电流过大时,双金属片受热弯曲带动其动作机构动作,将触点断开,从而断开主电路,达到对电动机保护的目的。

热继电器动作后复位方式有自动复位和手动复位两种,将调节螺钉往里调到一定位置时为自动复位;往外调到一定位置时为手动复位,手动复位时按复位按钮。

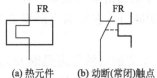

(a) 热元件　　(b) 动断(常闭)触点

图 2-19　热继电器的符号

热继电器的符号如图 2-19 所示,热元件只需画一个作代表。

(4) 热继电器的选用

① 热继电器主要根据电动机的使用场合、额定电流来选定。对于 Y 形连接的电动机,选用两相或三相热继电器均可进行保护;对于三角形连接的电动机,应选择带断相保护功能的热继电器。

② 热继电器热元件额定电流的选择一般可取负载额定电流的 0.9~1.05 倍,对工作环境恶劣,启动频繁的电动机可取负载额定电流的 1.15~1.5 倍。热元件选定后,再调整热继电器的整定电流（指热继电器调整后长期不动作的最大电流,超过此值就会动作）。

③ 对于工作时间较短、间歇时间较长的电动机,以及虽然长期工作但过载的可能性很小

的电动机，可以不设过载保护。

④ 双金属片式热继电器一般用于轻载、不频繁启动电动机的过载保护。对于重载、频繁启动的电动机，则可用过电流继电器（延时动作型的）作过载和短路保护。因为热元件受热变形需要时间，故热继电器不能作短路保护。

2.1.4.3　电磁式继电器

电磁式继电器的工作原理和结构与接触器类似，也是由电磁机构和触点系统等组成的。但继电器没有灭弧装置，也无主辅触点之分，它只用于切换小电流的控制电路和保护电路。电磁式继电器有直流和交流两类，常用的电磁式继电器有电流继电器、电压继电器和中间继电器等。

(1) 电压继电器　电压继电器是由电路中的电压变化来控制电路通断的自动电器，主要用于电路的过电压或欠电压保护。电压继电器有直流电压继电器和交流电压继电器之分，直流电压继电器用于直流电路，交流电压继电器则用于交流电路中，它们的工作原理是相同的。同一类型又可分为过电压继电器、欠电压继电器和零电压继电器。

一般来说，过电压继电器在电压为 1.1～1.15 倍额定电压以上时动作，对电路进行过电压保护；欠电压继电器在电压为 0.4～0.7 倍额定电压时动作，对电路进行欠电压保护；零压继电器在电压降为 0.05～0.25 倍额定电压时动作，对电路进行零压保护。

常用的电压继电器有通用继电器 JT4、JT18 等系列。

电压继电器的符号如图 2-20 所示。

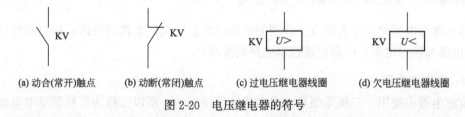

(a) 动合(常开)触点　　(b) 动断(常闭)触点　　(c) 过电压继电器线圈　　(d) 欠电压继电器线圈

图 2-20　电压继电器的符号

(2) 电流继电器　电流继电器是由电路中的电流变化来控制电路通断的自动电器，主要用于电路的过电流或欠电流保护，电流继电器也有直流电流继电器和交流电流继电器之分。

过电流继电器用于电路过电流保护。当电路工作正常时不动作，当电路出现故障、电流超过某一整定值（通常将整定值设为额定电流的 1.1～4.0 倍）时，过电流继电器动作。

欠电流继电器用于电路欠电流保护。电路工作正常时不动作，当电路中电流减小到某一整定值（额定电流的 10%～20%）以下时，欠电流继电器释放。

常用的电流继电器有 JL14、JL17、JL18、JT17 等系列，JT17 是直流通用继电器。

电流继电器的符号如图 2-21 所示。

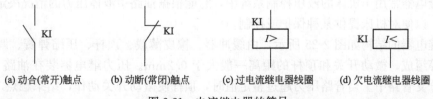

(a) 动合(常开)触点　　(b) 动断(常闭)触点　　(c) 过电流继电器线圈　　(d) 欠电流继电器线圈

图 2-21　电流继电器的符号

(3) 中间继电器　中间继电器实际上是一种动作值与释放值不能调节的电压继电器，它主要用于传递控制过程中的中间信号。中间继电器的触点数量比较多，一般有八对，有动合、动断触点，但没有主、辅之分。每对触点允许通过的电流大小是相同的，额定电流为 5~10A。它可以将一路信号转变为多路信号，以满足控制要求。

中间继电器的外形和结构如图 2-22 所示，其符号如图 2-23 所示。

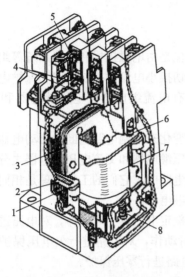

图 2-22　JZ7 型中间继电器
1—静铁芯；2—短路环；3—动铁芯；4—常开触点；
5—常闭触点；6—复位弹簧；7—线圈；8—反作用弹簧

(a) 线圈　　　(b) 动合触点　　(c) 动断触点

图 2-23　中间继电器符号

选择中间继电器时应注意两点：线圈的电压或电流应满足电路的要求；触点的数量与容量（即额定电压和额定电流）应满足被控制电路的要求。

2.1.4.4　速度继电器

速度继电器主要用于三相笼型异步电动机的反接制动，所以又称为反接制动继电器。通常速度继电器在 130r/min 左右时触点就动作，当电动机的转速下降到 100r/min 左右时，触点复位。常用的速度继电器有 JY1 和 JFZO 型两种。

速度继电器由转子、定子和触点三部分组成，其结构、动作原理及符号如图 2-24 所示。其动作原理是：电动机旋转时，带动速度继电器的转子转动，在空间产生旋转磁场，这时在定子绕组上产生感应电势及电流。感应电流在永久磁场作用下产生转矩，使定子随永久磁铁的转动方向旋转，并带动杠杆、推动触点，使触点动作。当转速小于一定值时，反力弹簧通过杠杆返回原位。

调节螺钉 1 可以调节反力弹簧力的大小，从而调节触点动作时所需转子的转速。

2.1.4.5　压力继电器

压力继电器常用于机床的液压控制系统中，它能根据油路中液体压力的情况决定触点的断开和闭合，以便对机床提供某种保护或控制。

压力继电器的结构如图 2-25 所示，由缓冲器、橡皮薄膜、顶杆、压缩弹簧、调节螺母和微动开关等组成，微动开关和顶杆的距离一般大于 0.2mm。压力继电器装在油路（或气路、水路）的分支管路中。当管路压力超过整定值时，顶杆使微动开关动作，结果触点 129 和 130 断开，触点 129 和触点 131 闭合。若管路中压力低于整定值时，顶杆脱离微动开关而使触点复位。

压力继电器的调整很方便，只需放松或拧紧调整螺母即可改变控制压力。

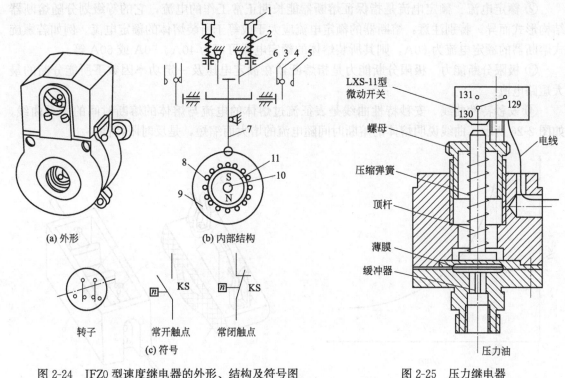

(a) 外形　　　　　　(b) 内部结构

转子　　　常开触点　　　常闭触点

(c) 符号

图 2-24　JFZ0 型速度继电器的外形、结构及符号图
1—螺钉；2—反力弹簧；3—常闭触点；4—动触点；
5—常开触点；6—返回杠杆；7—杠杆；8—定子
导体；9—定子；10—转轴；11—转子

图 2-25　压力继电器

2.2　常用低压保护电器

　　常用的低压保护电器主要有熔断器、断路器等。在电路中主要起保护作用，要求在系统发生故障时动作准确、工作可靠。

2.2.1　熔断器

　　熔断器是在低压配电系统和电力拖动系统中起短路保护作用的电器。使用时，熔断器串接在被保护的电路中，当通过熔体的电流达到或超过某一定值时，熔体自行熔断，切除故障电流，达到保护目的。

　　熔断器具有结构简单、价格低廉、使用方便的优点，应用极为广泛。

2.2.1.1　熔断器的基本结构

　　熔断器主要由熔体和放置熔体的绝缘管（熔管）和绝缘底座组成。熔体为片状或丝状，熔体材料通常有两种。

　　① 低熔点材料。由铅锡合金和锌制成，不易灭弧，多用于小电流电路。

　　② 高熔点材料。由银、铜制成，易灭弧，多用于大电流电路。

2.2.1.2　熔断器的主要技术参数

　　① 额定电压　额定电压是指保证熔断器能长期正常工作的电压。

② 额定电流　额定电流是指保证熔断器能长期正常工作的电流，它的等级划分随熔断器结构形式而异。特别注意：熔断器的额定电流应大于或等于所装熔体的额定电流。例如若螺旋式熔断器的额定电流为 60A，则其所装熔体的额定电流可以为 40A、50A 或 60A 等。

③ 极限分断能力　极限分断能力是指熔断器在额定电压及一定功率因数下所能分断的最大短路电流。

④ 安秒特性曲线　安秒特性曲线是表征流过熔体的电流与熔体的熔断时间的关系曲线，如图 2-26 所示。曲线说明熔体的熔断时间随电流的增大而缩短，是反时限特性。

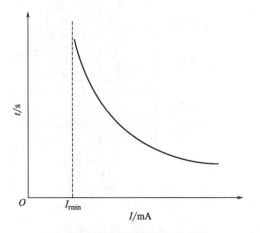

图 2-26　熔断器的安秒特性曲线

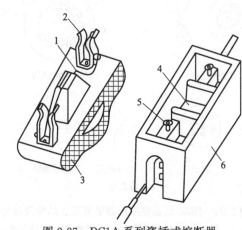

图 2-27　RC1A 系列瓷插式熔断器

1—熔丝；2—动触点；3—瓷管；4—空腔；5—静触点；6—瓷体

当电路正常工作时，流过熔体的电流小于或等于其额定电流，熔体产生的热量达不到熔体的熔点，熔体不会熔断。当流过熔体的电流达到其额定电流的 1.3～2 倍时，熔体缓慢熔断；当流过熔体的电流达到其额定电流的 8～10 倍时，熔体迅速熔断。电流越大，熔断越快。通常取 $2I_N$ 为熔断器的熔断电流，其熔断时间为 30～40s。因此熔断器对轻度过载反应比较迟钝，一般只能作短路保护用。

2.2.1.3　几种常用的熔断器

(1) RC1A 系列瓷插式熔断器　如图 2-27 所示，RC1A 系列熔断器由瓷体、瓷盖、动触点、静触点和熔丝五部分组成。其额定电压为 380V 及以下，额定电流为 5～200A。该熔断器具有尺寸小、价格低、更换方便等优点，主要用于一般照明和小容量电动机的电源引入线路中。

(2) RM10 系列封闭管式熔断器　如图 2-28 所示，主要由熔断管、熔体和静插座等部分组成。熔体为截面宽窄不均匀的锌片，当短路电流通过熔体时，窄的部位会先熔断，中间大块熔体掉下，电弧间隙大，有利于灭弧。同时管内产生高压气体，使电弧迅速熄灭。分断能力最大可达 10～12kA。主要用于电压 380V 以下、电流 600A 以下的电力线路中。

(3) RL1 系列螺旋式熔断器　如图 2-29 所示，主要由熔管、瓷制底座、带螺纹的瓷帽、瓷套等部分组成，熔管内装有熔丝并装满了石英砂。石英砂的热容量大，能大量吸收电弧能量，使电弧易熄灭，故它的分断能力强。同时还有熔体熔断的指示信号装置，熔体熔断后，带色标的指示头弹出，便于发现和更换。

它适用于交流 500V 以下、电流 200A 以下的电路中，作过载及短路保护。为了能安全地更换熔管，接线时，要把下接线端（中心端）接电源进线，上接线端（连接螺纹端）接电源出线。

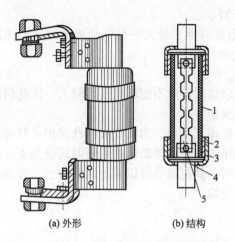
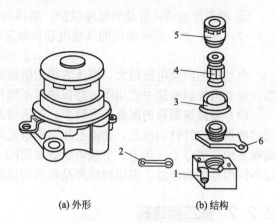

图 2-28　RM10 系列无填料封闭管式熔断器
1—熔断管；2—铜套；3—铜帽；
4—插刀；5—熔体

图 2-29　RL1 系列螺旋式熔断器
1—底座；2—下接线端；3—瓷套；
4—熔断体；5—瓷帽；6—上接线端

(4) RS0 系列快速熔断器　如图 2-30 所示，主要由导电接线板、端盖、绝缘垫、管体、熔体、指示器、填料、触刀等部分组成。它具有发热时间常数小、熔断时间短、动作迅速、分断能力高等特点。RS0 系列主要用于大容量晶闸管元件的短路和某些不允许过电流电路的保护。

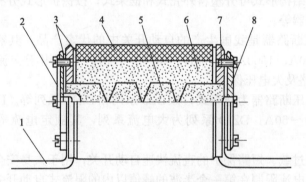

图 2-30　RS0 系列快速熔断器
1—导电接线板；2—指示器；3—绝缘垫；4—管体；
5—熔体；6—填料；7—触刀；8—端盖

图 2-31　熔断器符号和代号

应当注意，快速熔断器的熔体不能用普通的熔断体代替。因为普通熔断体不具备快速熔断特性，不能有效地保护半导体元件。

熔断器的符号和代号如图 2-31 所示。

2.2.1.4　熔断器的选择

(1) 熔断器类型的选择　熔断器的类型应根据线路要求和安装条件而定。熔断器的额定电压和额定电流应不小于线路的额定电压和所装熔体的额定电流。

(2) 熔体额定电流的确定　一般首先选熔体，再根据熔体去确定熔断器的规格。熔体的额定电流可根据以下几种情况选择。

① 对电炉、照明等电阻性负载电路的短路保护，熔体的额定电流应稍大于或等于负载额定电流。

② 对一台电动机负载的短路保护，熔体的额定电流 I_{RN} 应等于 1.5～2.5 倍电动机的额定电流 I_N，即：

$$I_{RN} = (1.5 \sim 2.5)I_N \tag{2-1}$$

③ 对多台电动机负载的短路保护，熔体的额定电流应等于最大一台电动机的额定电流的1.5~2.5倍，加上同时使用的其他电动机额定电流之和，即：

$$I_{RN} = (1.5 \sim 2.5)I_{max} + \sum I_N \tag{2-2}$$

电动机的启动电流很大，熔体的额定电流因考虑启动时熔丝不能断而选得较大，因此熔断器在电动机控制电路中宜用作短路保护而不能作过载保护。

(3) 各级熔断器的配合 电路中，各级熔断器必须相互配合。为实现选择性保护，且考虑到熔断器保护特性的误差，在通过相同的电流时，电路中上一级熔断器的熔断时间应为下一级熔断器的三倍以上。当上、下级熔断器采用同一型号时，其电流等级以相差两级为宜。如果采用不同型号的熔断器，则应根据产品给出的熔断时间选取。

2.2.2 低压断路器

2.2.2.1 低压断路器的用途与分类

低压断路器又称自动空气断路器、空气开关或自动空气开关，它是把刀开关、过电流继电器、热继电器、欠电压继电器和过电压继电器等组合在一起，既具有开关作用，又能实现短路保护、过载保护、欠电压保护和过电压保护等作用。自动空气断路器功能完善、结构紧凑、操作安全方便，广泛应用在电动机控制电路和低压配电系统中。

低压断路器的形式种类繁多，按结构形式可分塑料外壳式和框架式；按保护形式分有电磁脱扣器、欠电压脱扣器以及复式脱扣器等。

DW10 和 DW15 系列框架式低压断路器是我国生产的自动开关中的代表产品，其额定电流等级分 200A、400A、600A、1000A、1500A、2500A、4000A 七挡，主要用于交流电压380V 的低压配电系统，作过载、短路及欠电压保护。

电力拖动与自动线路中常用的低压断路器为塑壳式，如 DZ5 系列和 DZ10 系列等。DZ5 系列为小电流系列，其额定电流为 10~50A；DZ10 系列为大电流系列，其额定电流等级有100A、250A 和 600A 三种。

此外，还有用来对半导体元件作过载、短路保护的直流快速自动开关；用于人身安全和漏电保护的漏电保护开关；将交流短路电流限制在第一个半波的峰值以内的限流式自动开关等。

2.2.2.2 低压断路器的结构和工作原理

(1) 低压断路器的结构 低压断路器的外形和结构如图 2-32 所示。主要由主触点系统、

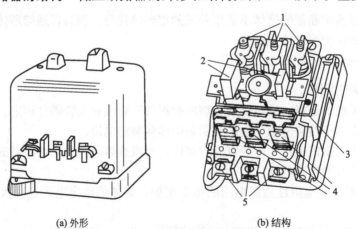

(a) 外形　　　　　　　　　　　(b) 结构

图 2-32　DZ5-20 型低压断路器

1—电磁脱扣器；2—按钮；3—自由脱扣器；4—热脱扣器；5—接线柱

灭弧装置、保护装置、辅助触点和操作机构等组成。外壳上有"分"按钮（一般为红色）和"合"按钮（一般为绿色）以及触点接线柱。

（2）低压断器的工作原理 如图 2-33 所示，低压断路器工作时三对主触点串接在被保护的三相主电路中，当按下"合"按钮时，主电路中的三对触点由锁扣 3 钩住搭钩 4，克服反力弹簧 16 的弹力，保持闭合状态。当电路正常工作时，过流脱扣器 6 的线圈产生的吸力不能将过流脱扣器衔铁 8 吸合。如果线路发生短路或严重过载而产生较大过电流时，过流脱扣器的吸力增大，将衔铁 8 吸合，并撞击杠杆 7，把搭钩 4 顶上去，切断主触点，起到保护作用。当发生一般过载时，过流脱扣器不动作，但热元件 13 产生的热量使双金属片（用两种膨胀系数不同的金属片叠压在一起制成）12 受热向上弯

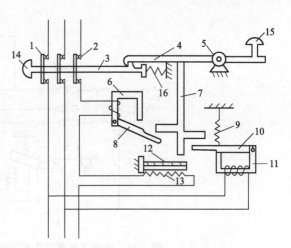

图 2-33　低压断路器的工作原理示意图
1—动触点；2—静触点；3—锁扣；4—搭钩；5—转轴座；
6—过流脱扣器；7—杠杆；8—过流脱扣器衔铁；9—拉力
弹簧；10—欠电压脱扣器衔铁；11—欠电压脱扣器；
12—热双金属片；13—热元件；14—接通按钮；
15—停止按钮；16—反力弹簧

曲，推动杠杆 7 使搭钩 4 松钩，触点断开。欠压脱扣器与过流脱扣器恰恰相反，当电路正常工作时，衔铁 10 吸合；如果线路上电压下降或失去电压时，欠压脱扣器 11 的吸引力减小到不足以吸引被弹簧拉着的欠电压脱扣器衔铁 10，杠杆 7 被撞击而导致触点分断。

低压断路器的符号如图 2-34 所示。

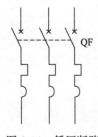

图 2-34　低压断路器的符号

2.2.2.3　低压断路器的选择

① 低压断路器的额定电压和额定电流应不小于电路的正常工作电压和工作电流。

② 热脱扣器的额定电流应与所控制电动机的额定电流或者负载额定电流一致。

③ 过流脱扣器的瞬时脱扣电流应大于负载电路正常工作时的峰值电流。

④ 低压断路器的极限通断能力应大于或等于电路最大短路电流。

2.2.2.4　漏电保护自动开关

漏电保护自动开关一般由自动开关和漏电继电器组合而成，它除了能起一般自动开关的作用外，还能在出现漏电或人身触电的事故时迅速自动断开电路，以保护人身及设备的安全。

漏电保护自动开关有电流动作型和电压动作型两大类。电磁式电流动作型漏电保护自动开关的结构原理如图 2-35 所示。它是在一般的自动开关中增加一个能检测漏电流的感受元件零序互感器和漏电脱扣器组成的。零序互感器是一个环形封闭铁芯，其初级线圈就是各相的主导线，次级线圈与漏电脱扣器相连。正常工作时，初级三相绕组电流相量和为零，零序互感器没有输出。当出现漏电或人身触电时，三相电流的相量和不为零而出现零序电流，互感器就有输出，漏电脱扣器吸引，引起开关动作，切断主电路，从而保障了人身和设备的安全。

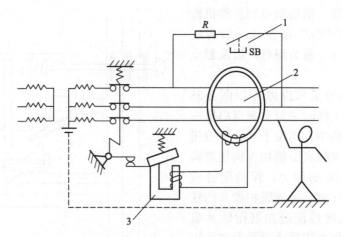

图 2-35   电磁式电流动作型漏电保护自动开关原理示意图
1—试验按钮；2—零序互感器；3—漏电脱扣器

　　为了经常检验漏电开关的可靠性，开关上设有试验按钮。按通电源后，按下按钮，如开关断开，证明该开关的保护功能良好。

第3章
常用电工工具和仪表的使用

3.1 常用电工工具的使用

低压电工常用的工具包括通用工具、装修工具、登高工具和电动工具等几大类。

3.1.1 电工通用工具

电工通用工具主要有验电器、钢丝钳、尖嘴钳、螺丝刀（螺钉旋具）、电工刀、剥线钳、电工工具夹等。

3.1.1.1 验电器

验电器分低压验电器和高压验电器两种。

(1) 低压验电器　低压验电器又称试电笔，是电工常用的辅助安全工具，用于测量500V以下的导体或各种用电设备外壳是否带电。从外形上来看，试电笔又可分为钢笔式和螺丝刀式两种，如图3-1所示，试电笔由氖管、电阻、弹簧、笔身和笔尖组成。

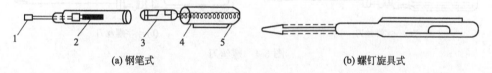

(a) 钢笔式　　　　　　　　　　　　　(b) 螺钉旋具式

图 3-1　试电笔
1—笔尖；2—降压电阻；3—氖管；4—弹簧；5—笔尾金属体

使用试电笔时，必须按图3-2所示的方法握妥，即以手指触及笔尾的金属体，使氖管小窗背光对自己。电笔的测量范围为60～500V。当用电笔测试带电体时，电流经带电体、电笔、人体到大地形成通电回路，只要带电体与大地之间电压高于60V，氖泡就会发光。

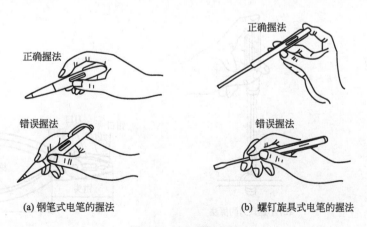

正确握法　　　　　　　　　　　　正确握法

错误握法　　　　　　　　　　　　错误握法

(a) 钢笔式电笔的握法　　　　　　(b) 螺钉旋具式电笔的握法

图 3-2　试电笔的握法

使用试电笔前，一定要在有电的电源上检查氖泡能否正常发光。使用试电笔时，由于人体与带电体的距离较为接近，应防止人体与金属带电体的直接接触，更要防止手指皮肤触及笔尖金属体，以避免触电。

试电笔的使用技巧：

① 区别相线和零线　　相线发光，零线一般不发光。

② 区别直流与交流　　被测电压为直流时，氖管里的两个极只有一个发光，而交流为两个极都发光。

③ 区别直流电压的正、负极　　将试电笔跨接在直流电的正负极之间，发光的电极所接的是负极，不发光的电极所接的为直流电的正极。

④ 区别电压高低　　被测导电体电压越高，氖管发光越亮。

⑤ 检查相线接地漏电　　对地漏电一相氖管亮度较弱。

(2) 高压验电器　　高压验电器又称高压测电器，一般由金属钩、氖管、氖管窗、固紧螺钉、护环和握柄等组成，如图 3-3 所示。使用高压验电器时，应注意手握部位不得超过护环。使用时，应逐渐靠近被测物直至氖管亮（说明被测物带电），只有氖管不亮时才可与被测物直接接触。

(a) 正确　　(b) 错误

图 3-3　高压验电器的握法

3.1.1.2　螺丝刀

螺丝刀又名起子、改锥或旋凿。根据其头部形状可分为一字形和十字形，如图 3-4 所示。

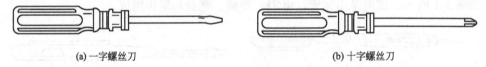

(a) 一字螺丝刀　　　　　　　　　　　　　　　(b) 十字螺丝刀

图 3-4　螺丝刀

电工不可使用金属直通柄的螺丝刀，因此按握柄材料的不同，螺丝刀又可分为塑料柄和木柄两类。市场上有一些螺丝刀为了使用方便，在其刀体顶端加有磁性。现在流行一种组合螺丝刀工具，由一刀柄和若干刀体组成。有的柄部内装有氖管、电阻、弹簧，可作试电笔使用。

大螺丝刀用来拧旋较大的螺钉，其握法如图 3-5(a) 所示；小螺丝刀用来拧旋电气装置接线柱上的小螺钉及较小的木螺钉，其握法如图 3-5(b) 所示。使用螺丝刀时，应尽量选用与螺钉相符合的螺丝刀刀口，避免损坏螺钉或电气元件。为避免螺丝刀的金属杆触及带电体时手

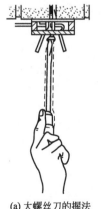

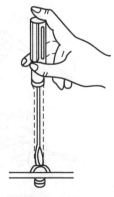

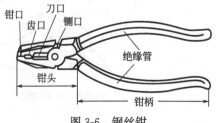

(a) 大螺丝刀的握法　　(b) 小螺丝刀的握法

图 3-5　螺丝刀的握法　　　　　　　图 3-6　钢丝钳

指碰触金属杆，电工用螺丝刀时应在螺丝刀金属杆上套绝缘管。

3.1.1.3 钢丝钳

钢丝钳是钳夹和剪切的常用钳类工具，其形状如图 3-6 所示。它由钳头和钳柄组成。其中钳头包括钳口、齿口、刀口、铡口四部分。钳柄上装有绝缘套。

钢丝钳是钳夹和剪切工具，其功能如图 3-7 所示，钳口用来弯绞或钳夹导线线头；齿口用来固紧或起松螺母；刀口用来剪切导线或剖切软导线的绝缘层；铡口用来铡切钢丝与铅丝等较硬的金属线材。

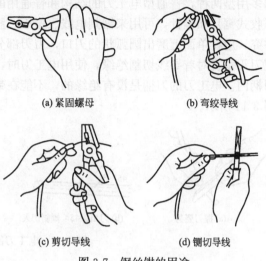

(a) 紧固螺母　　(b) 弯绞导线

(c) 剪切导线　　(d) 铡切导线

图 3-7　钢丝钳的用途

钢丝钳常用的规格有 150mm、175mm、200mm 三种。电工所用钢丝钳柄部必须加有耐压 500V 以上的绝缘塑料，使用前应检查绝缘是否完好，使用时注意正确握法。

使用钢丝钳的注意事项：

① 电工在使用钢丝钳之前，必须保证绝缘手柄的绝缘性能良好，破损了的绝缘套管应及时更换，以保证带电作业时的人身安全。

② 用钢丝钳剪切带电导线时，严禁用刀口同时剪切相线和零线，或同时剪切两根相线以免发生短路事故。

③ 在使用钢丝钳时，切勿用刀口去钳断钢丝，以免刀口损伤。

④ 钳头不可代替手锤作敲打工具用。

⑤ 平时应防锈，轴销上应经常加机油润滑。

3.1.1.4 尖嘴钳

尖嘴钳的形状如图 3-8 所示，头部尖细，适用于在狭小的工作空间操作，用来夹持较小的

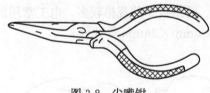

图 3-8　尖嘴钳

螺钉、垫圈、导线等，其握法与钢丝钳的握法相同。带绝缘柄的尖嘴钳工作电压为 500V，其规格有 130mm、160mm、180mm 和 200mm 四种。

尖嘴钳的主要用途如下。

① 有刃口的尖嘴钳能剪断细小金属丝。

② 尖嘴钳能夹持较小螺钉、垫圈、导线等元件。

③ 在装接控制电路板时，尖嘴钳能将单股导线弯成一定圆弧的接线鼻子。

3.1.1.5 断线钳

断线钳又名斜口钳或扁嘴钳，它的头部扁斜，钳柄有铁柄、管柄和绝缘柄三种形式，其中电工用的绝缘柄断线钳的外形如图 3-9 所示，其绝缘柄耐压在 1000V 以上。断线钳专门用于剪断较粗的电线和其他金属丝。

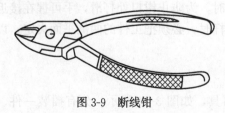

图 3-9　断线钳

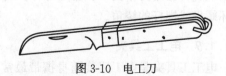

图 3-10　电工刀

3.1.1.6 电工刀

电工刀在电气操作中主要用于剖削导线绝缘层、削制木棒、切割木台缺口等，其形状如图 3-10 所示。

电工刀主要用来切削电线、电缆绝缘，切割绳索、木桩和软金属材料。电工刀常有普通型和多用型两种，普通型电工刀的结构和普通用的小刀相似；多用型电工刀除具有刀片外，还有可收式锯片和锥针，可用来锯割电线、槽板、胶木管，锥钻木螺钉底孔。电工刀的刀口磨制很讲究，应在单面上磨出圆弧状的刃口，刀刃部分要磨得锋利一些。在剖削电线绝缘层时，切忌把刀刃垂直对着导线切割绝缘，使用电工刀时，刀口应朝外进行操作，用毕应随机把刀身折入刀柄内。电工刀的刀柄是没有绝缘的，不能在带电体上进行操作。电工刀剖削塑料层的方法如图 3-11 所示。

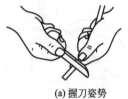 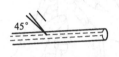 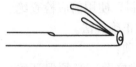 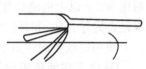

(a) 握刀姿势　　(b) 刀口以45°倾斜切入　　(c) 刀口以45°倾角推削　　(d) 扳转塑料层并在根部切去

图 3-11　电工刀剖削塑料层的方法

3.1.1.7 镊子

镊子的外形如图 3-12 所示。镊子主要用于挟持导线线头、元器件等小型工件。一般由不锈钢制成，有较强的弹性。在电工中镊子头部较尖，种类较多。

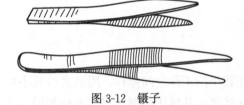

图 3-12　镊子

3.1.1.8 活络扳手

活络扳手是紧固和松动螺母的一种专用工具，主要由活扳唇、呆扳唇、扳口、蜗轮、轴销等构成，如图 3-13(a) 所示。活络扳手的规格较多，电工常用的有 150mm×19mm、200mm×24mm、250mm×30mm、300mm×36mm 等几种。

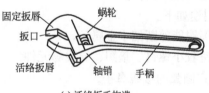 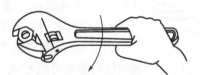 

(a) 活络扳手构造　　(b) 扳较大螺母时的握法　　(c) 扳较小螺母时的握法

图 3-13　活络扳手

使用活络扳手时，将扳口放在螺母上，调节蜗轮，使扳口将螺母轻轻咬住，向图 3-13(b) 和图 3-13(c) 所示的方向施力（不可反用，否则有可能损坏活扳唇）。扳动较大螺母螺杆时，所用力矩较大，手应握在手柄尾部。扳小型螺母螺杆时，为防止钳口处打滑，手可握在接近头部的位置，且用拇指调节和稳定螺杆。旋动螺母、螺杆时，必须把工件的两侧平面夹定，以免损坏螺母或螺杆的棱角。

3.1.1.9 电工工具夹

电工工具夹是电工盛装随身携带最常用工具的器具，如图 3-14 所示。分有插装一件、三

件和五件工具多种。使用时,用皮带系结在腰间,工具夹置于右
侧臀部处,以便随手取用。

3.1.2 电工装修工具

电工装修工具是指电力内外线和电气设备装修工程中必备的
工具,主要有管子钳、剥线钳、紧线器、弯管器、切割器具、套
螺纹器具、电烙铁、顶拔器、喷灯、压接钳、短路侦察器、套筒
扳手、滑轮等。

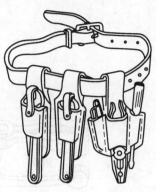

图 3-14　电工工具夹

3.1.2.1 管子钳

管子钳主要用于电气管道装修或排水工程中,用于旋转接头
及其他圆形金属工件。其主要结构如图 3-15 所示,它的常用规格有 250mm、300mm、350mm
等几种。

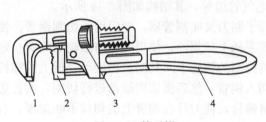

图 3-15　管子钳
1—活络扳唇;2—呆扳唇;3—蜗轮;4—手柄

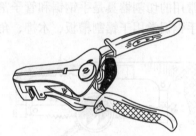

图 3-16　剥线钳

3.1.2.2 剥线钳

剥线钳用于剥削直径在 6mm 以下的塑料电线、橡皮电线线头的绝缘层。它由钳头和手柄
组成,如图 3-16 所示。钳头部分由压线口和切口组成,分有直径 0.5~3mm 的多个切口,以
适应不同规格的线芯。剥线时,为了不损伤线芯,线头应放在大于线芯的切口上剥削。

3.1.2.3 紧线器

紧线器又名收线器或收线钳。在室内、外架空线路的安装中用以收紧将要固定在绝缘子上
的导线,以便调整弧垂。常用紧线器外形如图 3-17 所示。使用时先将直径 14~16mm 的多股
绞合钢丝绳的一端绕于滑轮上拴牢,另一端固定在角钢支架、横担或被收紧导线端部附近紧固
的部位,并用夹线钳夹紧待收导线,适当用力摇转摇柄,使滑轮转动,将钢丝绳逐步卷入滑轮
内,最后将架空线收紧到合适弧垂。如是用于收紧铝导线,应在夹线钳和铝线接触部位包上麻
布或其他保护层,以免钳口夹伤导线。

3.1.2.4 弯管器

弯管器是用于钢管配线中将钢管弯曲成形的专用工具,电工常用的是管弯管器。

管弯管器由钢管手柄和铸铁弯头组成。它的结构简单,操作方便,适于手工弯曲直径
在 50mm 及以下的钢管(在给排水工程中亦经常使用)。弯管时先将管子要弯曲部分的前缘
送入弯管器工作部分,如果是焊管,应将焊缝置于弯曲方向的侧面,否则弯曲时容易造成焊
缝处裂口。然后操作者用脚踏住管子,手适当用力扳动管弯管器手柄,使管子稍有弯曲,再逐
点依次移动弯头,每移动一个位置,扳弯一个弧度,如图 3-18 所示。最后将管子弯成所需要
的形状。

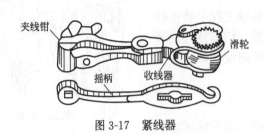

夹线钳 滑轮
摇柄 收线器

图 3-17 紧线器

铸铁弯头
铁管柄

图 3-18 弯管器的使用

3.1.2.5 切割器具

常用的切割器具是手钢锯和管子割刀两类。

手钢锯常用于锯割槽板、木榫、角钢、电气管道等，其结构如图 3-19 所示。

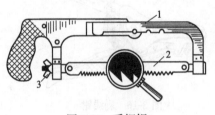

图 3-19 手钢锯
1—锯弓；2—锯片；3—螺母

管子割刀又叫割管器，专门用于切割钢管。使用时先旋开手柄上的螺栓，使得刀片与滚轮之间有一定的距离，将待割的钢管卡入其间，再旋动手柄上的螺栓，使刀片切入钢管，然后做圆周运动进行切割，而且边切割边调整螺栓，使刀片在钢管上的切口不断加深，直至把钢管切断。

3.1.2.6 套螺纹器具

钢管与钢管之间的连接，应先在连接处套螺纹（加工外螺纹），再用管接头连接。厚壁钢管套丝一般用钢管绞板，电工常用的绞板规格有 13~51mm 和 64~101mm 两种，如图 3-20(a) 所示。若是电线管或硬塑料管套丝，常用圆扳架和圆扳牙，如图 3-20(b) 所示。

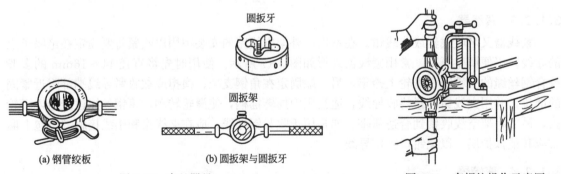

圆扳牙

圆扳架

(a) 钢管绞板　　　(b) 圆扳架与圆扳牙

图 3-20 套丝器具

图 3-21 套螺纹操作示意图

套螺纹时，先将管子固定在龙门钳上，伸出龙门钳正面的一端不要太长，然后将绞板丝牙套上管端，调整绞板活动刻度盘，使扳牙内径与钢管外径配合，用固定螺钉将扳牙锁紧，再调整绞板上的 3 个支持脚，使其卡住钢管，以保证套螺纹时扳牙前进平稳，不套坏螺纹。绞板调整好后握住手柄，平稳向前推进，同时向顺时针方向扳动，如图 3-21 所示。

3.1.2.7 电烙铁

电烙铁是烙铁钎焊的热源，通常以电热丝作为热元件，分内热式和外热式两种，其外形如

图 3-22 所示。常用的规格有 25W、45W、75W、100W 和 300W 等多种。

(a) 外热式电烙铁　　　　　　　　　　　　　(b) 内热式电烙铁

图 3-22　电烙铁

使用电烙铁时应注意以下事项。

① 使用之前应检查电源电压与电烙铁上的额定电压是否相符，一般为 220V。

② 新烙铁在使用前应先用砂纸把烙铁头打磨干净，然后在焊接时和松香一起在烙铁头上蘸上一层锡（称为搪锡）。

③ 电烙铁不能在易爆场所或腐蚀性气体中使用。

④ 电烙铁在使用中一般用松香作为焊剂，特别是电线接头、电子元器件的焊接，一定要用松香作焊剂，严禁用含有盐酸等腐蚀性物质的焊锡膏焊接，以免腐蚀印制电路板或短路电气线路。

⑤ 电烙铁在焊接金属铁、锌等物质时，可用焊锡膏焊接。

⑥ 如果在焊接中发现紫铜制的烙铁头氧化不易蘸锡时，可用锉刀锉去氧化层，在酒精内浸泡后再使用，切勿在酸内浸泡，以免腐蚀烙铁头。

⑦ 焊接电子元器件时，最好选用低温焊丝，头部涂上一层薄锡后再焊接。焊接场效应晶体管时，应将电烙铁电源线插头拔下，利用余热去焊接，以免损坏管子。

3.1.2.8　手摇绕线机

如图 3-23 所示，小型电机和低压电器的线圈一般都采用圆铜漆包线绕制，由于线圈尺寸不大，导线较细，因此可以在手摇绕线机上直接绕成。

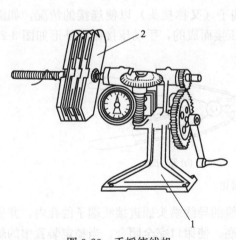

图 3-23　手摇绕线机

1—绕线机；2—绕线模

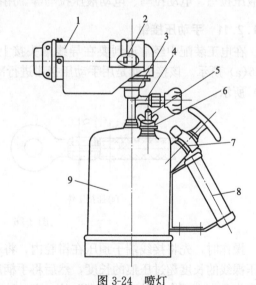

图 3-24　喷灯

1—灯头；2—喷嘴；3—点火碗；4—进油阀；5—安全阀；
6—加油螺塞；7—手动泵；8—手柄；9—油桶

3.1.2.9　喷灯

喷灯是一种利用喷射火焰对工件进行加热的工具，常用于锡焊时加热电烙铁或工件。在电工操作中，制作电力电缆终端头或中间接头及焊接电力电缆接头时，都要用到喷灯。按使用燃料油的不同，喷灯分为煤油喷灯和汽油喷灯两种。喷灯的结构如图 3-24 所示。

(1) 使用方法

① 旋开加油螺塞，注入燃料油，注入油量应低于油桶最大容量的 3/4，旋紧螺塞。

② 操作手动泵增加油桶内的油压，然后在点火碗中加入燃料油，点燃烧热喷嘴后，再慢慢打开进油阀门，观察火焰。如果火焰喷射力达到要求，即可开始使用。

③ 手持手柄，使喷灯保持直立，将火焰对准工件即可。

(2) 注意事项

① 使用喷灯前应仔细检查油桶是否漏油，喷嘴是否畅通、是否有漏气等。

② 打气加压时，先检查并确认进油阀能否可靠关闭。喷灯点火时，喷嘴前严禁站人。

③ 工作场所不得有易燃物品。喷灯工作时，应注意火焰与带电体之间的安全距离：10kV 以上大于 3m，10kV 以下大于 1.5m。

④ 油桶内的油压应根据火焰喷射力掌握。

⑤ 喷灯加油、放油和维修应在喷灯熄火后进行。喷灯使用完毕，倒出剩余燃料油并回收，然后将喷灯污物擦除，妥善保管。

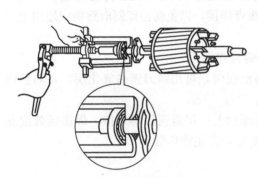

图 3-25 用拉具拆卸轴承

3.1.2.10 顶拔器

顶拔器又叫拉具、拉马、拉扒、拉钩、拉模。手动顶拔器分为双爪和三爪两种。主要用来拆卸带轮、齿轮和轴承等配件。

使用顶拔器时，各爪与中心丝杆应保持等距，边旋转手柄边观察紧固件的松动情况，不可勉强加力，否则会损坏拉具。现在除手动顶拔器以外，还有液压拉马、电动拉马、电动液压拉马等。用拉具拆卸轴承的方法如图 3-25 所示。

3.1.2.11 手动压接钳

在电工装配中经常遇到要在导线端头接上接线端子（又称接头）以便连接的情况，如图 3-26(a) 所示。该接头就是用手动压接钳进行冷挤压压接而成的，手动压接钳的外形如图 3-26(b) 所示。

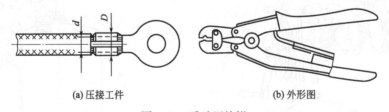

(a) 压接工件　　　　　　　　　(b) 外形图

图 3-26 手动压接钳

操作时，先将接线端子预压在钳腔内，将剥去绝缘的导线端头插进接线端子的孔内，并使被压裸线的长度超过压痕的长度，然后将手柄压合到底，使钳口完全闭合，当锁定装置中的棘爪与齿条失去啮合，并听到"嗒"的一声，这时压接完成，钳口便自动张开。

3.1.2.12 短路侦察器

短路侦察器主要用来检查电机内部绕组是否存在匝间短路故障。它由一个开口铁芯和绕在铁芯上的线圈组成，如图 3-27(a) 所示。使用时，通入交流电，放在被测电机定子铁芯的槽口，如图 3-27(b) 所示。这时侦察器的铁芯与被测电机的定子铁芯构成磁回路，而组成一台变压器。侦察器的线圈相当于变压器的一次绕组；槽内的线圈相当于变压器的二次绕组。如果被测线圈中没有匝间短路，那么相当于变压器二次侧开路，电流表读数很小；如果被测的线圈匝间短路，那么就相当于变压器二次绕组短路，电流表的读数就明显增大。用这种方法沿着被测电机的定子铁芯内圆逐槽侦察，便可查出短路线圈。

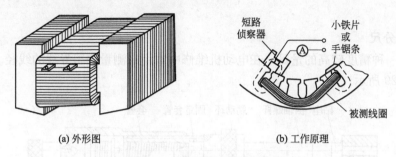

图 3-27　短路侦察器及其原理

如果不用电流表，而在被测线圈另一边的槽口放置一小铁片（废锯条等）。当被测线圈匝间短路时，铁片产生振动发出"吱吱"声响。

3.1.2.13　游标卡尺

游标卡尺是一种中等精度的量具，有 0.02mm、0.05mm、0.1mm 三种测量精度，用来直接测量出工件的内外尺寸。

游标卡尺的读数方法为：

$$l = X + n \times 精度$$

式中　l——被测值；

X——整数值；

n——副尺上第 n 条刻线。

游标卡尺测量值的读数分为三步进行。如图 3-28 所示为用 0.02mm 游标卡尺测得的某一尺寸。

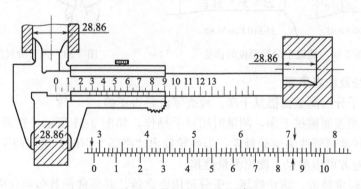

图 3-28　游标卡尺测量示例

① 读整数：在主尺上读出副尺零线以左的刻度，该值就是最后读数的整数部分。图示为 28mm。

② 读小数：在副尺上找出一条与主尺刻度对齐的刻线，读出该刻线在副尺的格数（图 3-27 中为 43 格），将其与刻度间距（精度）0.02mm 相乘，就可得到最后读数的小数部分。图示为 0.86mm。

③ 将上述两数值相加，即为游标卡尺测得的尺寸。图示为 28+0.86=28.86mm。

注意:

如有零误差，则应用上述结果减去零误差（零误差为负，相当于加上相同大小的零误差）。

3.1.2.14 千分尺

千分尺是一种精度较高的量具，在电动机维修中常用来测量绕组导线的线径。千分尺的外形结构如图 3-29 所示。

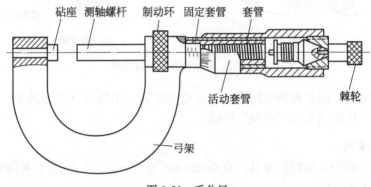

图 3-29 千分尺

(1) 千分尺的读数方法 先读出固定套管上的刻度数，再读活动套管上的 1/100 的毫米数，二者相加即为测得的数值，如图 3-30 所示的读数为 6+0.05＝6.05mm 和 35.5+0.12＝35.62mm。

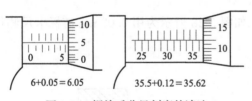

图 3-30 螺旋千分尺刻度的读法

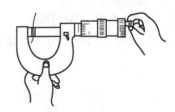

图 3-31 用千分尺测线径

(2) 使用方法及注意事项

① 使用前将千分尺测量面擦拭干净，检查零位是否正确。

② 将零件被测表面擦拭干净，测量时用双手操作，如图 3-31 所示。在两测量面接近待测物表面时，停止转动套管改为旋动棘轮，当棘轮发出"嗒嗒"声时，说明两测量面已与待测零件表面接触，此时方可由刻尺上读出测量数据。

③ 千分尺要轻拿轻放，防止摔坏。千分尺用完之后，必须放回其包装盒中保存。

3.1.2.15 套筒扳手

套筒扳手是电气设备装修中常用到的工具。如图 3-32 所示，它由套筒和手柄组成，主要用于旋动有沉孔或其他扳手不便使用部位的螺栓或螺母。

3.1.3 电工登高工具

电工登高工具主要有梯子、安全带、踏板、脚扣等。

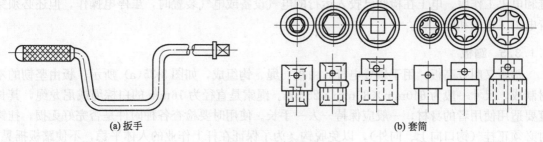

(a) 扳手　　　　　　　　　　　　　　　　(b) 套筒

图 3-32　套筒扳手

3.1.3.1　梯子

电工常用的梯子有直梯和人字梯两种，如图 3-33 所示。前者用于户外作业，后者通常用于户内作业。直梯的两脚应各绑扎胶皮之类的防滑材料；人字梯在中间绑扎两道防自动滑开的安全绳。登在人字梯上操作时，切忌采用骑马的方式站立，以防人字梯滑开而造成事故。

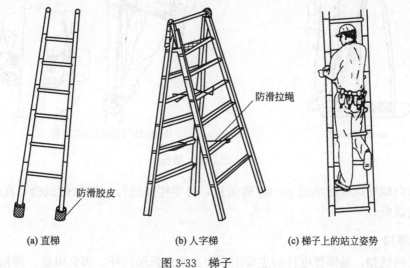

(a) 直梯　　　　　　　　　(b) 人字梯　　　　　　(c) 梯子上的站立姿势

图 3-33　梯子

3.1.3.2　安全带

安全带是腰带、保险绳和腰绳的总称，是用来防止发生空中坠落事故的，如图 3-34 所示。腰带是用来系挂保险绳、腰绳和吊物绳的，系在腰部以下、臀部以上的部位。保险绳是用来防止失足时人体坠落到地面上的，其一端系在腰带上，另一端用保险挂钩系在横担、抱箍或其他固定物上，要高挂低用。

3.1.3.3　吊绳和吊篮

吊绳和吊篮是杆上作业时传递零件和工具的用品。吊绳一端应系结在操作者腰带上，另一端垂向地面，随操作者的需要而吊物上杆。吊篮是用来盛放零星小件物品或工具的，使用时系结在吊绳上，随物上杆。吊篮通常由钢丝扎成圆桶形骨架，外蒙覆帆布而成。

3.1.3.4　防护用品

电工登杆操作，必须戴防护帽、防护手套，穿电工绝缘胶

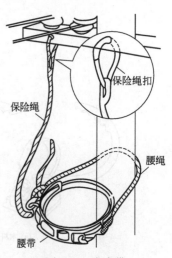

图 3-34　安全带

鞋和电工工作服。电工在检修已投入运行的电气设备或电气装置时，虽停电操作，但还必须穿着电工工作服和电工鞋。

3.1.3.5 踏板

踏板又叫登高板，用于攀登电杆，由板、绳、钩组成，如图 3-35（a）所示。板由坚韧的木材制成，尺寸一般为 640mm×80mm×25mm。绳索是直径为 16mm 的白棕绳或尼龙绳，其长度要适用使用者的身材，一般应保持一人一手长。使用时要检查各种附件是否完好无损，挂钩时必须正挂（钩口向上、向外），以免脱钩。为了保证在杆上作业的人体平稳，不使踏板摇晃，站立姿势应如图 3-35（b）所示。

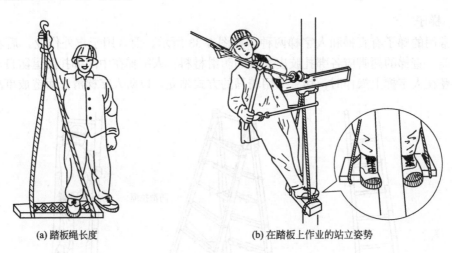

(a) 踏板绳长度　　　　　　　　(b) 在踏板上作业的站立姿势

图 3-35　踏板

踏板和白棕绳均应能承受 300kg 的质量，每半年要进行一次载荷试验，在每次登高前应作人体冲击试登。

3.1.3.6 脚扣

脚扣又叫铁扣，是攀登电杆的主要工具，主要由弧形扣环、脚套组成。脚扣分为木杆脚扣和水泥杆脚扣。水泥杆脚扣的扣环上套有橡胶，以防止打滑。脚扣外形如图 3-36 所示。脚扣的登杆方法如图 3-37 所示。脚扣在杆上的定位如图 3-38 所示。

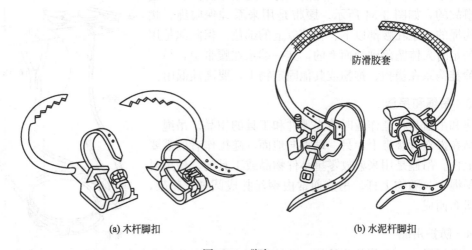

防滑胶套

(a) 木杆脚扣　　　　　　　　　(b) 水泥杆脚扣

图 3-36　脚扣

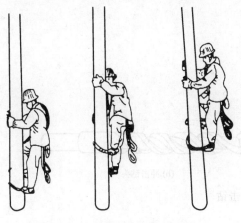

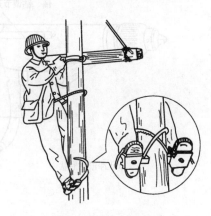

图 3-37　脚扣的登杆方法　　　　　　　　　　图 3-38　脚扣的定位

在登杆前，对脚扣也要做人体冲击试验，同时应检查扎扣皮带是否牢固可靠。

3.1.4　电工常用电动工具

电工常用电动工具主要有手电钻、冲击钻、滑轮等。

3.1.4.1　手电钻

手电钻是一种手持式电动工具，在装夹钻头以后，可用来在材料或工件上钻孔，常用的手电钻有手枪式和手提式两种，它的外形如图 3-39 所示。

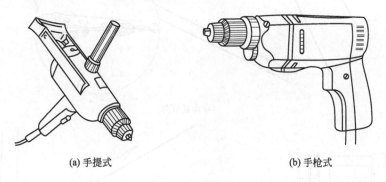

(a) 手提式　　　　　　　　　　(b) 手枪式

图 3-39　手电钻

手电钻的额定电压有 220V 和 36V 两种。为保证安全，使用电压为 220V 的电钻时应戴绝缘手套。在潮湿的环境中应采用电压为 36V 的电钻。

3.1.4.2　冲击钻

冲击钻常用于在配电板（盘）、建筑物或其他金属材料、非金属材料上钻孔，如图 3-40 所示。它的用法是，把调节开关置于"钻"的位置，钻头只旋转而没有前后的冲击动作，可作为普通钻使用；若调到"锤"的位置，通电后钻头边旋转、边前后冲击，便于钻削混凝土或砖结构建筑物上的孔，如膨胀螺栓孔、穿墙孔等。

3.1.4.3　滑轮

滑轮俗称葫芦，用来起重各种较重的设备或部件，使用方法如图 3-41 所示。如果起重要定位或需要方便操作，应采用电工常用的手动和电动滑轮。

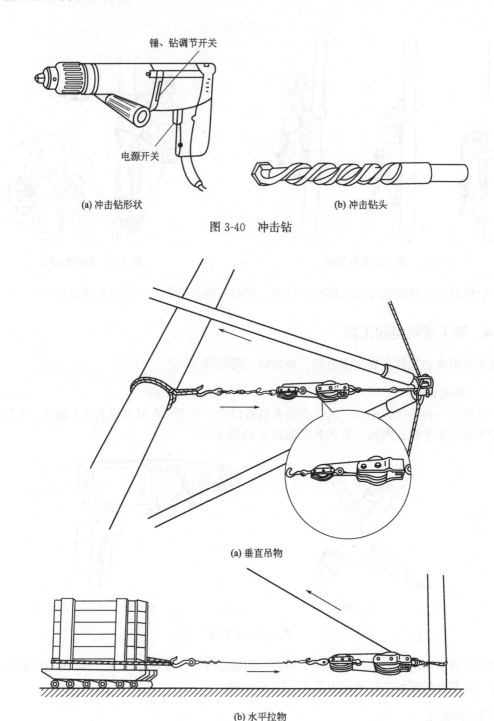

锤、钻调节开关

电源开关

(a) 冲击钻形状

(b) 冲击钻头

图 3-40　冲击钻

(a) 垂直吊物

(b) 水平拉物

图 3-41　滑轮的使用

3.2　常用电工仪表的使用

常用电工仪表主要有电压表、电流表、万用表、电能表、钳形电流表、兆欧表、电桥、接地电阻测量仪、转速表等。

3.2.1　电压表

电压表又叫伏特表，用来测量电路两端电压，基本单位为伏特（V）。测量电路的电压时，应使电压表与被测电路并联，如图 3-42 所示。为了不因电压表的并入而影响被测电路，电压表必须有很高的内阻。

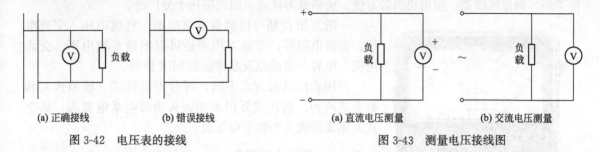

<table>
<tr><td>(a) 正确接线</td><td>(b) 错误接线</td><td>(a) 直流电压测量</td><td>(b) 交流电压测量</td></tr>
<tr><td colspan="2">图 3-42　电压表的接线</td><td colspan="2">图 3-43　测量电压接线图</td></tr>
</table>

3.2.1.1　直流电压的测量

测量直流电压，如选用磁电系仪表，要注意接线端钮的极性，电压表的"＋"极接入被测电路的高电位端，以免指针反偏损坏仪表。如图 3-43（a）所示，把电压表并联在被测电路上，流过电压表的电流随被测电压的大小而变化。

3.2.1.2　交流电压的测量

测量交流电压，可将适当量程的交流电压表直接并联在被测电压两端，如图 3-43（b）所示。在外附加电阻的情况下，电压表和附加电阻先串联，再与被测电路并联。

3.2.2　电流表

电流表又叫安培表，用来测量电路中的电流，它的基本单位为安培（A）。无论是测量直流电流还是交流电流，电流表都要串入被测电路，如图 3-44 所示。为了不使因电流表串入而影响被测电路，电流表的内阻必须很小。

3.2.2.1　直流电流的测量

测量直流电流时，要将电流表串联在被测电路中，要注意电流表的量程和极性。电流表直接接入电路法如图 3-44 所示。

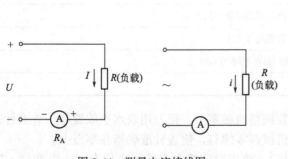

图 3-44　测量电流接线图

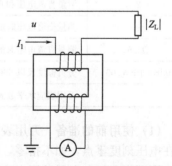

图 3-45　扩大电流表量程接线图

3.2.2.2　交流电流的测量

在测量交流电时，应选用电磁系仪表。当被测电流大于电流表量程时，可借助电流互感器来扩大仪表的量程,其接线法如图 3-45 所示。测量时电路电流通过电流互感器的一次绕组,电流表串联在二次绕组中,电流表的读数应乘以电流互感器的变比才是实际电流值。

3.2.3 万用表

万用表又叫复用电表,它是一种可测量多种物理量的多量程便携式仪表。由于它具有测量种类多、测量范围宽、使用和携带方便、价格低等优点,因此应用十分广泛。

图 3-46 MF500 型指针式万用表

一般万用表都可以测量直流电流、直流电压、交流电压、直流电阻等,有的万用表还可以测量音频电平、交流电流、电容、电感以及晶体管的 hFE 值等。

万用表按指示方式不同,可分为指针式(模拟式)和数字式两种。指针式万用表的表头为磁电系电流表,数字式万用表的表头为数字电压表。

3.2.3.1 指针式万用表

指针式万用表的型号很多,但测量原理基本相同,使用方法相近。下面以电工测量中常用的 MF500 型万用表为例,说明其使用方法。

MF500 型指针式万用表的外形如图 3-46 所示。

MF500 型万用表表盘符号、字母意义见表 3-1。

表 3-1　MF500 型万用表表盘符号、字母的意义

符号或字母	意　义
MF500	M—仪表,F—多用式,500—型号
20000Ω/VD. C	用 2.5V、10V、50V、250V、500V 挡测直流电压时,输入电阻为 20kΩ/V,相应灵敏度为 50μA
V-2.5k 4000Ω/V	万用表测交流电压和用 2500V 挡测直流电压时,输入电阻为 4kΩ/V,相应灵敏度为 250μA
Ω 标度尺	专供测量电阻用(注意刻度不均匀)
～标度尺	供测量交流、直流电压和直流电流用
10V 标度尺	专供测量 10V 以下的交流电压用
dB 标度尺	以分贝为单位测量电路增益或衰减
−2.5	测量直流电压和直流电流时的准确度是标度尺满刻度偏转的 2.5%
～5	测量交流电压时的准确度是标度尺满刻度偏转的 5.0%
Ω2.5	测量直流电阻时的准确度是读数值的 2.5%
0dB=1mW600	分贝标度尺以 600Ω 负载上得到 1mW 功率为 0dB
—	万用表应水平放置使用

(1) 使用前的准备　万用表使用前先要调整机械零点,把万用表水平放置好,看表针是否指在电压刻度零点,如不指零,则应旋动机械调零螺钉,使表针准确指在零点上。

万用表有红色和黑色两支表笔(测试棒),使用时应插在表的下方标有"＋"和"＊"的两个插孔内,红表笔插入"＋"插孔,黑表笔插入"＊"插孔。

MF500 型万用表有两个转换开关,用以选择测量的物理量和量程,使用时应根据被测物理量及其大小选择相应挡位。在被测量大小不详时,应先选用较大的量程测量,如不合适再改用较小的量程，以表头指针指到满刻度的 2/3 以上位置为宜。

万用表的刻度盘上有许多标度尺，分别对应不同被测量和不同量程，测量时应在与被测电量及其量程相对应的刻度线上读数。

(2) 电流的测量　测量直流电流时，将左边转换开关旋到直流电流挡"A"的位置上，再用右边转换开关选择适当的电流量程，将万用表串联到被测电路中进行测量。测量时注意正负极性必须正确，应按电流从正到负的方向，即由红表笔流入，黑表笔流出。测量大于 500mA 的电流时，应将红表笔插到"5A"插孔内。

测量交流电流时，将左右两边转换开关都旋转到交流电流挡"A"的位置上，此时量程为 5A，应将红表笔插到"5A"插孔内进行测量。

被测交、直流电流值，由表盘第二条刻度线读出，其读数方法为：满刻度数据/2500＝指针指示值/被测电压实测值（X）

(3) 电压的测量　测量电压时，将右边转换开关转到电压挡"V"的位置上，再用左边转换开关选择适当的电压量程，将万用表并联在被测电路上进行测量。测量直流电压时，正负极性必须正确，红表笔应接被测电路的高电位端，黑表笔接低电位端。

若被测电压大于 500V，应使用高压测试棒，插在" * "和"2500V"插孔内，并应注意安全。

被测交、直流电压值，除 10V 挡在标度尺盘上有专用刻度线直接读出外，其他挡位的读数同样由表盘第二条刻度线读出，其读数方法与电流的测量相同。

(4) 电阻的测量　测量电阻时，将左边转换开关旋到欧姆挡"Ω"的位置上，再用右边转换开关选择适当的电阻倍率。测量前应先调整欧姆零点，将两表笔短接，看表针是否指在欧姆零刻度上，若不指零，应转动欧姆调零旋钮，使表针指在零点。如调不到零，说明表内的电池电量不足，需更换电池。每次变换倍率挡后，应重新调零。

测量时用红、黑两表笔接在被测电阻两端进行测量，为提高测量的准确度，选择量程时应使表针指在欧姆刻度的中间位置附近为宜，测量值由表盘第一条刻度线（欧姆刻度线）读出，其读数方法为：被测电阻值＝指针指示值×挡位的倍数

测量接在电路中的电阻时，须断开电阻的一端或断开与被测电阻相并联的所有电路，此外还必须断开电源，对电解电容进行放电，不能带电测量电阻。

3.2.3.2　数字万用表

数字万用表的外形如图 3-47 所示，数字万用表类型很多，其使用方法大同小异。

(1) 交直流电压测量　将红色表笔插入"V/Ω"插口中，黑色表笔插入"COM"中；将功能量程选择开关置于 DCV（直流电压）或 ACV（交流电压）相应的位置上；将两表笔跨接在被测电压两端即可测出电压值。

图 3-47　数字式万用表

　注意：

如果显示器出现最高位"1"，说明量程不够，此时应将量程改高一挡，直至得到合适的读数。

(2) 直流和交流电流测量　将红色表笔插入"A"插口（最大电流 200mA）或"10A"插

口（最大 10A）；将量程选择开关转到 DCA（直流电流）或 ACA（交流电流）相应位置上，将测试表笔串入被测电路中，直接读出被测值的大小。

注意:

电流测量有熔丝保护，如果误插入该插口测量其他参数，熔丝会熔断而保护内部电路，更换时应换同一规格的熔丝。

(3) 电阻测量 将红色表笔插入"V/Ω"插口中，黑色表笔插入"COM"中，将功能量程选择开关置于 OHM（欧姆）相应的位置上，将两表笔跨接在被测电阻两端，即可得电阻值。

注意:

当用 200MΩ 量程测量时，两表笔短路时读数为 1.0，这是正常的，此读数是一个固定偏移值，因此被测电阻的值应是显示读数减去 1.0。另外，为了减少感应干扰信号对读数的影响，在测量高电阻值时，应尽可能将电阻直接插入"V/Ω"中。

(4) 电容测量 将被测电容插入电容插口中，将量程功能选择开关置于 CAP（电容）相应量程上，即得电容值。

注意:

在未插入电容时，显示值可能不为零，这是正常的，可不必理会。

(5) 晶体管测量 将量程功能开关转到 hFE 位置，将被测晶体管 PNP 或 NPN 型的发射极、基极和集电极引脚分别插入相应的 E、B、C 插口中，即得 hFE 参数。

(6) 二极管的通断测量 将红色和黑色表笔分别插入"V/Ω"和"COM"插口中，将量程功能开关转到"→►•)))"位置上，用红表笔接二极管的正极、黑表笔接二极管的负极，显示器即显示二极管的正向导通压降（单位为 mV）；如测试笔反接，显示器应显示过量程状态"1"，否则表明此二极管的反向漏电大。如蜂鸣器发出声音，表示二极管处于导通状态。

(7) 使用注意事项

① 当测量电流没有读数时，说明内部熔丝已断，应更换同规格的熔丝。

② 当显示器出现"LOW BAT"或"－ ＋"时，表明电池电量不足，应更换。

③ 用完仪表后，应记住将电源关断。

3.2.4 电能表

电能表是计量耗电量的仪表。电能表按结构分为单相电能表和三相电能表两大类。

3.2.4.1 单相电能表

(1) 单相电能表的结构与原理 单相电能表由励磁、阻尼、走字和基座等部分组成，其中励磁部分又分为电流和电压两部分。感应式单相电能表的基本工作原理如图 3-48 所示。电压线圈是常通电的，产生磁通 Φ_U 的大小与电压成正比；电流线圈在通过电流时产生磁通 Φ_I，其大小与电流成正比；走字系统的铝盘置于上述磁场中，切割磁场产生力矩而转动。由永久磁铁组成的阻尼部分可避免因惯性作用而使铝盘越转越快，以及阻止铝盘在负载消除后继续旋转。

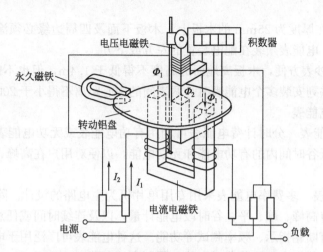

图 3-48　感应式单相电能表的结构及工作原理

单相电能表的规格常用的有 2A、3A、5A、10A、25A、50A、75A 和 100A 等多种。

(2) 单相电能表的选用　选用电能表时应注意以下三点。

① 选型应选用换代的新产品，如 DD861、DD862、DD862a 型，这些新产品具有寿命长、性能稳定、过载能力大、损耗低等优点。

② 电能表的额定电压必须符合被测电路电压的规格。例如，照明电路的电压为 220V，则电能表的额定电压也必须是 220V。

③ 电能表的额定电流必须与负载的总功率相适应。在电压一定（220V）的情况下，根据公式 $P=UI$ 可以计算出对于不同安培数的单相电能表可装用电器的最大总功率。例如，额定电流为 10A 的单相电能表可装用电器的最大功率为 $P=UI=10×220=2200W$。

(3) 单相电能表的接线　电能表的接线比较复杂，在接线前要查看附在电能表上的说明，根据说明要求和接线图把进线和出线依次对号接在电能表的接线端子上。

① 接线原则。电能表的电压线圈应并联在线路上，电流线圈应串联在线路上。

② 接线方法。电能表的接线端子都按从左至右编号，国产有功单相电能表的接线方法为 1、3 接进线，2、4 接出线，如图 3-49 所示。

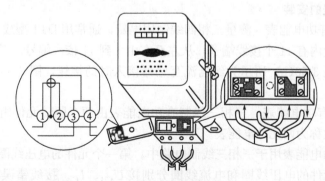

图 3-49　单相电能表的接线

(4) 单相电能表的安装要求

① 电能表应装在干燥处，不能装在高温潮湿或有腐蚀性气体的地方。

② 电能表应装在没有振动的地方，因为振动会使零件松动，使计量不准确。

③ 安装电能表时不能倾斜，一般电能表倾斜 5°会引起 1%的误差，倾斜太大会引起铝盘不转。

④ 电能表应装在厚度为 25mm 的木板上，木板下面及四周边缘必须涂漆防潮。允许和配电板共用一块木板，电能表须装在配电装置的左方或下方。

⑤ 为了安全和抄表方便，木板离地面的高度不得低于 1.4m，但也不能过高，通常在 2m 高度为适宜。如需并列安装多个电能表时，两表间的中心距离不得小于 200mm。

(5) 新型特种电能表

① 分时计费电能表　分时计费电能表可利用有功电能表或无功电能表中的脉冲信号，分别计量用电高峰和低谷时间内的有功电能和无功电能，以便对用户在高峰、低谷时期内的用电收取不同的电费。

② 多费率电能表　多费率电能表采用专用单片机为主电路的设计。除具有普通三相电能表的功能外，还设有高峰、峰、平、谷时段电能计量，以及连续时间或任意时段的最大需量指示功能，而且还具有断相指示、频率测试等功能。这种电能表可广泛用于电厂、变电所、厂矿企业，便于发、供电部门实行峰谷分时电价，限制高峰负荷。

③ 电子预付费式电能表　电子预付费式电能表是一种先付费后用电、通过先进的 IC 卡进行用电管理的一种全新概念的电能表。它采用微电子技术进行数据采样、处理及保存，主要由电能计量及微处理器控制两部分组成。

3.2.4.2　三相电能表

三相电能表的结构与单相电能表的结构相似，三相三线表由两组如同单相表的励磁系统集合而成，而由一组走字系统构成复合计数；三相四线表由三组如同单相表的励磁系统集合而成，而由一组走字系统构成计数。

(1) 三相电能表的分类　根据被测电能的性质，三相电能表可分为有功电能表和无功电能表。根据被测线路的不同，三相有功电能表又分为三相四线制和三相三线制两种。三相四线制有功电能表的额定电压一般为 220V，额定电流有 1.5A、3A、5A、6A、10A、15A、20A、25A、30A、40A、60A 等数种，其中额定电流为 5A 的可经电流互感器接入电路。三相三线制有功电能表的额定电压一般为 380V，额定电流有 1.5A、3A、5A、6A、10A、15A、20A、25A、30A、40A、60A 等数种，其中额定电流为 5A 的可经电流互感器接入电路。根据被测线路的不同，三相无功电能表又分为三相四线制和三相三线制两种。

(2) 三相电能表的安装

① 三相四线制有功电能表　测量三相四线制用电量，通常用 DT1 型或 DT2 型三元件三相电能表。该表接线盒内有 11 个接线端子，从左至右由 1 到 11 依次编号。图 3-50(a) 所示为直接接入时的接线，图 3-50(b) 所示为经电流互感器接入时的接线，图 3-50(c) 所示为接线端子及进出线的连接。

② 三相三线制有功电能表　三相三线制有功电能表由两个驱动元件组成，两个铝盘固定在同一个转轴上，故称为两元件电能表。

三相三线制有功电能表用于三相三线制电路中，第一个元件的电压线圈和电流线圈分别接 U_{AB}、I_A，第二个元件的电压线圈和电流线圈分别接 U_{CB}、I_C。接线错误将会使电表不转或反转。

三相三线制有功电能表的正确接线如图 3-51 所示。图 3-51(a) 所示为直接接入时的接线，图 3-51(b) 所示为直接接入时的安装方法，图 3-51(c) 所示为经电流互感器接入时的接线，图 3-51(d) 所示为经电流互感器接入时的安装方法。

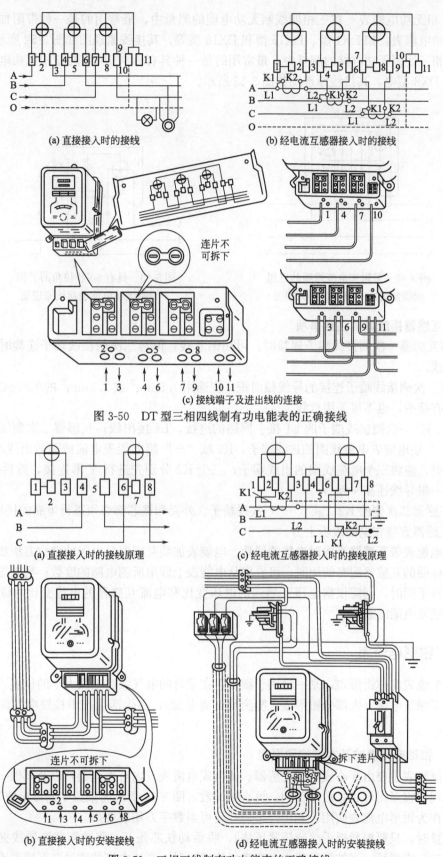

(a) 直接接入时的接线　　　　(b) 经电流互感器接入时的接线

连片不
可拆下

(c) 接线端子及进出线的连接

图 3-50　DT 型三相四线制有功电能表的正确接线

(a) 直接接入时的接线原理　　　　(c) 经电流互感器接入时的接线原理

连片不可拆下

拆下连片

(b) 直接接入时的安装接线　　　　(d) 经电流互感器接入时的安装接线

图 3-51　三相三线制有功电能表的正确接线

③ 三相无功电能表　在三相四线制无功电能的测量中，最常用的是一种带附加电流线圈结构的无功电能表，如 DX1 型、DX15 型和 DX18 型等，其接线原理图如图 3-52 所示。

在三相三线制无功电能的测量中，最常用的是一种具有 60°相位角的三相无功电能表，如 DX2 型和 DX8 型等，其接线原理图如图 3-53 所示。

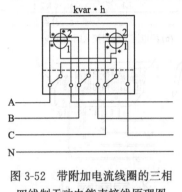
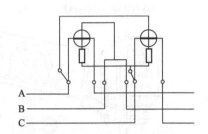

图 3-52　带附加电流线圈的三相
四线制无功电能表接线原理图

图 3-53　具有 60°相位角的三相
三线制无功电能表接线原理图

(3) 互感器接线时的注意事项

① 与互感器一次侧接线端子连接时，可用铝芯线；但与二次侧接线端子连接时则必须采用铜芯导线。

② 与二次侧接线端子连接的导线截面积，应选用 $1.5mm^2$ 或 $2.5mm^2$ 的单股铜芯绝缘线，中间不得有接头，也不可采用软线。

③ 互感器一次侧接线端子的 L1 接主回路的进线，L2 接出线；互感器二次侧接线端子的 K1 或 "＋" 接电能表电流线圈的进线端子，K2 或 "－" 接电能表电流线圈的出线端子。（在实际连线时，应将三个电流线圈的出线端子、三个 K2 分别先进行 Y 形连接，然后把两 Y 形的中点用一根导线连在一起。）

④ 互感器二次侧的 K2（或 "－"）接线端子、外壳和铁芯都必须进行可靠的接地。

⑤ 互感器宜装在电能表板上方。

(4) 电能表带互感器接线时电能的读数　电能表加装互感器后电能的读数方法如下：当电能表与所标明的互感器配套使用时，可直接从电能表上读出所测电路的度数；当电能表与所标明的互感器不同时，则需根据电压互感器的电压变比和电流互感器的电流变比对读数进行换算，得到被测电能的数值。

3.2.5　钳形电流表

钳形电流表简称钳形表，是一种用于测量正在运行的电气线路电流大小的仪表，可在不断电的情况下测量电流（大部分钳形表仅能测量交流电流），在生活生产中检修电气设备时使用非常方便。

3.2.5.1　钳形电流表的基本结构和原理

钳形电流表主要由穿心式电流互感器、磁电式电流表（内有整流器）以及其他一些附件组合而成。现在很多钳形表是数字型的，可直接读数，图 3-54 所示为某数字钳形电流表外形图，它不仅可作为钳形电流表使用，利用外接插孔还可当数字万用表使用。

在测量时，只要捏紧扳手（或压紧压块），将活动铁芯张开，将被测载流导线夹入铁芯窗口（即钳口）中即可。当被测导线中有交变电流通过时，交流电流的磁通在互感器副边绕组中感应出电流,该电流通过电磁式电流表的线圈,使指针发生偏转,在表盘标度尺上指出被测电流值。因而钳形电流表使用起来比较简单、方便,适用于在不便拆线或不能切断电源等情况下进行电流测量。

3.2.5.2 钳形电流表的使用方法

① 测量前,应先检查钳形铁芯的橡胶绝缘是否完好无损。钳口应清洁、无锈,闭合后无明显的缝隙。

② 测量时,应先估计被测电流大小,选择适当量程。若无法估计,可先选较大量程,然后逐挡减少,转换到合适的挡位。转换量程挡位时,必须在不带电情况下或者在钳口张开情况下进行,以免损坏仪表。

③ 测量时,被测导线应尽量放在钳口中部,钳口的结合面如有杂声,应重新开合一次,仍有杂声,应处理结合面,以使读数准确。另外,不可同时钳住两根导线。

图 3-54　钳形电流表

④ 测量 5A 以下电流时,为得到较为准确的读数,在条件许可时,可将导线多绕几圈,放进钳口测量,其实际电流值应为仪表数除以放进钳口内的导线根数。

⑤ 每次测量前后,要把调节电流量程的切换开关放在最高挡位,以免下次使用时,因未经选择量程就进行测量而损坏仪表。

3.2.6　兆欧表

兆欧表又称摇表或绝缘电阻测定仪,它是用来检测电气设备、供电线路绝缘电阻的一种可携式仪表。其标尺刻度以"MΩ"为单位,可较准确地测出绝缘电阻值。

3.2.6.1　兆欧表的结构与原理

兆欧表主要是由手摇直流发电机和磁电系电流比率式测量机构(流比计)组成的,其外形和结构原理如图 3-55 所示。手摇直流发电机的额定输出电压有 250V、500V、1kV、2.5kV、5kV 等几种规格。兆欧表有三个接线柱,其中两个较大的接线柱上标有"接地 E"和"线路 L",另一个较小的接线柱上标有"保护环"或"屏蔽 G"。

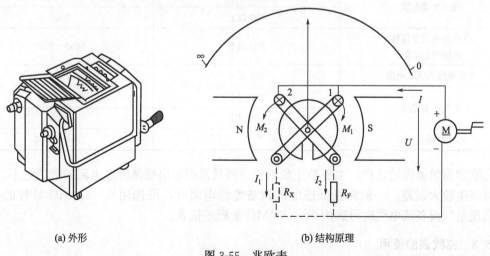

| (a) 外形 | (b) 结构原理 |

图 3-55　兆欧表

兆欧表的测量机构有两个互成一定角度的可动线圈,装在一个有缺口的圆柱铁芯外边,并与指针一起固定在同一转轴上,置于永久磁铁的磁场中。由于指针上没有力矩弹簧,在仪表不用时，指针可停留在任何位置。

测量时摇动手柄，直流发电机产生电压，形成两路电流 I_1 和 I_2，其中 I_1 流过线圈 1 和被测电阻 R_X，I_2 流过线圈 2 和附加电阻 R_F，若线圈 1 的电阻为 R_1，线圈 2 的电阻为 R_2，则有：

$$I_1 = U/(R_1 + R_X)，\quad I_2 = U/(R_2 + R_F) \tag{3-1}$$

两式相比得：

$$\frac{I_1}{I_2} = \frac{R_2 + R_F}{R_1 + R_X} \tag{3-2}$$

式中，R_1、R_2 和 R_F 均为定值，只有 R_X 是变量，可见 R_X 的改变与电流的比值相对应。当 I_1、I_2 分别流过线圈 1 和线圈 2 时，受到永久磁铁磁场力的作用，使线圈 1 产生转动力矩 M_1，线圈 2 与线圈 1 绕向相反，则产生反作用力矩 M_2，其合力矩的作用使指针发生偏转。当 $M_1 = M_2$ 时，指针停留在一定位置上，这时指针所指的位置就是被测绝缘电阻值。

当未接 R_X 时，指针仅在 M_2 的作用下向逆时针方向偏转，最终指在标尺刻度的 $R_X = \infty$ 处。如果将测量端短路，此时 I_1 最大，即 M_1 最大，综合作用的结果使指针向顺时针方向偏转，最终指在标尺刻度的 $R_X = 0$ 处。

3.2.6.2 兆欧表的选择

选择兆欧表时，其额定电压一定要与被测电气设备或线路的工作电压相适应，测量范围也要与被测绝缘电阻的范围相吻合。

测量 500V 以下低压电气设备的绝缘电阻时，可选用额定电压为 500V 或 1kV 的兆欧表；测量高压电气设备的绝缘电阻，须选用额定电压为 2.5kV 或 5kV 的兆欧表。不能用额定电压低的兆欧表测量高压电气设备，否则测量结果不能反映工作电压下的绝缘电阻；但也不能用额定电压过高的兆欧表测量低压设备，否则会产生电压击穿而损坏设备。检测何种电气设备应当选用何种规格的兆欧表，可参见表 3-2。

表 3-2　兆欧表额定电压的选用

测量对象	被测设备的额定电压/V	所选兆欧表的额定电压/V
线圈绝缘电阻	500 以下	500
	500 以上	1000
电机及电力变压器 线圈绝缘电阻	500 以下	1000～2500
发电机线圈绝缘电阻	380 以下	1000
电气设备绝缘	500 以下	500～1000
	500 以上	2500
绝缘子	—	2500～5000

兆欧表测量范围的选择，主要是注意不要使测量范围超出被测绝缘电阻的数值过多，以免读数时产生较大误差。一般测量低压电气设备绝缘电阻时，可选用 0～200MΩ 量程的仪表，测量高压电气设备或电缆时可选用 0～2000MΩ 量程的仪表。

3.2.6.3 兆欧表的使用

(1) 使用前的准备

① 测量前须先校表。将兆欧表平稳放置，先使 L、E 两端开路，摇动手柄使发电机达到额定转速，这时表头指针应指在"∞"刻度处。然后将 L、E 两端短路，缓慢摇动手柄，指针

应指在"0"刻度上。若指示不对，说明该兆欧表不能使用，应进行检修。

② 测量前应先断开被测线路或设备的电源，并对被测设备进行充分放电，清除残存静电荷，以免危及人身安全或损坏仪表。

(2) 绝缘电阻的测量

① 照明及动力线路对地绝缘电阻的测量　如图 3-56(a) 所示，将兆欧表接线柱 E 可靠接地，接线柱 L 与被测电路连接。按顺时针方向由慢到快摇动兆欧表的发电机手柄，大约 1min 时间，待兆欧表指针稳定后读数。这时兆欧表指示的数值就是被测线路的对地绝缘电阻值。

② 电动机绝缘电阻的测量　电动机绕组对地绝缘电阻的测量接线如图 3-56(b) 所示。接线柱 E 接电动机机壳（应清除机壳上接触处的漆或锈等），接线柱 L 接电动机绕组。摇动兆欧表的发电机手柄读数，测量出电动机对地绝缘电阻。拆开电动机绕组的 Y 形或△形连接的连线，用兆欧表的两接线柱 E 和 L 分别接电动机的两相绕组，如图 3-56(c) 所示。摇动兆欧表的发电机手柄读数，此接法测出的是电动机绕组的相间绝缘电阻。

③ 电缆绝缘电阻的测量　测量时的接线方法如图 3-56(d) 所示。将兆欧表接线柱 E 接电缆外壳，接线柱 G 接电缆线芯与外壳之间的绝缘层，接线柱 L 接电缆线芯，摇动兆欧表的发电机手柄读数，测量结果是电缆线芯与电缆外壳的绝缘电阻值。

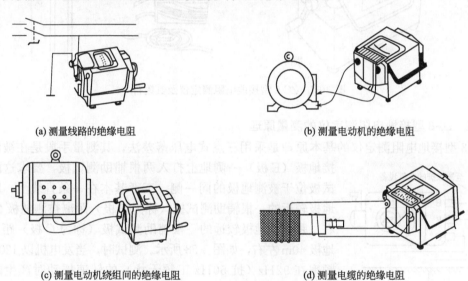

(a) 测量线路的绝缘电阻　　　　(b) 测量电动机的绝缘电阻

(c) 测量电动机绕组间的绝缘电阻　　　　(d) 测量电缆的绝缘电阻

图 3-56　绝缘电阻的测量

3.2.6.4　兆欧表的使用注意事项

① 测量电气设备绝缘电阻时，必须先断电，经短路放电后才能测量。

② 兆欧表接线柱的引线应采用绝缘良好的多股软线，同时各软线不能绞在一起。

③ 兆欧表测完后应立即使被测物放电，在兆欧表摇把未停止转动和被测物未放电前，不可用手去触及被测物的测量部分或进行拆除导线，以防触电。

④ 测量时，摇动手柄的速度由慢逐渐加快，并保持 120r/min 左右的转速 1min 左右，这时读数较为准确。如果被测物短路，指针指零，应立即停止摇动手柄，以防表内线圈发热烧坏。

⑤ 在测量了电容器、较长的电缆等设备的绝缘电阻后，应先将"线路 L"的连接线断开，再停止摇动，以避免被测设备向兆欧表倒充电而损坏仪表。

⑥ 测量电解电容的介质绝缘电阻时，应按电容器耐压的高低选用兆欧表。接线时，使 L

端与电容器的正极相连接，E端与负极连接，切不可反接，否则会使电容器击穿。

3.2.7 接地电阻测定仪

接地电阻测定仪又名接地摇表、手摇式地阻表等，是一种较为传统的测量仪表，主要用于测量电气系统、避雷系统等接地装置的接地电阻和土壤电阻率。它的形式有多种，用法也不尽相同，但工作原理却基本一样。目前，比较常用的是 ZC-8 型接地电阻测定仪。

3.2.7.1 接地电阻测定仪的基本结构

ZC-8 型接地电阻测定仪由手摇发电机、检流计、测量用接地极、电压辅助电极和电流辅助电极、电流互感器、调节电位器等组成。它的外形及其附件如图 3-57 所示。

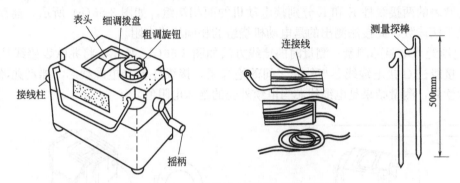

图 3-57　ZC-8 型接地电阻测定仪及其附件

3.2.7.2 ZC-8 型接地电阻测定仪的测量原理

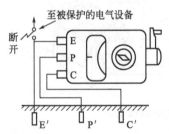

图 3-58　ZC-8 接地摇表接线图

ZC-8 型接地电阻测定仪的基本原理是采用三点式电压落差法，其测量手段是在被测地线接地极（E极）一侧地上打入两根辅助测试极，要求这两根测试极位于被测地极的同一侧，三者基本在一条直线上，距被测地极较近的一根辅助测试极（称为P极）距离被测地极20m左右，距被测地极较远的一根辅助测试极（称为C极）距离被测地极40m左右，如图 3-58 所示。测试时，当发电机以 120r/min，频率在 92Hz（抗 50Hz 工频干扰）的转速摇动时产生的交变电流经电流互感器初级线圈、接地极至大地，然后再经接地探测针，回到手摇发电机。此时电流互感器次级感应电流经检流计和电位调节器的滑线电阻使其达到平衡，因而测得接地电阻值。

3.2.7.3 ZC-8 型接地电阻测定仪的使用

① 将接地装置被测点用锉刀或纱布除去锈蚀及涂漆表面，利用专用线夹或压接方法引出导线可靠地接于摇表 E 端。将被测接地极 E' 与电压极 P' 探针和电流极 C' 探针成直线排列。对于垂直埋设的单独接地体，可彼此相距约 20m，对于网络接地体可彼此相距 40m（如按 E'P' = 0.618E'C' 的距离测量则误差值更小），此布置方式简便易行，常采用。

② 从 P'、C' 探针上引测试导线至摇表 P、C 端连接好。

③ 把摇表置于水平位置，检查检流计指针是否指在测量指示线上，必要时应进行零位调整。

④ 将倍率旋钮置于最大倍数（或根据估算置于适当倍数），慢慢转动发电机摇柄，同时旋动测量标志盘，使检流计指针指于测量指示线上达到平衡。如不能平衡表明倍率不在适当位置

上，若指针摆至最小，可将倍率旋钮减一挡；若相反，则增加一挡。

⑤ 继续旋动测量标度盘，如果检流计指针接近测量指示线并趋于平衡，再均匀加速摇转发电机达 120r/min 的速度保持不变，精调测量标度盘使检流计指针指于测量指示线上达到最后的平衡。

⑥ 对准测量指示线读取测量标度盘上的读数并乘以倍率，就可读出所求接地电阻值，即：被测接地阻值＝X 倍标度值×测量标度盘值。

其他形式的接地电阻测试仪（如晶体管式或电子式数字表）均与上述测试方式基本相似。

第4章
常用低压变压器与电动机

4.1 常用低压变压器

变压器是一种静止的电气设备，它不但可以变换电压，还可以变换电流、变换阻抗和传递信号。由于变压器具有多种功能，因此在电力工程和电子工程中都得到了广泛的应用。

变压器的类型很多，根据用途可分为电力变压器、控制变压器、电源变压器、自耦变压器、调压变压器、耦合变压器等；根据结构可分为芯式变压器和壳式变压器；根据电源相数可分为单相变压器和三相变压器；根据电压升降可分为升压变压器和降压变压器；根据电压频率可分为工频变压器、音频变压器、中频变压器和高频变压器等。变压器无论大小，无论何种类型，其工作原理都是一样的。

4.1.1 变压器的结构

变压器的基本结构是由铁芯、绕组、绝缘结构和引出线接线端等部分组成的。

(1) 铁芯 铁芯构成了变压器的磁路，同时又是套装绕组的骨架。铁芯分为铁芯柱和铁轭两部分。铁芯柱上套绕组，铁轭将铁芯柱连接起来形成闭合磁路。为了减少铁芯中的磁滞、涡流损耗，提高磁路的导磁性能，铁芯一般用高磁导率的冷轧硅钢片叠装而成，每片的厚度一般为 $0.35\sim0.5\text{mm}$，两面涂以漆膜，使片与片之间绝缘。

铁芯柱与铁轭的装配有对接式和叠装式两种工艺。对接式是将铁芯片和铁轭片分别叠装夹紧，然后把它们对接起来，再把它们夹紧。叠装式是把铁芯柱和铁轭的钢片一层层相互交错重叠，接缝相互错开，气隙较小，改善了性能，大型变压器都用这种方式。小型变压器的常用铁芯形状如图 4-1 所示。

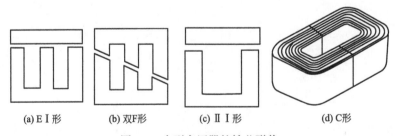

(a) E I 形　　　(b) 双F形　　　(c) II I 形　　　(d) C形

图 4-1　小型变压器的铁芯形状

(2) 绕组 绕组构成变压器的电路，常用绝缘铜线或铝线绕制而成。其中接电源一侧的绕组叫一次绕组，接负载一侧的绕组叫二次绕组。也可按绕组所接电压的高低分为高压绕组和低压绕组。此外，按绕组绕制的方式不同还可分为同心式绕组和交叠式绕组两种类型。

绕组和铁芯组合的结构方式有壳式、芯式两大类。壳式结构的特点是铁芯包围绕组顶面、底面和侧面，如图 4-2(a) 所示。壳式结构的变压器机械强度较好、铁芯易散热，但用线量多、工艺复杂。芯式结构的特点是铁芯柱被绕组包围，如图 4-2(b)、4-2(c) 所示。芯式结构具有结构简单、装配容易、省铜线的优点，适用于大容量、高电压的变压器，所以电力变压器大多采用三相芯式铁芯。

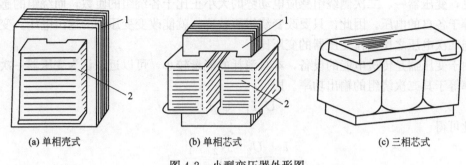

(a) 单相壳式　　　　　　　(b) 单相芯式　　　　　　　(c) 三相芯式

图 4-2　小型变压器外形图

1—铁芯；2—绕组

（3）绝缘结构　小型变压器一般都将导线直接绕在绝缘骨架上，骨架构成绕组与铁芯之间的绝缘结构；同心式的一、二次双层绕组，在绕制好内层绕组后，采用绝缘性能较好的青壳纸、黄腊带或涤纶纸薄膜作为衬垫物，在衬垫物上面再绕外层绕组。这样，衬垫物也就成为了一、二次绕组之间的绝缘结构。当外层绕组绕好后，再包上牛皮纸、青壳纸等绝缘材料，这样既能作为外层的绝缘结构，又能作为绕组的保护层。

（4）引出线接线端子　出线端引出方式可分为原导线套绝缘管直接引出和焊接软绝缘导线后引出两种，前种应用于导线较粗，且与接线柱连接的小型变压器；后者应用于导线较细或不设置接线柱而外电路电源线直接与进出线连接的小型变压器。

4.1.2　变压器的工作原理

图 4-3 所示为单相变压器原理图。图中，在闭合的铁芯上，绕有两个互相绝缘的绕组，它们之间只有磁的耦合，没有电的联系。其中与交流电源相接的绕组称为原绕组或一次绕组，也简称原边或初级；与用电设备（负载）相接的绕组称为副绕组或二次绕组，也简称副边或次级。

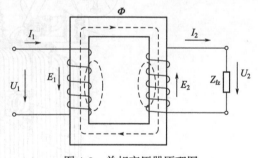

当交流电源电压加到一次绕组后，就有交流电流通过该绕组，在铁芯中产生交变磁通 Φ。交变磁通 Φ 沿铁芯闭合，同时交链一、二次绕组，在两个绕组中分别产生感应电动势。如果二次侧带负载，便产生二次电流，即二次绕组有电能输出。

图 4-3　单相变压器原理图

变压器的工作原理可简述为"电能→磁能→电能"。

由电磁感应定律可得，一、二次绕组内产生的感应电动势符合以下关系：

$$E_1 = 4.44fN_1\Phi_m \approx U_1$$
$$E_2 = 4.44fN_2\Phi_m \approx U_2$$

式中　N_1，N_2——一、二次侧绕组的匝数；

$\quad\quad$ E_1，E_2——一、二次侧绕组的感应电动势；

$\quad\quad$ U_1，U_2——一、二次侧绕组的端电压；

$\quad\quad$ Φ_m——主磁通；

$\quad\quad$ f——电源频率。

由此可得

$$\frac{U_1}{U_2} \approx \frac{E_1}{E_2} = \frac{N_1}{N_2} = K$$

可见，变压器一、二次侧绕组感应电动势的大小正比于各绕组的匝数，而绕组的感应电动势近似等于各自的电压。因此，只要改变绕组匝数比，就能改变变压器的输出电压。变压器一次电压与二次电压之比称作变压器的变压比。

又由于变压器是传送电能的设备，本身消耗的能量较小，可以近似认为变压器一次绕组的输入功率等于其二次绕组的输出功率。即

$$U_1 I_1 = U_2 I_2$$

由此可得

$$\frac{I_1}{I_2} = \frac{U_2}{U_1} = \frac{N_2}{N_1} = \frac{1}{K}$$

显然，变压器的电流近似与匝数成反比，即变压器一、二次侧的电流之比等于一、二次侧两绕组匝数的反比。变压器一次电流与二次电流之比称作变压器的变流比。由以上规律可以知道，变压器高压侧电流小，而低压侧电流大。

4.1.3 低压电力变压器

4.1.3.1 低压电力变压器的结构

变压器的主要部分是绕组和铁芯。为了解决散热、绝缘、密封、安全等问题，电力变压器还需要油箱、绝缘导套、储油柜、冷却装置、压力释放阀、安全气道、温度计和气体继电器等附件。三相低压电力变压器的结构如图 4-4 所示。

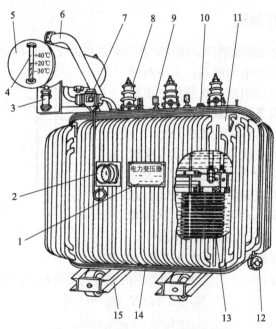

图 4-4 三相低压电力变压器外形图

1—铭牌；2—信号式温度计；3—吸湿器；4—油表；5—储油柜；6—安全气道；7—气体继电器；
8—高压套管；9—低压套管；10—分接开关；11—油箱；12—放油阀门；13—器身；
14—接地板；15—小车

(1) 铁芯 由于芯式变压器结构比较简单，绕组装配及绝缘比较容易，因而电力变压器的铁芯主要采用芯式结构，如图 4-5 所示。

(2) 绕组　电力变压器的绕组一般采用同心式结构，如图 4-5 所示。同心式的高、低压线圈同心地套在铁芯柱上，在一般情况下，高压线圈与低压线圈之间，以及低压线圈与铁芯柱之间都留有一定的绝缘间隙和散热通道（油道或气道），并用绝缘纸筒隔开。

(3) 主要附件

① 油箱。变压器的器身浸在充满变压器油的油箱里。变压器油是一种矿物油，具有很好的绝缘性能，起三个作用：一是在变压器绕组与绕组、绕组与铁芯及油箱之间起绝缘作用；二是变压器油受热后产生对流，对变压器铁芯和绕组起散热作用；三是变压器油箱内充满了油，起到了防潮作用。

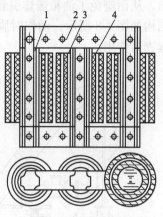

图 4-5　三相变压器绕组和
铁芯的结构示意图
1—铁芯柱；2—铁轭；3—高压
绕组；4—低压绕组

油箱有许多散热油管，以增大散热面积。为了加快散热，有的大型变压器采用内部油泵强迫油循环，外部用变压器风扇吹风或用自来水冲淋变压器油箱等，这些都是变压器的冷却方式。

② 储油柜。储油柜也称油枕，安装在变压器顶部，通过弯管及阀门等与变压器的油箱相连，储油柜侧面装有油位计。当油因热胀冷缩而引起油面上、下变化时，油枕中的油面会随之升降，而不致使油箱被挤破或油面下降使空气进入油箱。

③ 吸湿器。吸湿器又称呼吸器，作用是清除和干燥进入储油柜的空气的杂质和潮气。呼吸器通过一根联管引入储油柜内高于油面的位置。柜内的空气随着变压器油位的变化通过呼吸器吸入或排除。吸湿器中放有变色硅胶，发现硅胶受潮变色（由蓝变红）要及时更换或干燥。

④ 气体继电器。气体继电器也称瓦斯继电器。它装在油箱和储油柜之间的管道中，当变压器发生故障时，器身就会过热使油分解产生气体。气体进入继电器内，使其中一个水银开关接通，发出报警信号。当事故严重时，变压器油膨胀，冲击继电器内的挡板，使另一个水银开关接通跳闸回路，切断电源，避免故障扩大。

⑤ 分接开关。变压器的输出电压可能因负载和一次侧电压的变化而变化，可通过分接开关来控制输出电压在允许范围内变动。分接开关一般装在一次侧（高压边），通过改变一次侧线圈匝数来调节输出电压。

分接开关又可分无励磁调压和有载调压两种，无励磁调压是指变压器一次侧脱离电源后调压，常用的无励磁调压分接开关调节范围为额定输出电压的 ±5%。有载调压是指变压器二次侧接着负载时调压，有载调压的分接开关因为要切断电流，所以较复杂，它有复合式和组合式两类，组合式调节范围可达 ±15%。

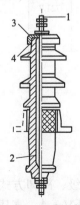

图 4-6　绝缘套管
1—导电杆；2—绝缘套管；
3—金属盖；4—封闭垫圈

⑥ 绝缘套管。绝缘套管穿过油箱盖，将油箱中变压器绕组的输入、输出线从箱内引到箱外与电网相接。绝缘套管由外部的瓷套和中间的导电杆组成，对它的要求主要是绝缘性能和密封性能要好，其结构如图 4-6 所示。

⑦ 安全气道。安全气道又称防爆管，装在油箱顶盖上，如图 4-7 所示。它是一个长钢管，出口处有一块厚度约 2mm 的密封玻璃板（防爆膜），玻璃上划有几道缝。当变压器内部发生严重故障而产生大量气体时，内部压力超过一定值以后，油和气体会冲破防爆膜玻璃喷

出，从而避免了油箱爆炸引起的更大危害。现在这种防爆管已被淘汰了，改用压力释放阀，其结构如图 4-8 所示。动作时膜盘被顶开释放压力，平时膜盘靠弹簧拉力紧贴阀座（密封圈），起密封作用。

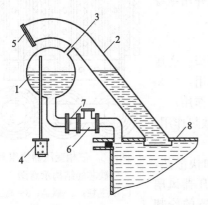

图 4-7　变压器的安全气道等保护装置

1—油枕；2—安全气道；3—连通管；4—呼吸器；
5—防爆膜；6—气体继电器；7—蝶形阀；8—箱盖

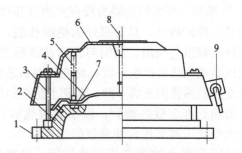

图 4-8　压力释放阀的结构

1—安装孔；2—阀门；3—螺杆；4—膜盘；5—弹簧；
6—护罩；7—密封圈；8—标志杆；9—接线盒

⑧ 温度计。变压器的温度计直接监视着变压器的上层油温。

⑨ 油位计。油位计又称为油标或油表，是用来监视变压器油箱油位变化的装置。变压器的油位计都装在储油柜上。为便于观察，在油管附近的油箱上标出了相当于油温－30℃、＋20℃和＋40℃的三个油面线标志。

4.1.3.2　低压电力变压器的铭牌

为了安全和经济地使用变压器，在设计和制造时规定了变压器的额定值，即变压器的铭牌数据，它是使用变压器的重要依据。如图 4-9 所示，为某一电力变压器的铭牌。

FAT0			电力变压器			
型号　S9-500/10	开关位置		电压(V)		电流(A)	
产品代号　IFAT0、710、022			高压	低压	高压	低压
标准代号　GB 1094.1～5—1995						
额定容量　500kV·A	Ⅰ	+5%	10500			
三相　50 Hz	Ⅱ	额定	10000	400	28.27	721.7
冷却方式　ONAN	Ⅲ	-5%	9500			
使用条件　户外式	器身重　1115kg			阻抗电压　4.4%		
连接级别　Y,yno	油重　311kg			出厂序号　200201061		
××变压器厂	总质量　1779kg			2002年1月		

图 4-9　电力变压器铭牌

(1) 型号　型号可以表示一台变压器的结构特点、额定容量、电压等级、冷却方式等内容。例如，S9-500/10 表示第 9 次设计的三相电力变压器，额定容量为 500kV·A，高压侧额定电压为 10kV；旧型号 SJL-560/10 表示三相油浸自冷式电力变压器，铝线绕组，额定容量为 560kV·A，高压侧额定电压为 10kV。

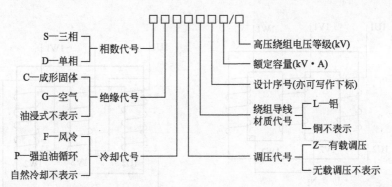

(2) 额定电压 U_N　额定电压是指变压器正常运行时的工作电压，一次侧额定电压是正常工作时外施电源电压。副边额定电压是指一次侧施加额定电压，副边绕组通过额定电流时的电压。额定电压的单位是 kV 或 V。

(3) 额定电流 I_N　额定电流是指变压器一次侧电压为额定值时，一次侧和二次侧绕组允许通过的最大电流 I_{1N} 和 I_{2N}。在此电流下变压器可以长期工作。额定电流的单位为 A。

(4) 额定频率　额定频率是指变压器一次侧的外施电源频率，变压器是按此频率设计的，我国电力变压器的额定频率都是 50Hz。

(5) 额定容量 S_N　额定容量是指变压器在额定频率、额定电压和额定电流的情况下，所能传输的视在功率，单位是 V·A 或 kV·A。

单相时

$$S_N = U_{2N} I_{2N}$$

三相时

$$S_N = \sqrt{3} U_N I_N$$

通常可忽略变压器损耗，认为 $U_{1N} I_{1N} = U_{2N} I_{2N}$，以计算一次侧、二次侧的额定电流 I_{1N}、I_{2N}。

(6) 阻抗电压　阻抗电压是短路电压占一次侧额定电压的百分数，又称短路电压标幺值，即：

$$U_K = \frac{U_K}{U_{1N}} \times 100\%$$

式中，短路电压 U_K 是当变压器二次侧短路时，使变压器一次、二次侧刚好达到额定电流时，在一次侧所施加的电压值。

(7) 温升　额定温升是指变压器满载运行 4h 后绕组和铁芯温度高于环境温度的值，我国规定标准环境温度为 40℃，对于 E 级绝缘材料，变压器的温升不应超过 75℃。

(8) 冷却方式　"ONAN" 表示油浸自冷。

另外，其他数据还有连接组别、油重、总质量等，这些数据为变压器维修提供依据。具体标准可查有关标准代号。

4.1.3.3　低压电力变压器的连接组

(1) 三相变压器绕组的连接　三相变压器大多采用三相合为一体的三相芯式变压器，它体积小，经济性好。三相变压器绕组的连接方法有星形接法和三角形接法两种，其基本结构如图 4-10 所示。

① 星形接法　把三相变压器的三个绕组的尾端连在一起，三个首端接电源或负载，构成变压器绕组的星形接法，如图 4-10(a) 所示。

星形接法的主要优缺点：

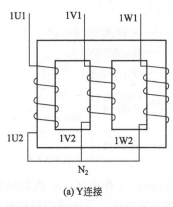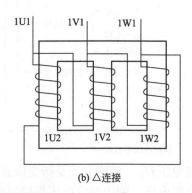

图 4-10 三相变压器的连接

a. 与三角形接法相比，相电压低些，可节省绝缘材料，对高电压特别有利。

b. 有中性点引出，适合于三相四线制，可提供两种电压。

c. 中性点附近电压低，有利于装分接开关。

d. 没有中性线时，变压器的损耗增多。

e. 中性点要直接接地，否则不安全。

f. 当某相发生故障时，只好整机停用。

② 三角形接法　把三相绕组的各相首尾相接成一个闭合回路，把三个连接点接电源或负载，构成三角形接法，如图 4-10(b) 所示。

三角形接法的主要优缺点：

a. 输出电流比星形接法大，可以省铜，对大电流变压器很合适。

b. 当一相有故障时，另外两相可接成 V 形运行供三相电。

c. 缺点是没有中性点，没有接地点，不能接成三相四线制。

(2) 三相变压器的连接组　在三相变压器每根铁芯柱上分别装有一相电源的一次绕组和二次绕组。变压器的一次侧、二次侧都可以有三角形或星形两种接法：一次侧绕组三角形接法用 D 表示、星形接法用 Y 表示、有中性线的星形接法用 YN 表示；二次侧绕组三角形接法用 d 表示、星形接法用 y 表示、有中性线的星形接法用 yn 表示。根据不同的需要，一次侧、二次侧有各种不同的接法，形成了不同的连接组别，也反映出了不同的一次侧、二次侧的线电压之间的相位关系。两台三相变压器并联，如果它们的一次侧、二次侧电压大小一样，但相位不同，不可以并联，要求它们的连接组别一样才能并联，从而说明连接组别的重要性。

国际上规定，标志三相变压器高、低压绕组线电动势的相位关系用时钟表示法。时钟表示法规定高压侧线电动势 $E_{1U1,1V1}$ 为长针，永远指向 12 点位置；低压侧线电动势 $E_{2U1,2V1}$ 为短针，它指向几点针，几点就是连接组别的标号。如 Y，d11 表示高压边为星形接法，低压侧为三角形接法，一次侧线电压落后二次侧线电压相位 30°。虽然接连组别有许多，但为了便于制造和使用，国家标准规定了五种常用的连接组，它们分别是 Y，yn0、Y，d11、YN，d11、YN，y0、Y，y0，其中前三种最常用。

如图 4-11 所示，为 Y，y0 连接组。图 4-12 为 Y，d11 连接组。

4.1.3.4　低压电力变压器的并联运行

(1) 并联运行的原因　在配电站中，通常由几台变压器并联供电，其原因是：

① 便于检修，提高供电质量，保证不停电。当某台变压器需要检修或故障时，就可以由备用变压器并列运行，以保证不停电，从而提高了供电质量。

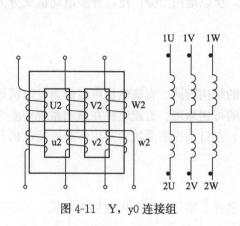

图 4-11　Y, y0 连接组

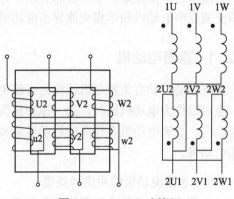

图 4-12　Y, d11 连接组

② 提高运行效率，减少损耗。当负载随昼夜、季节而波动时，就可根据需要将某些变压器断开（称为解列）或投入（称为并列）以提高运行效率，减少损耗。

③ 扩展容量。随着社会经济的发展，供电站的用户不断增加，需扩展容量而增加变压器并列的台数。

当然变压器并列的台数也不能太多，因为如单台机组容量太小，会增加损耗，增加投资和成本，也会使运行操作复杂化。

(2) 变压器并联运行的条件　变压器必须符合以下三个条件才可以并联运行。

① 一次侧、二次侧的电压应分别相等，即变压比 K 相等。并联变压器变压比的偏差不得超过 0.5％。如并联变压器变压比偏差太大，即使各变压器的连接组相同（即二次电压的相位相同），由于二次并联回路中差值电动势的作用，会产生有害的环流，一次回路中也将产生较大的环流。该环流将增加变压器的发热、降低变压器的出力，甚至烧毁变压器。

② 连接组别应相同。若连接组别不同，即使变压器二次电压数值相等，但由于二者的相位不同而在二次并联回路中存在差值电动势。又由于并联回路内的阻抗很小，该差值电动势将在二次并联回路中产生很大的环流；由于电磁感应，一次回路中也将产生很大的环流。环流过大即可能烧毁变压器。

③ 阻抗电压要相等。阻抗电压相差不宜超过 10％。因为并联变压器自身的负载率与阻抗电压成反比，所以，如两台变压器的阻抗电压相等，则各自的负载率相等；如两台变压器的阻抗电压不相等，则阻抗电压高的负载率低，阻抗电压低的负载率高。在后一情况下，阻抗电压低的变压器满负载时，阻抗电压高的变压器将不能满负载运行；而阻抗电压高的变压器满负载时，阻抗电压低的变压器将过负载运行。因此，并联变压器的阻抗电压不相等将造成并联变压器组负荷分配不合理或并联变压器组出力降低。

此外，并联变压器的容量之比一般不应超过 3 : 1。由于制造上的原因，如容量相差太大，阻抗电压的条件将得不到满足。并联变压器容量不同时，希望容量大的变压器的阻抗电压低一些。

4.2　常用低压电动机

电动机是把电能转换为机械能的电气设备。按取用电能的种类不同，电动机可分为直流电动机和交流电动机两大类。在交流电动机中又有异步电动机和同步电动机之分。异步电动机具有结构简单、价格低廉、工作可靠、维护方便等优点，所以应用十分广泛。异步电动机又分为三相交流异步电动机和单相交流异步电动机。

4.2.1 直流电动机

直流电动机和直流发电机统称为直流电机，两者的结构相同。直流电机可以作为发电机运行，也可以作为电动机运行，这一原理称为直流电机的可逆原理。直流电机在拖动系统中多用作电动机，直流电动机有较高的启动性能和调速性能，在自动控制系统中多用作测速发电机和伺服电动机。

4.2.1.1 直流电动机的用途和类型

(1) 直流电动机的主要用途 常用直流电动机的名称、型号、主要用途见表 4-1。

表 4-1 常用直流电动机的名称、型号、主要用途

名 称	主要用途	型 号
直流电动机	基本系列，一般工业应用	Z
广调速直流电动机	用于大范围恒功率调速系统	ZT
起重冶金直流电动机	冶金辅助传动机械	ZZJ
直流牵引电动机	电力传动车、工矿电动机车和蓄电池车	ZQ
船用直流电动机	船舶上各种辅助机械	ZH
精密机床用直流电动机	磨床、坐标镗床等精密机床	ZJ
汽车起动机	汽车、拖拉机、内燃机等	ST
挖掘机用直流电动机	冶金矿山挖掘机	ZKJ
龙门刨直流电动机	龙门刨床	ZU
无槽直流电动机	快速动作伺服系统	ZW
防爆增安型直流电动机	矿井和有易燃气体场所	ZA
力矩直流电动机	作为速度和位置伺服系统的执行元件	ZLJ
直流测功机	测定原动机效率和输出功率	CZ

(2) 直流电动机的分类 直流电动机按励磁方式分类，有他励、并励、串励、复励四种。

① 他励直流电动机 他励直流电动机是指主磁极磁场绕组的励磁电流由其他的直流电源供电，与电枢电路没有电的联系，如图 4-13 所示。他励直流电动机的励磁电流由励磁电源电压及串联的调节电阻的大小决定，调节电阻值的大小可以调节励磁电流。

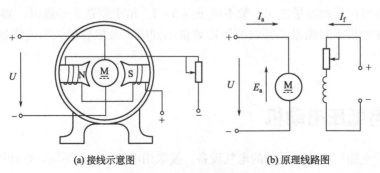

(a) 接线示意图   (b) 原理线路图

图 4-13 他励直流电动机

永磁电动机也应属于他励电动机的一种，自 20 世纪 80 年代起由于钕铁硼永磁材料的发现，使永磁电动机的功率已经从毫瓦级发展到了 1kW 以上。由于其具有体积小、结构简单、质量轻、损耗低、效率高、节约能源、温升低、可靠性高、使用寿命长、适应性强等突出优点而使用越来越广泛。它在军事上的应用占绝对优势，几乎取代了绝大部分电磁电动机。其他方面的应用有汽车用永磁电动机、电动自行车用永磁电动机、直流变频空调用永磁电动机等。

② 并励直流电动机　并励直流电动机的电枢绕组和励磁绕组并联，由同一直流电源供给，调节可调电阻值的大小可调节励磁电流，如图 4-14 所示。它的特点是励磁绕组匝数较多、导线截面积较小、电阻较大、励磁电流只有电枢电流的百分之几。

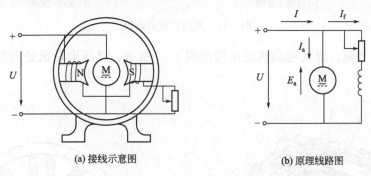

(a) 接线示意图　　　　　　(b) 原理线路图

图 4-14　并励直流电动机

③ 串励直流电动机　串励直流电动机的电枢绕组和励磁绕组串联，如图 4-15 所示。它的特点是励磁绕组匝数较少、导线截面积较大、电阻较小、励磁绕组上的电压降很小、励磁电流和电枢电流相等。

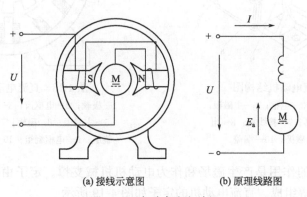

(a) 接线示意图　　　　　　(b) 原理线路图

图 4-15　串励直流电动机

④ 复励直流电动机　复励直流电动机的主磁极上有两部分励磁绕组，其中一部分与电枢绕组并联，另一部分与电枢绕组串联，如图 4-16 所示。当两部分励磁绕组产生的磁通方向相同时，合成磁通为两磁通之和，这种电动机称为积复励直流电动机；当两部分励磁绕组产生的磁通方向相反时，合成磁通为两磁通之差，这种电动机称为差复励直流电动机。

另外，直流电动机按电枢直径分类，可分为大型直流电动机（电枢直径为 ϕ1000mm 以上）、中型直流电动机（电枢直径为 ϕ425～1000mm）和小型直流电动机（电枢直径小于 ϕ425mm）；按防护方式分类，可分为开启式、防护式、防滴式、全封闭式和封闭防水式等。

4.2.1.2　直流电动机的结构

直流电动机主要由固定不动的定子和旋转的转子（又称电枢）两大部分组成，定子与转子

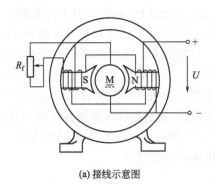
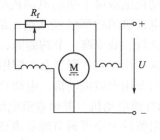

(a) 接线示意图　　　　　　　　　(b) 原理线路图

图 4-16　复励直流电动机

之间的间隙叫空气隙。直流电动机的结构如图 4-17 所示，直流电动机径向剖面图如图 4-18
所示。

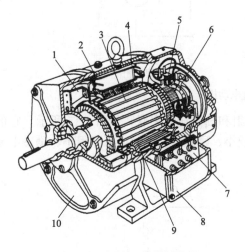

图 4-17　直流电动机结构图

1—风扇；2—机座；3—电枢；4—主磁极；

5—刷架；6—换向器；7—接线板；8—出

线盒；9—换向磁极；10—端盖

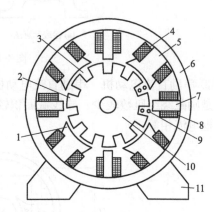

图 4-18　直流电动机径向剖面图

1—极靴；2—电枢齿；3—电枢槽；4—励磁绕组；

5—主磁极；6—磁轭；7—换向极；8—换向极

绕组；9—电枢绕组；10—电枢铁芯；11—底座

(1) 定子　定子的作用是产生磁场和作为电动机机械支撑。定子由机座、主磁极、换向
极、电刷装置、端盖等组成。直流电动机的定子如图 4-19 所示。

① 机座

a. 作用：固定主磁极、换向极、端盖等。机座是电动机磁路的一部分，用以通过磁通的
部分称为磁轭。机座上的接线盒内有励磁绕组和电枢绕组的接线端，用来对外接线。

b. 材料：由铸钢或厚钢板焊接而成，具有良好的导磁性能和机械强度。

② 主磁极

a. 作用：产生工作磁场。

b. 组成：主磁极包括铁芯和励磁绕组两部分。主磁极铁芯柱体部分称为极身，靠近气隙
一端较宽的部分称为极靴，极靴做成圆弧形，使空气隙中磁通均匀分布。极身上套有产生磁通
的励磁绕组，各主磁极上的绕组一般都是串联的。改变励磁电流的方向，就可改变主磁极极
性，也就改变了磁场方向。

c. 材料：主磁极铁芯一般由 1.0～1.5mm 厚的低碳钢板冲片叠压铆接而成。

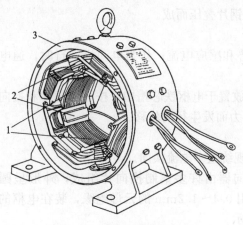

图 4-19　直流电动机的定子

1—主磁极；2—换向极；3—机座

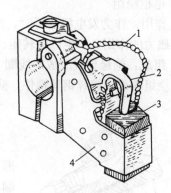

图 4-20　电刷装置

1—导电绞线；2—加压弹簧；3—电刷；4—刷盒

③ 换向极

a. 作用：产生附加磁场，改善电动机的换向性能，减少电刷与换向器之间的火花。

b. 组成：由铁芯、绕组组成。换向极绕组与电枢绕组串联。

c. 材料：铁芯用整块钢制成。如要求较高，则用 1.0～1.5mm 铜线绕制。

d. 安装位置：在相邻两主磁极之间。

④ 电刷装置

a. 作用：连接外电路与电枢绕组，与换向器一起将绕组内交流电转换为外部直流电。

b. 组成：由碳-石墨制成导电块的电刷、加压弹簧和刷盒等组成，如图 4-20 所示。

c. 安装位置：电刷固定在机座上（小容量电动机装在端盖上），加压弹簧使电刷和旋转的换向器保持滑动接触，使电枢绕组与外电路接通。电刷数一般等于主磁极数，各同极性的电刷经软线连在一起，再引到接线盒内的接线板上，作为电枢绕组的引出端。

⑤ 端盖

a. 作用：支撑旋转的电枢。端盖内装有轴承。

b. 材料：由铸铁制成，用螺钉固定在底座的两端。

(2) 转子　转子的作用是产生感应电动势和电磁转矩，实现能量的转换。转子由电枢铁芯、电枢绕组、换向器、转轴、风扇等部件组成，如图 4-21 所示。

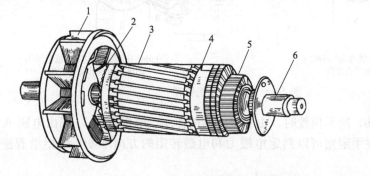

图 4-21　直流电动机的电枢

1—风扇；2—绕组；3—电枢铁芯；4—绑带；5—换向器；6—轴

① 电枢铁芯

a. 作用：一是作为电动机主磁路的一部分；二是作为嵌放电枢绕组的骨架。

b. 组成：由 0.35～0.5mm 厚的彼此绝缘的硅钢片叠压而成。

② 电枢绕组

a. 作用：作为发电机运行时，产生感应电动势和感应电流；作为电动机运行时，通电后受到电磁力的作用，产生电磁转矩。

b. 组成：绝缘导线绕成的线圈（或称元件），放置于电枢铁芯槽中，按一定规律和换向片相连。绕组端部用镀锌钢丝箍住，防止绕组因离心力而发生径向位移。

③ 换向器

a. 作用：实现绕组中电流换向。

b. 组成：换向器由许多铜制换向片组成，外形呈圆柱形，片与片之间用 0.4～1.2mm 的云母绝缘，装在电枢的一端，如图 4-22 所示。

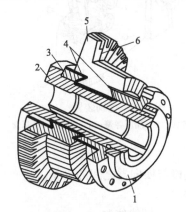

图 4-22　换向器

1—螺旋压圈；2—换向器套筒；3—V 形压圈；4—V 形云母环；5—换向铜片；6—云母片

4.2.1.3　直流电动机的工作原理

直流电动机是根据通电导体在磁场中受力而运动的原理制成的。根据电磁力定律可知，通电导体在磁场中要受到电磁力的作用。

电磁力的方向用左手定则来判定，左手定则规定：将左手伸平，使拇指与其余四指垂直，并使磁力线的方向指向掌心，四指指向电流的方向，则拇指所指的方向就是电磁力的方向。

图 4-23 是直流电动机的原理图。电枢绕组通过电刷接到直流电源上，绕组的旋转轴与机械负载相连。电流从电刷 A 流入电枢绕组，从电刷 B 流出。电枢电流 I_a 与磁场相互作用产生电磁力 F，其方向可用左手定则判定。这一对电磁力所形成的电磁转矩 T，使电动机电枢逆时针方向旋转，如图 4-23(a) 所示。

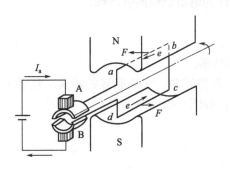
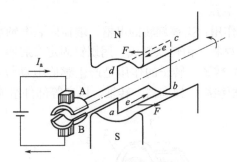

(a) ab边在N极、cd边在S极范围内的电流方向和受力方向

(b) ab边在S极、cd边在N极范围内的电流方向和受力方向

图 4-23　直流电动机原理

当电枢转到图 4-23(b) 所示位置时，由于换向器的作用，电枢电流 I_a 仍由电刷 A 流入绕组，由电刷 B 流出。由左手定则可以判定电磁力和电磁转矩的方向不变，电枢沿着逆时针方向一直转动下去。

由此可以归纳出直流电动机的工作原理：直流电动机在外加电压的作用下，在导体中形成电流，载流导体在磁场中将受电磁力的作用，由于换向器的换向作用，导体进入异性磁极时，导体中的电流方向也相应改变，从而保证了电磁转矩的方向不变，使直流电动机能连续旋转，把直流电能转换成机械能输出。

直流电动机具有以下几方面的优点：

① 调速范围广，且易于平滑调节。

② 过载能力强，启动/制动转矩大。

③ 易于控制，可靠性高。

直流电动机调速时的能量损耗较小，所以，在调速要求较高的场所，如轧钢车、电车、电气铁道牵引、高炉送料、造纸、纺织拖动、吊车、挖掘机械、卷扬机拖动等方面，直流电动机均得到了广泛的应用。

4.2.1.4 直流电机的铭牌

电机制造厂在每台电机机座的显著位置上都钉有一块金属标牌，称为电机铭牌，图 4-24 所示为一台直流电机的铭牌。根据国家有关标准的要求在铭牌上标明的各项基本数据，称为额定值。按照铭牌上规定的工作条件运行的状态称为额定工作状态。电机的铭牌数据有型号、额定功率、额定电压、额定电流、额定转速和励磁电流及励磁方式等。此外还有电动机的出厂数据，如出厂编号、出厂日期等。

直流电机			
型号	Z2-12	励磁方式	他励
功率	4kW	励磁电压	220V
电压	220V	励磁电流	0.63A
电流	22.7A	定额	连续
转速	1500r/min	温升	80℃
标准编号	JB1104-68	出厂日期	年 月

图 4-24　直流电机铭牌

(1) 型号　电机的型号一般采用大写印刷体的汉语拼音字母和阿拉伯数字表示。如：

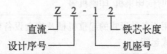

(2) 额定功率 P_N　额定功率又称为额定容量（W）。对于发电机来说，是指在额定电压为 U_N、输出额定电流为 I_N 时，向负载提供的电功率 $P_N = U_N I_N$。对电动机来说，是指电动机在额定状态下运行时轴上输出的机械功率，它等于额定电压和电流的乘积再乘上电动机的效率 $P_N = U_N I_N \eta_N$。

(3) 额定电压 U_N　额定电压是指电机在寿命期内安全工作的最高电压（V）。对于发电机，是指其输出的允许端电压；对于电动机，则指输入到电动机端钮上的允许电压。

(4) 额定电流 I_N　对于发电机，是指其长期运行时电枢输出给负载的允许电流（A）；对于电动机，则是指电源输入到电动机的允许电流（A）。

(5) 额定转速 n_N　对发电机来说，励磁电流在额定值时，发电机要达到额定转速才能发出额定电压；对于电动机，是指在额定电压、额定电流和额定输出功率的情况下电动机运行时的旋转速度（r/min）。

(6) 励磁方式　指电动机励磁绕组的励磁方式，如前述的他励、并励、串励、复励等。

(7) 励磁电压　对自励的并励电机来说，励磁电压就等于电机的额定电压；对他励电机来说，励磁电压要根据使用情况决定。

(8) 励磁电流　指电机产生磁通所需要的励磁电流。

(9) 定额　指电机按铭牌值工作时可以连续运行时的时间和顺序。定额分为连续、短时、断续三种。例如铭牌上标有"连续"，表示电机可不受时间限制连续运行；如标明"25%"，表示电机在一个周期内（10min 为一个周期），工作 25% 的时间，休息 75% 的时间，即工作 2.5min，休息 7.5min。

(10) 温升 表示电机允许发热的限度。一般将环境温度定为 40℃。例如温升为 80℃，则电机温度不可超过 80℃＋40℃＝120℃，否则，电机就会缩短使用寿命。电机的温升值决定于电机采用的绝缘材料。

4.2.2 三相交流异步电动机

4.2.2.1 三相交流异步电动机的用途和类型

(1) 三相交流异步电动机的主要用途 三相交流异步电动机多用于工矿企业中，常用三相交流异步电动机的名称、型号、主要用途见表 4-2。

表 4-2 常用三相交流异步电动机的名称、型号、主要用途

产品名称	型号	主要用途	旧型号
笼式转子异步电动机	Y	一般拖动用,适于灰尘多、尘土飞溅的场所,如碾米机、磨粉机及其他农村机械、矿山机械等	J、J02
绕线转子异步电动机	YR	用于需要小范围调速的传动装置;电网容量小,不足以启动笼式电动机或要求较大启动转矩的场合	JR、JRO
防爆型异步电动机	YB	用于有爆炸性混合物的场所,如石油、化工、煤矿井下等	JB、JBO
高转差率异步电动机	YH	用于惯性大、有冲击性负荷的机械传动,如剪床、锻压机等	JH、JHO
高启动转矩异步电动机	YQ	用于静止负荷或惯性力矩较大的机械,如压缩机、传送带、粉碎机、碾泥机等	JQ、JQO
变极多速异步电动机	YD	用于需要分级调速的一般机械设备,可以简化或代替传动齿轮箱,如机床、印染机、印刷机等	JD、JDO
起重、冶金用异步电动机	YZ YZR	用于各种形式的起重机械及冶金设备中辅助机械的驱动。按断续方式运行	JZ
井下潜水异步电动机	YQS	用于井下直接驱动潜水泵,为工矿、农业及高原地带提取地下水	JQS
精密机床异步电动机	YJ	用于精密机床	JJ、JJO
电梯异步电动机	YTD	用于电梯等升降动力	JTD
振撼器异步电动机	YUD	混凝土振撼器用	JUD
电磁调速异步电动机	YCT	用于一般设备的无级调速	JZT

(2) 三相交流异步电动机的类型 三相交流异步电动机的种类繁多,一般按以下方式分类。

① 按三相交流异步电动机的转子结构形式分类 可分为笼式和绕线式,其中笼式电动机使用得最广泛。

② 按三相交流异步电动机的防护形式分类 可分为开启式 (IP11)、防护式 (IP22 及 IP23)、封闭式 (IP44) 等,如图 4-25 所示。

a. 开启式 (IP11)。开启式电动机的外形如图 4-25(a) 所示。开启式电动机价格便宜,散热条件最好,由于转子和绕组暴露在空气中,只能用于干燥、灰尘很少又无腐蚀性和爆炸性气体的环境。

b. 防护式 (IP22 及 IP23)。防护式电动机的外形如图 4-25(b) 所示。防护式电动机的转动和带电部分有必要的机械保护,通风散热条件也较好,可防止水滴、铁屑等外界杂物落入电

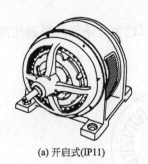
(a) 开启式(IP11)

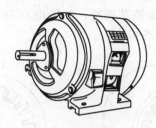
(b) 防护式(IP22)

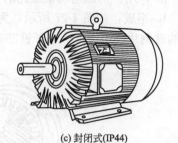
(c) 封闭式(IP44)

图 4-25　三相交流异步电动机外形图

动机内部，只适用于较干燥且灰尘不多又无腐蚀性和爆炸性气体的环境。防护式电动机按其通风口防护结构不同有：网罩式、防滴式、防溅式三种。

c. 封闭式（IP44）。封闭式电动机的外形如图 4-25(c) 所示。封闭式电动机的机壳结构能够阻止壳内外空气自由交换，适用于潮湿、多尘、易受风雨侵蚀、有腐蚀性气体等较恶劣的工作环境，应用最普遍。

d. 特殊形式　指在特殊环境条件下应用的特殊电动机，如防水式、水密式、潜水式、隔爆式等。

③ 按三相交流异步电动机的通风冷却方式分类　可分为自冷式、自扇冷式、他扇冷式、管道通风式等。

④ 按三相交流异步电动机的安装结构形式分类　可分为卧式、立式、带底脚式、带凸缘式等。

⑤ 按三相交流异步电动机的绝缘等级分类　可分为 E 级、B 级、F 级、H 级等。

⑥ 按工作定额分类　可分为连续、断续、间歇三种。

⑦ 按使用环境分类　可分为普通型、湿热型、干热型、船用型、化工型、高原型和户外型等。

⑧ 按电动机容量分类　可分为大型、中型、小型和微型。

4.2.2.2　三相交流异步电动机的结构

三相交流异步电动机在结构上主要由静止不动的定子和转动的转子两大部分组成，定子、转子之间有一缝隙，称为气隙。此外，还有机座、端盖、轴承、接线盒、风扇等其他部分。异步电动机根据转子绕组的不同结构形式，可分为笼型和绕线型两种。笼型异步电动机的结构如图 4-26 所示。

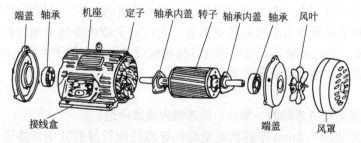

图 4-26　笼型异步电动机的主要部件

(1) 定子　定子的作用是产生旋转磁场。定子主要由定子铁芯、定子绕组和机座三部分组成。

① 定子铁芯

a. 作用：构成电动机磁路的一部分；铁芯槽内嵌放绕组。

b. 组成：如图 4-27 所示，为减少铁芯损耗，一般由 0.5mm 厚的彼此绝缘的导磁性能较好的硅钢片叠压而成。定子铁芯安装在机座内。

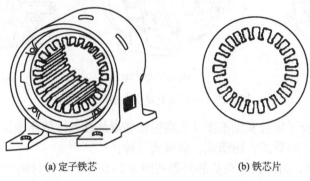

(a) 定子铁芯   (b) 铁芯片

图 4-27　定子

② 定子绕组

a. 作用：构成电动机的电路，通入三相交流电后在电动机内产生旋转磁场。

b. 材料：高强度漆包线绕制而成的线圈，嵌放在定子槽内，再按照一定的接线规律，相互连接成绕组。

c. 定子绕组的连接：三相交流异步电动机的定子绕组通常有六根引出线，分别与电动机接线盒内的六个接线端连接。按国家标准，六个接线端中的始端分别标以 U1、V1、W1，末端分别标以 U2、V2、W2。根据电动机的容量和需要，三相定子绕组可以选择星形连接或三角形连接，如图 4-28 所示。大中型异步电动机通常用三角形连接；中小容量异步电动机，则可按需要选择星形连接或三角形连接。

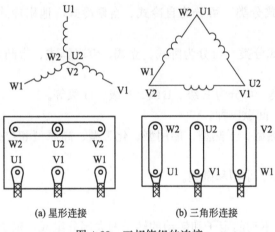

(a) 星形连接   (b) 三角形连接

图 4-28　三相绕组的连接

③ 机座

a. 作用：固定和支撑定子铁芯及端盖。

b. 组成：中小型电动机一般用铸铁机座，大型电动机的机座用钢板焊接而成。

(2) 转子　转子是异步电动机的转动部分，它在定子绕组旋转磁场的作用下产生感应电流，形成电磁转矩，通过联轴器或带轮带动其他机械设备做功。转子主要由转子铁芯、转子绕组和转轴三部分组成，整个转子靠端盖和轴承支撑。

① 转子铁芯

a. 作用：构成电动机磁路的一部分；铁芯槽内嵌放绕组。

b. 组成：一般也由 0.5mm 厚的彼此绝缘的导磁性能较好的硅钢片叠压而成，如图 4-29 所示。转子铁芯固定在转轴或转子支架上。

② 转子绕组　异步电动机的转子绕组分为笼型转子和绕线转子两种。

a. 笼型转子。在转子铁芯的每个槽中插入一根裸导条，在铁芯两端分别用两个短路环把导条连接成一个整体，绕组的形状如图 4-29(b) 所示。如果去掉铁芯，绕组的外形像一个

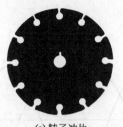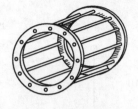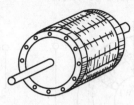

(a) 转子冲片　　　　　　　　(b) 笼型绕组　　　　　　　　(c) 笼型转子

图 4-29　笼型转子

"鼠笼"，故称为笼型转子。中小型电动机的笼型转子一般用熔化的铝浇铸在槽内而成，称为铸铝转子。在浇铸时，一般把转子的短路环和冷却用的风扇一起用铝铸成，如图 4-30 所示。

　　b. 绕线转子。绕线式转子绕组和定子绕组相似，也是一个用绝缘导线绕成的三相对称绕组，嵌放在转子铁芯槽中，接成星形，三个端头分别接在与转轴绝缘的三个滑环上，再经一套电刷引出来与外电路相连，如图 4-31 所示。

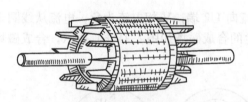

图 4-30　铸铝转子

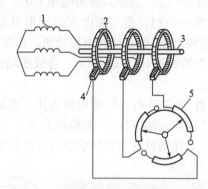

图 4-31　绕线转子与外部变阻器的连接
1—绕组；2—集电环；3—轴；4—电刷；5—变阻器

　　③ 转轴

　　a. 作用：支撑转子，使转子能在定子槽内腔中均匀地旋转；传导三相电动机的输出转矩。

　　b. 材料：中碳钢制作。

　　(3) 气隙　定子、转子之间的间隙称为异步电动机的气隙，感应电动机的气隙是均匀的。气隙大小对异步电动机的运行性能和参数影响较大。励磁电流由电网供给，气隙越大，励磁电流也就越大，而励磁电流又属于无功性质，从而使电网的功率因数降低；气隙过小，则将引起装配困难，并导致运行不稳定。因此，感应电动机的气隙大小往往为机械条件所能允许达到的最小数值，中小型电动机一般为 0.1～1mm。

4.2.2.3　三相交流异步电动机的工作原理

(1) 旋转磁场

　　① 旋转磁场的产生　图 4-32 为最简单的三相交流异步电动机的定子绕组，每相绕组只有一个线圈，三个相同的线圈 U1-U2、V1-V2、W1-W2 在空间的位置彼此互差 120°，分别放在定子铁芯槽中，接成星形。通入三相对称电流

$$i_U = I_m \sin\omega t$$
$$i_V = I_m \sin(\omega t - 120°)$$
$$i_W = I_m \sin(\omega t + 120°)$$

其波形如图 4-33 所示。

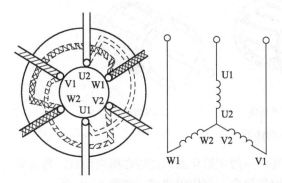

图 4-32 三相交流异步电动机的定子绕组

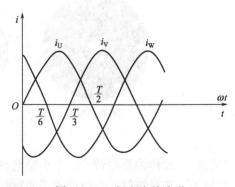

图 4-33 三相电流的波形

每相定子绕组中流过正弦交流电时，每相定子绕组都产生脉动磁场，下面来分析三个线圈所产生的合成磁场的情况。假定电流由线圈的始端流入、末端流出为正，反之为负。电流流入端用符号"⊗"表示，流出端用"⊙"表示。

当 $t=0$ 时，由三相电流的波形可见，U 相电流为零；W 相电流为正，电流从线圈首端 W1 流向末端 W2；V 相电流为负，电流从线圈末端 V2 流向首端 V1。此时由三个线圈产生的合成磁场如图 4-34(a) 所示。合成磁场的轴线正好位于 U 相绕组的轴线上，上为 S 极，下为 N 极。

当 $t=T/6$ 时，U 相电流为正，电流从 U1 端流向 U2 端；V 相电流为负，电流从线圈末端 V2 流向首端 V1；W 相电流为零。三个线圈产生的合成磁场如图 4-34(b) 所示，合成磁场的 N、S 极的轴线在空间沿顺时针方向转了 60°。

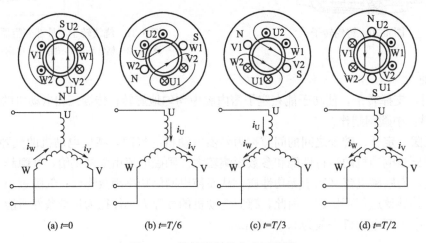

图 4-34 旋转磁场的产生原理图

当 $t=T/3$ 时，V 相电流为零；U 相电流为正，电流从线圈首端 U1 流向末端 U2；W 相电流为负，电流从 W2 流向 W1。其合成磁场如图 4-34(c) 所示，合成磁场比上一时刻又向前转过了 60°。

当 $t=T/2$ 时，用同样方法可得合成磁场比上一时刻又转过了 60°空间角，其合成磁场如图 4-34(d) 所示。

由此可见，当电流经过一个周期的变化时，合成磁场也沿着顺时针方向旋转了一周，即合成磁场在空间旋转的角度为 360°。

由以上分析可知：当空间互差 120° 的线圈通入对称三相交流时，在空间就会产生一个旋转磁场。

② 旋转磁场的转速　根据上述分析，电流变化一周时，两极（$p=1$）的旋转磁场在空间旋转一周，若电流的频率为 f_1，即电流每秒变化 f_1 周，旋转磁场的频率也为 f_1。通常转速是以每分钟的转数来计算的，若以 n_1 表示旋转磁场的转速，则有：$n_1=60f_1$（r/min）。

如果定子绕组的每相都由两个线圈串联而成，线圈跨距约为四分之一圆周，其布置如图 4-35 所示。图中 U 相绕组由 U1-U2 与 U1′-U2′ 串联，V 相绕组由 V1-V2 与 V1′-V2′ 串联，W 相绕组由 W1-W2 与 W1′-W2′ 串联。按照类似于分析二极旋转磁场的方法，取 $t=0$、$T/6$、$T/3$、$T/2$ 四个点进行分析，其结果如图 4-36 所示。

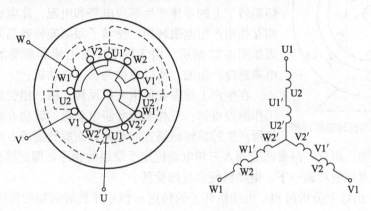

图 4-35　四极定子绕组接线图

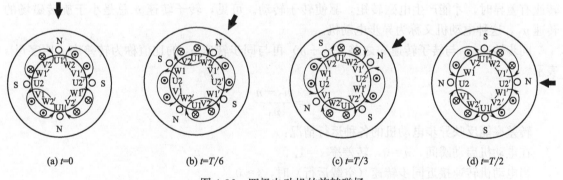

(a) $t=0$　　　　(b) $t=T/6$　　　　(c) $t=T/3$　　　　(d) $t=T/2$

图 4-36　四极电动机的旋转磁场

经分析后可知，对于四极（$p=2$）旋转磁场，电流变化一周，合成磁场在空间只旋转了 180°（半周）。故四极电动机的旋转磁场转速为：$n_1=60f_1/2$（r/min）。

以上分析可以推广到具有 p 对磁极的异步电动机，三相对称绕组中通入三相对称电流后产生圆形旋转磁场，其旋转磁场的转速（同步转速）为

$$n_1=\frac{60f_1}{p}$$

式中　f_1——电源频率，Hz；

p——电动机磁极对数。

③ 旋转磁场的方向　由图 4-35 和图 4-36 可看出，当通入三相绕组中电流的相序为 $i_U \rightarrow i_V \rightarrow i_W$ 时，旋转磁场在空间沿绕组始端 U→V→W 方向旋转，即按顺时针方向旋转。若调换三相绕组中的任意两相电流相序，例如，调换 V、W 两相，此时通入三相绕组的电流相序为

$i_U \rightarrow i_W \rightarrow i_V$，则旋转磁场按逆时针方向旋转。

由此可见，旋转磁场的方向由通入异步电动机对称三相绕组的电流相序决定，任意调换三相绕组中的两相电流相序，就可改变旋转磁场的方向。

(2) 基本工作原理

① 转动原理 如图 4-37 所示，异步电动机的定子铁芯里嵌放着对称的三相绕组 U1U2、V1V2、W1W2。转子为笼型。图中定子、转子上的小圆圈表示定子绕组和转子导体。

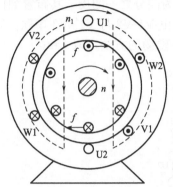

由上述分析可知，当定子绕组接通对称三相电源后，绕组中便有三相电流通过，在空间产生了旋转磁场 n_1。旋转磁场切割转子上的导体产生感应电势和电流，此电流又与旋转磁场相互作用产生电磁转矩，使转子跟随旋转磁场同向转动，其原理如图 4-37 所示。由于转子中的电流和所受的电磁力都是由电磁感应产生的，所以也称为感应电动机。

在生产上常需要使电动机反转。由三相交流异步电动机的工作原理可知：三相交流异步电动机的转动方向始终与定子绕组所产生的旋转磁场方向相同，而旋转磁场方向与通入定子绕

图 4-37 三相电动机转动原理图

组的电流相序有关，因此，只要改变通入三相电动机定子绕组的相序，即把接到电动机上的三根电源线中的任意两根对调一下，电动机便会反向旋转。

② 转差率 由以上分析可知，电动机转子的转速 n 恒小于旋转磁场的转速 n_1。因为只有这样，转子绕组才能产生电磁转矩，使电动机转动。如果 $n = n_1$，转子绕组与定子磁场之间便无相对运动，则转子绕组中无感应电动势和感应电流产生，也就没有电磁转矩了。只有当二者转速有差异时，才能产生电磁转矩，驱使转子转动。可见，转子转速 n 总是小于旋转磁场的转速 n_1，这种电动机又称为异步电动机。

同步转速 n_1 与转子转速 n 之差（$n_1 - n$）再与同步转速 n_1 的比值称为转差率。用字母 s 表示。

$$s = \frac{n_1 - n}{n_1}$$

转差率能反映异步电动机的各种运行情况：

在电动机启动瞬间，$n = 0$，转差率 $s = 1$。

当电动机转速接近同步转速（空载运行）时，$s \approx 0$。

由此可见，作为感应电动机，转速在 $0 \sim n_1$ 范围内变化，其转差率 s 在 $0 \sim 1$ 范围内变化。

异步电动机负载越大，转速越慢，其转差率就越大；反之，负载越小，转速越快，其转差率就越小。在正常运行范围内，转差率的数值较小，一般在 $0.01 \sim 0.06$ 之间，即感应电动机的转速很接近同步转速。

异步电动机转子的转速可由转差率公式推算出，即

$$n = (1-s)n_1 = (1-s)\frac{60f_1}{p}$$

由异步电动机的转速表达式可知：要调节异步电动机的转速，可采用以下三种基本方法来实现。

a. 变频调速。改变电源频率 f_1。

b. 变极调速。改变磁极对数 p。

c. 改变转差率调速。改变转差率 s。

4.2.2.4　三相交流异步电动机的铭牌

图 4-38 所示，为一台三相交流异步电动机的铭牌。

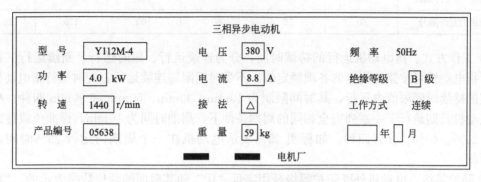

图 4-38　三相异步电动机铭牌

(1) 型号　三相交流异步电动机的产品型号是由汉语拼音大写字母和阿拉伯数字组成的。型号中主要包括产品代号、设计序号、规格代号和特殊环境代号等。产品代号表示电动机的类型，设计序号表示电动机的设计顺序，用阿拉伯数字表示，规格代号用中心高、机座长度、铁芯长度、功率、电压或极数表示。如 Y112M-4 型号的含义如下。

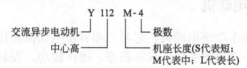

三相交流异步电动机型号中其他字母的含义：

IP44——封闭式；IP23——防护式；W——户外；F——化工防腐用；Z——冶金起重；Q——高启动转矩；D——多速；B——防腐；R——绕线式；CT——电磁调速；X——高效率；H——高转差率。

(2) 额定值　额定值是电动机使用和维修的依据，是电动机制造厂对电动机在额定工作条件下长期工作而不至于损坏所规定的一些量值，是电动机铭牌上标出的数据。额定值分为：额定电压、额定电流、额定功率、额定频率、额定转速、绝缘等级及温升等。

① 额定电压 U_N。指在额定运行状态下加在电动机定子绕组上的线电压，单位为 V 或 kV。

② 额定电流 I_N。指在额定运行状态下电动机定子绕组输入的线电流，单位为 A 或 kA。

③ 额定功率 P_N。指在额定运行状态下转子轴上输出的机械功率，单位为 W 或 kW。

④ 接法。指电动机在额定电压下定子绕组的连接方法。若铭牌上写"接法△"、额定电压"380V"，表明电动机额定电压为 380V 时应接成△形。若写"接法 Y/△"、额定电压"380/220V"，表明电源线电压为 380V 时应接成 Y 形，电源线电压为 220V 时应接成△形。

⑤ 额定频率 f_N。指在额定运行状态下运行时电动机定子绕组所加电源的频率，单位为 Hz。国产异步电动机的额定频率为 50Hz。

⑥ 额定转速 n_N。指电动机在额定负载时的转子转速，单位为 r/min。

⑦ 绝缘等级及温升。绝缘等级是指电动机定子绕组所用的绝缘材料的等级。按绝缘材料的耐热有 A、E、B、F、H、C 级六种常见的规格，如表 4-3 所示。温升表示电动机发热时允许升高的温度。例如，温升为 80℃，意为当环境温度为 40℃ 时，电动机温度可再升高 80℃，即不可超过 120℃，否则电动机就会缩短使用寿命。

表 4-3　电动机允许温升与绝缘材料耐热等级关系　　　　　　　　℃

绝缘耐热等级	A	E	B	F	H	C
绝缘材料的允许温度	105	120	130	155	180	180 以上
电动机的允许温升	60	75	80	100	125	125 以上

⑧ 工作方式。指电动机运行的持续时间，分为连续运行、短时运行、断续运行三种。连续运行指电动机可按铭牌规定的各项额定值，不受时间限制连续运行；短时运行指电动机只能在规定的持续时间限值内运行，其时间限制为 10min、30min、60min 和 90min 四种；断续运行指电动机长期运行于一系列完全相同的周期条件下，周期时间为 10min，标准负载持续率有 15%、25%、40%、60% 四种。如标明 25% 表示电动机在一个周期内运行 25% 时间，停车 75% 时间。

⑨ 防护等级。电动机外壳防护等级是用字母"IP"和其后面的两位数字表示的。"IP"为国际防护的缩写。IP 后面第一位数字代表第一种防护形式（防尘）的等级，共分 0～6 七个等级；第二个数字代表第二种防护形式（防水）的等级，共分 0～8 九个等级。数字越大，表示防护的能力越强。例如"IP44"表示电动机能防护大于 1mm 的固体物入内，同时能防水入内。

4.2.3　单相交流异步电动机

单相交流异步电动机为小功率电动机，它与三相异步电动机相比，虽然运行性能较差、效率较低、容量较小，但由于它结构简单，成本低廉，噪声较小，安装方便，凡是有单相电源的地方都能使用，因此广泛应用在工农业生产、医疗和民用等领域，使用最多的是在家用电器中。

4.2.3.1　单相交流异步电动机的用途和类型

常用单相交流异步电动机的类型、型号、主要用途见表 4-4。

表 4-4　常用单相交流异步电动机的类型、型号、主要用途

类　型		主要用途	型　号
罩极式电动机		用于小功率空载启动的场合，如计算机后面的散热风扇、各种仪表风扇、电唱机等	YCT
分相式电动机	单相电容运行异步电动机	常用于电风扇、电冰箱、洗衣机、空调器、吸尘器等	YY
	单相电容启动异步电动机	用于重载启动的机械。如小型空压机、洗衣机、空调器等	YC
	单相电阻启动异步电动机	广泛应用于电冰箱压缩机中	YU
	单相双值电容异步电动机	广泛应用于小型机床设备中	YCT

4.2.3.2　单相交流异步电动机的分类

单相交流异步电动机主要分为罩极式电动机和分相式电动机两大类。

(1) 罩极式电动机　罩极式电动机又称蔽极电动机，是小型单相感应电动机中最简单的一种，也是日常生活中常见的一种电动机。系列型号为 YJ。罩极式电动机的主要优点是结构简单、制造方便、成本低、运行时噪声小、维护方便。按磁极形式的不同，可分为凸极式和隐极式两种，其中凸极式结构较为常见。罩极式电动机的主要缺点是启动性能及运行性能较差，效率和功率因数都较低，方向不能改变。罩极式电动机的定子结构如图 4-39 所示。

(2) 分相式电动机　分相式电动机在定子上安装两套绕组，一套是工作绕组（或称主绕组），长期接通电源工作；另一套是启动绕组（或称为副绕组、辅助绕组），以产生启动转矩和固定电动机转向，两套绕组的空间位置相差 90°电角度。根据启动方法或运行方式的不同，可分为电容运行电动机、电容启动电动机、电阻启动电动机和双值电容电动机。

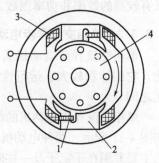

图 4-39　罩极式单相交流电动机定子结构示意图
1—短路环；2—凸极式定子铁芯；3—定子绕组；4—转子

① 单相电容运行异步电动机　这是使用较为广泛的一种单相交流异步电动机，启动绕组与电容器串联后，再与工作绕组并联接在单相交流电源上，其电路图如图 4-40(a) 所示。电容运行电动机结构简单，使用维护方便，堵转电流小，有较高的效率和功率因数。

② 单相电容启动异步电动机　启动绕组与电容器、启动开关一起串联后，再与工作绕组并联接在单相交流电源上，其电路图如图 4-40(b) 所示。当电动机转子静止或转速较低时，启动开关 S 处于接通位置，启动绕组和工作绕组一起接在单相电源上，获得启动转矩。当电动机转速达到额定转速的 80% 左右时，启动开关 S 断开，启动绕组从电源上切断，此时单靠工作绕组已有较大转矩，驱动负载运行。电容启动电动机具有较大启动转矩（一般为额定转矩的 1.5～3.5 倍），但启动电流相应增大。

③ 单相电阻启动异步电动机　启动绕组与电阻器、启动开关一起串联后，再与工作绕组并联接在单相交流电源上，其电路图如图 4-40(c) 所示。启动时工作绕组、启动绕组同时工作，当转速到达额定值的 80% 左右时，启动开关 S 动作，把启动绕组从电源上切除。电阻启动电动机具有中等启动转矩（一般为额定转矩的 1.2～2.2 倍），但启动电流较大。实际上许多电动机的启动绕组没有串联电阻 R，而是设法增加导线电阻，从而使启动绕组本身就有较大的电阻。

④ 单相双值电容异步电动机　两个电容并联后与启动绕组串联，再与工作绕组并联接在单相交流电源上，其电路图如图 4-40(d) 所示。启动时两个电容都工作，电动机有较大启动转矩，转速上升到 80% 左右额定转速后，启动开关将启动电容 C_1 断开，启动绕组上只串联工作电容 C_2，电容量减少。双值电容电动机既有较大的启动转矩（为额定转矩的 2～2.5 倍），

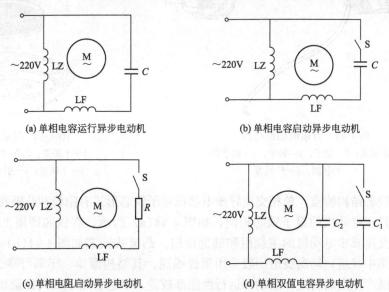

(a) 单相电容运行异步电动机

(b) 单相电容启动异步电动机

(c) 单相电阻启动异步电动机

(d) 单相双值电容异步电动机

图 4-40　单相分相式异步电动机电路图

又有较高的效率和功率因数。

4.2.3.3 单相交流异步电动机的结构

单相交流异步电动机适用于只有单相电源的场合,与同容量的三相交流异步电动机相比,它的体积较大、运行性能较差。因此一般只制成小型和微型系列,容量在几瓦到几百瓦之间。

单相交流异步电动机的结构与三相交流异步电动机类似,也由定子、转子两大部分组成,如图 4-41 所示。两种电动机的机座、端盖等部件大同小异,笼型转子结构也完全相同,二者的主要差别在于定子及一些附件上。图 4-42 和图 4-43 分别为台扇和吊扇电动机的结构。

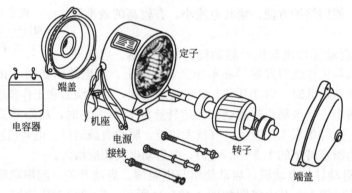

图 4-41　单相交流异步电动机结构

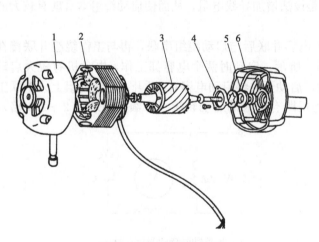

图 4-42　台扇电动机结构
1—前端盖；2—定子；3—转子；4—轴承盖；
5—油毡圈；6—后端盖

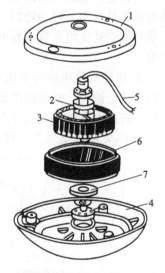

图 4-43　吊扇电动机结构
1—上端盖；2,7—挡油罩；3—定子；
4—下端盖；5—引出线；6—外转子

(1) 定子铁芯结构特点　单相交流异步电动机定子铁芯形式有隐极和凸极两种。隐极式铁芯与三相交流异步电动机的定子铁芯相同,如图 4-44(a) 所示,在铁芯圆周上均匀设置的槽中,嵌有单相交流异步电动机的主绕组和辅助绕组。凸极式铁芯如图 4-44(b) 所示,这种电动机主绕组是集中绕组,辅助绕组一般采用罩极线圈。其结构简单、牢固可靠、制造成本低,但它靠罩极线圈产生启动转矩,启动和运行性能都较差,不适合用于较大容量和对启动转矩要求高的场合。

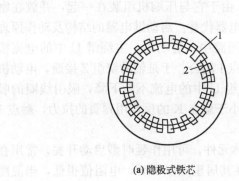
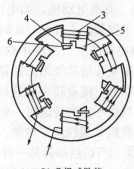

(a) 隐极式铁芯　　　　　　　(b) 凸极式铁芯

图 4-44　单相交流异步电动机定子铁芯

1—主绕组；2—辅助绕组；3—罩极电动机主绕组；4—罩极线圈；5—主极；6—罩极

（2）定子绕组结构特点　单相交流异步电动机定子绕组有集中绕组和分布绕组两类。集中绕组结构简单，适用于凸极铁芯，它是把导线制成一个集中的线包，套在凸极上构成的。分布绕组适用于隐极式铁芯，各导体以一定规律分布在各槽内，通过不同的端部连接方式构成各种不同类型的绕组。

单相交流异步电动机主绕组是它的运行绕组，在电动机的运行中起主导作用；辅助绕组是启动绕组，它是为电动机的启动而设置的。在分布绕组中，主、辅绕组的结构形式相同。它们和三相交流异步电动机绕组一样，也有单层、双层、整距、短距等区别。但是，由于单相交流异步电动机容量小，从工艺的角度考虑，一般都采用单层绕组。同时，单层绕组中同心式绕组结构简单，工艺性好，特别是对它稍加改进就可制成性能良好的同心式正弦绕组（简称正弦绕组），故单相交流异步电动机中同心式绕组使用最多。

（3）启动元件

① 离心开关　在单相交流异步电动机中，除了电容运转电动机外，在启动过程中，当转子转速达到同步转速的 80% 左右时，常常借助于离心开关，切除单相电阻启动异步电动机及电容启动异步电动机的启动绕组，或切除电容启动及运转异步电动机的启动电容器。

离心开关是由安装于转轴上的旋转部分和安装于前端盖内的固定部分组成的，如图 4-45 所示。固定部分由两个相互绝缘的半圆形铜环构成，它们与机座及端盖之间也是相互绝缘的，其中一个半圆环接电源，另一个半圆环接启动绕组。电动机静止时，安装在旋转部分上的三个指形铜触片在拉力弹簧的作用下，分别压在两个半圆形铜环的侧面。由于三个指形铜触片本身是连通的，这样就使启动绕组与电源接通，电动机开始启动。当电动机转速达到一定数值后，安装于旋转部分的指形铜触片由于离心力的作用而向外张开，使铜触片与半圆形铜环分离，即启动绕组从电源上被切除，电动机启动结束，投入正常运行。

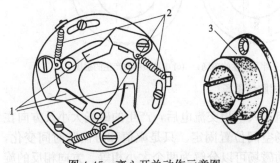
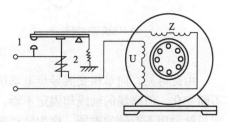

图 4-45　离心开关动作示意图

1—指形铜触片；2—拉力弹簧；3—铜环

图 4-46　启动继电器接线图

1—触点；2—弹簧；U—主绕组；Z—辅助绕组

② 启动继电器 有些电动机，如电冰箱电动机，由于它与压缩机组装在一起，并放在密封的罐子里，不便于安装离心开关，此时就用启动继电器代替。启动继电器的结构及动作原理如图 4-46 所示。继电器的吸引线圈串联在主绕组 U 回路中，启动时，主绕组 U 中的电流很大，衔铁动作，使串联在辅助绕组 Z 回路中的动合触点 1 闭合。于是辅助绕组 Z 接通，电动机处于两相绕组运行状态。随着转子转速的上升，主绕组 U 中的电流不断下降，吸引线圈的吸力也随之下降。当到达一定的转速时，电磁铁的吸力小于触点 K 的反作用弹簧的拉力，触点 1 被打开，这时辅助绕组 Z 就脱离了电源。

③ PTC 启动器 PTC 启动器是一种新型的半导体元件，可用作延时型启动开关，常用在电冰箱和空调器的电动机上。当 PTC 启动器的温度在其居里点以下时，电阻值很低，当温度超过居里点以后，电阻有很大的正温度系数，电阻值随温度升高急剧增大，以后又趋于稳定。最大阻值与最小阻值之比可达 1000。

使用时，将 PTC 启动器与电容启动或电阻启动电动机的辅助绕组串联。在启动初期，因 PTC 启动尚未发热，阻值很低，辅助绕组处于通路状态，电动机开始启动。随着时间的推移，电动机的转速不断增加，PTC 元件的温度因本身的焦耳热而上升，当超过居里点时，电阻剧增、辅助绕组电路相当于断开，但还有一个很小的维持电流，并有 2～3W 的损耗，使 PTC 启动器的温度保持在居里点以上。

当电动机停止运行后，PTC 启动器温度不断下降，2～3min 后，其电阻值降到居里点以下，这时又可以重新启动电动机，而这一时间正好在电冰箱和空调机所规定的两次开机间的停机时间内。

PTC 启动器有很多优点：无触点、运行可靠、无噪声、无电火花，因而防火、防爆性能好，且耐振动、耐冲击、体积小、重量轻、价格低。

4.2.3.4 单相交流异步电动机的工作原理

(1) 单相分相式异步电动机的工作原理

① 脉动磁场 如图 4-47 所示为单相交流异步电动机单相绕组中通入单相交流电后产生的磁场情况。图 4-47(a) 所示为单相交流电的波形图，假设在交流电的正半周，电流从单相定子绕组的左半侧流入，右半侧流出，则由电流产生的磁场如图 4-47(b) 所示，该磁场的大小随电流的变化而变化，但方向则保持不变。当电流为零时，磁场也为零。当电流变为负半周时，产生的磁场方向也随之发生变化，如图 4-47(c) 所示。

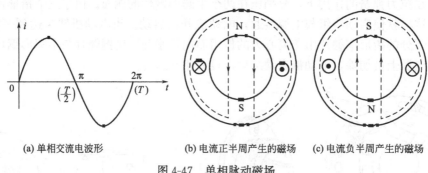

(a) 单相交流电波形　　　(b) 电流正半周产生的磁场　　　(c) 电流负半周产生的磁场

图 4-47　单相脉动磁场

由此可见，向单相交流异步电动机单相绕组通入单相交流电后，产生的磁场大小及方向在不断变化，但磁场的轴线却固定不动，这种磁场空间位置固定、只是幅值和方向随时间变化，即只脉动而不旋转的磁场，称为脉动磁场。脉动磁场可以分解为两个大小相等、方向相反的旋转磁场 Φ_1 和 Φ_2，如图 4-48 所示，图中表明了在不同瞬时两个转向相反的旋转磁场的幅值

Φ_{1m}、Φ_{2m} 在空间的位置，以及由它们合成的脉动磁场 Φ 随时间而交变的情况。

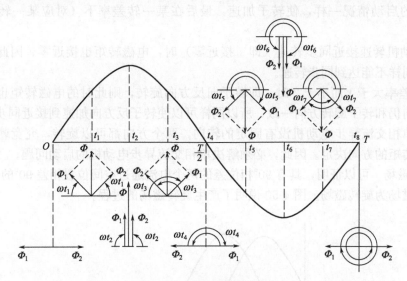

图 4-48　脉动磁场的分解

在 $t=0$ 时，两个旋转磁场 Φ_1 和 Φ_2 的大小相等，方向相反，其合成磁场 $\Phi=0$，到 $t=t_1$ 时，Φ_1 和 Φ_2 按相反的方向各在空间转过 ωt_1，故其合成磁场

$$\Phi=\Phi_{1m}\sin\omega t_1+\Phi_{2m}\sin\omega t_1=2\times\frac{\Phi_m}{2}\sin\omega t_1=\Phi_m\sin\omega t_1$$

由此可见，在任何时刻 t，合成磁场为

$$\Phi=\Phi_m\sin\omega t$$

即两个大小相等、方向相反的旋转磁场的合成磁场为脉动磁场；也可说脉动磁场可以分解为两大小相等、方向相反的旋转磁场。

在这两个旋转磁场的作用下，原来静止的电动机转子绕组上产生的两个电动势和两个电磁力矩也会大小相等、方向相反，即两个电磁力矩的合成电磁转矩为零，所以单相交流异步电动机如果原来静止不动，在脉动磁场的作用下，转子仍然是静止不动，即单相交流异步电动机没有启动转矩，不能自行启动。这是单相交流异步电动机的一个主要缺点。若用外力去拨动一下电动机的转子，则转子导体就切割定子脉动磁场，产生电流，从而受到电磁力的作用，转子将顺着拨动的方向转动起来。为说明该问题，可以借助于单相交流异步电动机的转矩特性曲线即 $T=f(s)$ 曲线来加以分析。如图 4-49 所示，

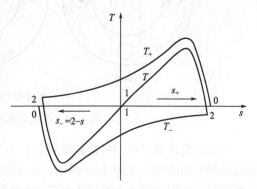

图 4-49　单相交流异步电动机的 $T=f(s)$ 曲线

曲线为单相交流异步电动机的 $T=f(s)$ 曲线，该曲线可通过理论分析或实验得到，其特点如下。

a. 当 $s=1$ 时，即表示转子不动、转速为零，由图中可见，此时电动机产生的电磁转矩 T 也为零，即单相交流异步电动机启动转矩为零。

b. 如采取适当措施，在单相交流异步电动机接入单相交流电源的同时，使转子向正方向旋转一下（即转速假设为正，$s<1$），从图 4-49 中可见，此时电磁转矩 T 也为正，即转矩方向

与电动机转向一致，因此为拖动转矩，当拖动转矩大于电动机的负载阻力矩时，就和三相交流异步电动机的启动情况一样，使转子加速，最后在某一转差率下（对应某一转速下）稳定运行。

c. 当电动机转速接近同步转速（即 s 接近零）时，电磁转矩也接近零。因此，单相交流异步电动机同样不能达到同步转速。

d. 当转差率大于 1 而小于 2 时，即转子向反方向旋转，则此时的电磁转矩也为负，故电磁转矩的方向仍和转子旋转方向一致，所以同样可以使转子反方向加速到接近同步转速并稳定运转。因此单相交流异步电动机没有固定的转向，两个方向都可以旋转，究竟朝哪个方向旋转，由启动转矩的方向决定。因此，必须解决单相交流异步电动机的启动问题。

② 旋转磁场　可以证明，具有 90°相位差的两个电流通过空间位置相差 90°的两相绕组时，产生的合成磁场为旋转磁场。图 4-50 说明了产生旋转磁场的过程。

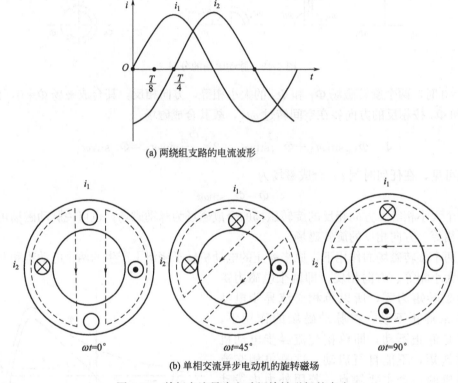

(a) 两绕组支路的电流波形

(b) 单相交流异步电动机的旋转磁场

图 4-50　单相交流异步电动机旋转磁场的产生

与三相交流异步电动机旋转磁场的产生分析方法相同，画出对应于不同瞬间定子绕组中的电流所产生的磁场，如图 4-50 所示，由图中可以得到如下的结论：向空间位置互差 90°电角度的两相定子绕组内通入在时间上互差 90°电角度的两相电流，产生的磁场也是沿定子内圆旋转的旋转磁场。

③ 转动原理　与三相交流异步电动机的转动原理相同，在旋转磁场的作用下，笼式结构的转子绕组切割旋转磁场的磁力线，产生感应电动势和感应电流，该感应电流又与旋转磁场作用使转子获得电磁转矩，从而使电动机旋转。

(2) 单相罩极式异步电动机的工作原理　罩极式电动机定子一般都采用凸极式的，工作绕组集中绕制，套在定子磁极上。在极靴表面的 1/4～1/3 处开有一个小槽，并用短路环把这部分磁极罩起来，故称罩极电动机。短路环起到启动绕组的作用，称为启动绕组。罩极电动机的转子仍做成笼型。图 4-51 所示为罩极异步电动机结构示意图。

当工作绕组中通入单相交流电时，定子内磁场变化如下。

① 当电流由零开始增大时，电流产生的磁通也随之增大，但在被铜环罩住的一部分磁极中，根据楞次定律，变化的磁通将在铜环中产生感应电动势和感应电流，并阻止磁通的增加，从而使被罩磁极中的磁通较疏，未罩磁极部分磁通较密，如图 4-52(a) 所示。

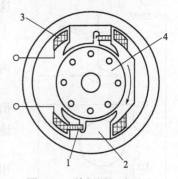

图 4-51　单相罩极式异步
电动机结构示意图
1—短路环；2—凸极式定子铁芯；
3—定子绕组；4—转子

② 当电流达到最大值时，电流产生的磁通虽然最大，但因此时电流的变化率近似为零，所以磁通基本不变，这时铜环中基本没有感应电流产生，铜环对整个磁极的磁场无影响，因而整个磁极中的磁通均匀分布，如图 4-52(b) 所示。

③ 当电流由最大值下降时，由电流产生的磁通也随之下降，铜环中又有感应电流产生，以阻止被罩极部分中磁通的减小，因而被罩部分磁通较密，未罩部分磁通较疏，如图 4-52(c) 所示。

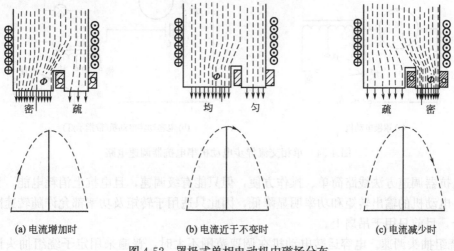

(a) 电流增加时　　　　　　(b) 电流近于不变时　　　　　　(c) 电流减少时

图 4-52　罩极式单相电动机中磁场分布

从以上分析可以看出，罩极式电动机磁极的疏密分布在空间上是移动的，由未罩部分向被罩部分移动，好似旋转磁场一样，从而使笼型结构的转子获得启动转矩，并且也决定了电动机的转向是由未罩部分向被罩部分旋转，其转向是由定子内部结构决定的，改变电流接线不能改变电动机的转向。

(3) 单相交流异步电动机的反转与调速

① 反转

a. 只要任意改变工作绕组或启动绕组的首端、末端与电源的接线，即可改变旋转磁场的方向，从而使电动机反转。因为异步电动机的转向是从电流相位超前的绕组向电流相位落后的绕组旋转的，如果把其中的一个绕组反接，等于把这个绕组的电流相位改变了 180°，假如原来这个绕组是超前 90°，则改接后就变成了滞后 90°，结果旋转磁场的方向随之改变。

b. 改变电容器的接法也可改变电动机转向。如洗衣机需经常正、反转，如图 4-53 所示。当定时器开关处于图中所处位置时，电容器串联在 U1U2 绕组上，U1U2 绕组上的电流 I_U 超前于 Z1Z2 绕组上电流 I_Z 相位约 90°，经过一定时间后，定时器开关将电容从 Z1Z2 绕组上切断，串联到 Z1Z2 绕组上，则电流 I_Z 超前于 I_U 相位约 90°，从而实现了电动机的反转。

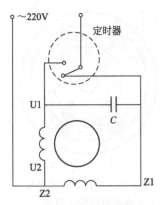

图 4-53 洗衣机电动机的正、反向控制

这种单相交流异步电动机的工作绕组与启动绕组可以互换，所以工作绕组、启动绕组的线圈匝数、粗细、占槽数都应相同。

外部接线无法改变罩极式电动机的转向，因为它的转向是由内部结构决定的，所以它一般用于不需改变转向的场合。

② 调速　单相交流异步电动机和三相交流异步电动机一样，恒转矩负载的转速调节是较困难的。在风机型负载的情况下，调速一般有以下几种方法。

a. 串电抗器调速。这种调速方法将电抗器与电动机定子绕组串联，通电时，利用在电抗器上产生的电压降，使加到电动机定子绕组上的电压低于电源电压，从而达到降压调速的目的。因此用串电抗器调速时，电动机的转速只能由额定转速向低速调速。其调速电路如图 4-54 所示。

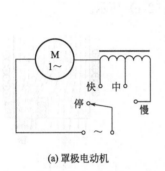

(a) 罩极电动机

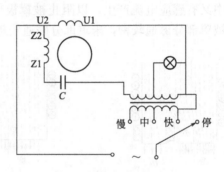

(b) 电容动转电动机(带指示灯)

图 4-54　单相交流异步电动机串电抗器调速电路

串电抗器调速方法线路简单、操作方便，但只能有级调速，且电抗上消耗电能。另外电压降低后，电动机的输出转矩和功率明显降低，因此只适用于转矩及功率都允许随转速降低而降低的场合，目前只用于吊扇上。

b. 绕组抽头调速。电容运转电动机在调速范围不大时，普遍采用定子绕组抽头调速。这种调速方法是在定子铁芯上再放一个调速绕组 D1D2（又称中间绕组），它与工作绕组 U1U2 及启动绕组 Z1Z2 连接后引出几个抽头（一般为三个），通过改变调速绕组与工作绕组、启动绕组的连接方式，调节气隙磁场的大小来实现调速的目的。这种调速方法通常有 L 形接法和 T 形接法两种，如图 4-55 所示。

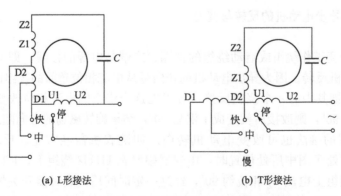

(a) L形接法　　　　　　　　　　(b) T形接法

图 4-55　单相交流电动机绕组抽头调速接线图

与串电抗器相比，绕组抽头调速省去了调速电抗器铁芯，降低了产品成本，节约了电抗器的能耗。其缺点是绕组嵌线和接线比较复杂，电动机与调速开关的接线较多。

c. 串电容调速。将不同容量的电容器串入单相交流异步电动机电路中，也可调节电动机的转速。电容器容抗与电容量成反比，故电容量越小，容抗就越大，相应的电压降也就越大，电动机转速就越低；反之电容量越大，容抗就越小，相应的电压降也就越小，电动机转速就越高。

d. 自耦变压器调速。可以通过调节自耦变压器来调节加在单相交流异步电动机上的电压，从而实现电动机的调速。

e. 晶闸管调压调速。前面介绍的各种调速电路都是有级调速，目前采用晶闸管调压的无级调速已越来越多。如图 4-56 所示，利用改变晶闸管 V2 的导通角，来实现调节加在单相交流异步电动机上的交流电压的大小，从而达到调节电动机转速的目的。本调速方法可以实现无级调速，缺点是有一些电磁干扰。目前常用于吊风扇的调速上。

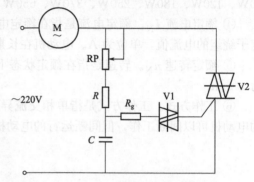

图 4-56　晶闸管调速原理图

f. 变频调速。变频调速适合各种类型的负载，随着交流变频调速技术的发展，单相变频调速已在家用电器上应用，如变频空调器等，它是交流调速控制的发展方向。

4.2.3.5　单相交流异步电动机的铭牌

如图 4-57 所示，为一台单相电容运行异步电动机的铭牌。

单相电容运行异步电动机			
型号	DO2-6314	电流	0.94A
电压	220V	转速	1400r/mim
频率	50Hz	工作方式	连续
功率	90W	标准号	JB1104-68
出厂日期	—		—　电动机厂

图 4-57　单相交流异步电动机铭牌

(1) 型号　单相交流异步电动机的型号是由系列代号、设计序号、机座号、特征代号及环境代号组成的。如 DO2-6314 型号的含义如下。

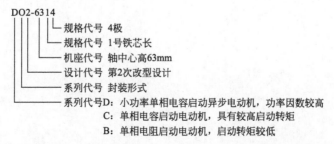

(2) 额定值

① 额定电压 U_N。额定电压是指电动机在额定状态下运行时加在定子绕组上的电压，单位

为 V。我国单相交流异步电压机的标准电压有 12V、24V、36V、42V 和 220V 等。

② 额定频率 f_N。额定频率是指加在电动机上的交流电源的频率，单位为 Hz。单相交流异步电动机的转速与交流电源的频率直接相关，频率越高，转速也就越高，因此电动机应接在规定频率的电源上使用。

③ 额定功率 P_N。额定功率是指单相交流异步电动机轴上输出的机械功率，单位为 W。铭牌上的功率是指电动机在额定电压、额定频率和额定转速下运行时输出的功率，即额定功率。我国常用的单相交流异步电动机的标准额定功率有 6W、10W、16W、25W、40W、60W、90W、120W、180W、250W、370W、550W 和 750W 等。

④ 额定电流 I_N。额定电流是指在额定电压、额定功率和额定转速下运行的电动机，流过定子绕组的电流值，单位为 A。电动机在长期运行时电流不允许超过该值。

⑤ 额定转速 n_N。转速是指在额定状态下运行时，单相交流异步电动机转子的转速，单位为 r/min。

⑥ 工作方式。工作方式是指单相交流异步电动机的工作是连续式还是间断式。连续运行的电动机可以间断工作，但间断运行的电动机不能连续工作，否则会烧坏电动机。

第 5 章
电气照明及供电线路

5.1 常用电气照明灯具

电气照明灯具具有灯光稳定、易于控制、便于调节、使用安全经济等优点，已成为现代人工照明中应用最为广泛的照明设备。我国照明用电量占工业总用电量的 15％ 左右，在建筑中，照明用电则占到总用电量的 40％ 左右。

5.1.1 常用照明灯具的结构

照明灯具由照明光源、灯罩和附件组成。下面讲述照明光源的基本结构及特点。

5.1.1.1 白炽灯

白炽灯是历史最悠久的灯，应用极为广泛。白炽灯泡也称钨丝灯泡，当电流通过钨制成的灯丝时，灯丝加热到白炽程度而发光。白炽灯泡主要由外面封闭的玻璃壳和灯丝组成，其结构如图 5-1 所示。白炽灯的规格以电压和功率来表示。

白炽灯分为真空泡和充气泡（氩气和氮气）两种。40W 以下的一般为真空泡，40W 以上的一般为充气泡。灯泡充气后，泡内压力增高，使钨丝的蒸发和氧化比较缓慢，而且能提高灯丝的温度和发光效率。

白炽灯的优点是结构简单、价格低廉、使用方便、显色性好；缺点是发热大、发光效率较低、使用寿命较短。应特别注意，如果电源电压增加 5％，灯的寿命将缩短 50％。白炽灯正在逐渐被效率较高的新型节能灯代替。

图 5-1　白炽灯外形和
结构示意图

1—支架；2—灯丝；3—玻璃
泡；4—引线；5—灯头

5.1.1.2 碘钨灯

碘钨灯的结构如图 5-2 所示。它是在白炽灯中充入含有卤族元素（碘化物）的惰性气体，利用卤钨循环原理，灯管管壁附近卤钨化合反应，生成卤化钨；在对流作用下，被带到灯丝轴心高温区的卤化钨分解。由于如此不断循环，灯丝不易变细，也就延长了灯丝的使用寿命。但其耐振性较差，应注意防振。

碘钨灯的功率有多种，范围为 50～2000W。

图 5-2　碘钨灯

1—灯丝电源触点；2—钼箔；3—灯丝（钨丝）；
4—灯丝支架；5—石英玻管（内充微量卤素）

碘钨灯与普通白炽灯一样，不需任何附件，只需将电源引线分别接在碘钨灯的瓷接线座上即可。

5.1.1.3 荧光灯

荧光灯包括普通荧光灯和紧凑型荧光灯两种。它的原理是利用汞蒸气在外加电压作用下产生弧光放电，发出少许可见光和大量紫外线，紫外线又激励灯管内壁涂覆的荧光粉，使之发出大量的可见光。

普通荧光灯又称日光灯，由灯管、启辉器、镇流器、灯架和灯座等部件组成。灯管的结构

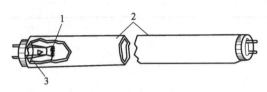

图 5-3 荧光灯灯管

1—电极；2—玻璃管（内表面涂荧光粉）；3—水银

如图 5-3 所示。镇流器（电感）的作用是：限制灯丝预热的电流；产生高压脉冲来启动日光灯管放电点燃；日光灯正常工作时起降压限流作用，使启辉器不再辉光放电，保证日光灯工作电流适当。启辉器的作用为配合镇流器，产生瞬间高电压启动灯管。

普通荧光灯的优点是发光效率要比白炽灯高得多，在使用寿命方面也优于白炽灯；缺点是荧光灯的显色性较差（光谱是断续的），特别是它的频闪效应，容易使人眼产生错觉，应采取措施消除频闪效应。另外，荧光灯需要启辉器和镇流器，使用比较复杂。现在普遍使用电子镇流器，它的优点是：通过高频化提高灯效率，可以瞬间点灯，无频闪，无噪声，自身功耗小，体积小，重量轻，可以实现调光等。

紧凑型荧光灯的发光原理与普通荧光灯相同，启辉器和镇流器的功能是由内置于灯中的电子线路提供的，灯的体积大大减小，如图 5-4 所示。紧凑型荧光灯正逐步替代白炽灯，其节电率高，15W 的紧凑型荧光灯亮度与 75W 的白炽灯相当。寿命长，平均寿命 8000h，最长达 20000h，白炽灯只有 1000～2000h。标准的紧凑型荧光灯启动时间较长，如果启动次数频繁，会大大缩短其使用寿命。如果启动次数增加 3 倍，其寿命将会缩短 50%。感应型或无电极型荧光灯则能瞬时启动，并且开关次数不会影响其使用寿命（可长达 100000h）。

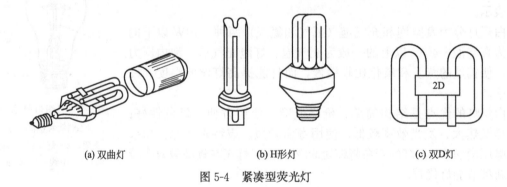

(a) 双曲灯   (b) H形灯   (c) 双D灯

图 5-4 紧凑型荧光灯

5.1.1.4 高压汞灯

高压汞灯（又称高压水银灯）与日光灯一样，同属于气体放电光源，且在发光管内都充以汞，均依靠汞蒸气放电而发光。但日光灯属于低压汞灯，即发光时的汞蒸气压力低，而高压汞灯发光时的汞蒸气压力高。它具有较高的光效、较长的寿命和较好的防振性能的特点。但也存在显色性能差、点燃时间长和电源电压跌落时会出现自熄等不足之处。高压汞灯的外形和结构如图 5-5 所示。

5.1.1.5 高压钠灯

高压钠灯也是一种气体放电光源，是利用钠蒸气放电而发光的，也分有高压的和低压的两种，作为照明灯使用的大多数是高压钠灯。高压钠灯发光管较长较细，管壁温度高达 700℃以上，且钠对石英玻璃有较强的腐蚀作用，故管体由多晶氧化铝（陶瓷）制成，泡体由硬玻璃制成，灯头也为螺口式，其外形和结构如图 5-6 所示。

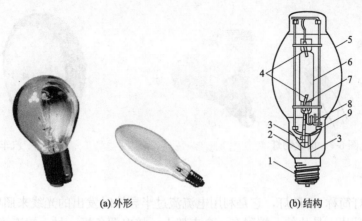

图 5-5　高压汞灯

1—灯头；2—抽气管；3—导线；4—主电极；5—玻璃壳；6—石英放电管；
7—辅助电极；8—启动电阻；9—支架

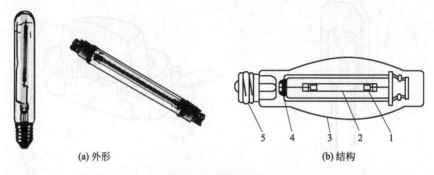

图 5-6　高压钠灯

1—主电极；2—半透明陶瓷放电管（内充钠、汞及氙或氖氩混合气体）；
3—外玻壳（内壁涂荧光粉，内外壳间充氮）；4—消气剂；5—灯头

　　高压钠灯比高压汞灯具有更高的光效和更长的使用寿命。光色呈橘黄偏红，具有较强的穿透性，多雾或多垢的环境中作为一般照明，有着较好的照明效果。在城市中，现已较普遍地采用高压钠灯作为街道照明。

5.1.1.6　金属卤化物灯

　　金属卤化物灯是在高压汞灯的基础上发展起来的，它克服了高压汞灯显色性差的缺点。在高压汞灯内添加某些金属卤化物，靠金属卤化物的不断循环，向电弧提供相应的金属蒸气，于是就发出表征该金属特征的光谱色。

　　金属卤化物灯具有光色好、光效高、受电压影响小等优点，是目前比较理想的光源。选择适当的金属卤化物并控制相对比例，便可制成各种不同光色的金属卤化物灯。

　　常用的金属卤化物灯有钠铊铟灯和管形镝灯。几种常见的卤钨灯外形如图 5-7 所示。

5.1.1.7　氙灯

　　氙灯为惰性气体弧光放电灯，高压氙气放电时能产生很强的白光，接近连续光谱，与太阳光十分相似，故有"人造小太阳"之称。汽车氙气照明大灯的外形如图 5-8 所示，它消耗的功率低，可靠性高，不受车上电压波动的影响，大大提高了夜间行车的可视度。氙气灯取代传统卤化物灯将是汽车乃至照明领域发展的趋势。

图 5-7　卤化物灯

图 5-8　汽车氙气照明大灯

5.1.1.8　LED 灯

发光二极管灯简称 LED 灯，它是利用电流流过半导体时发出的光线来照明的。LED 的心脏是一个半导体晶片，晶片的一端附在一个支架上，接电源负极，另一端连接电源的正极，整个晶片被环氧树脂封装起来，其结构如图 5-9 所示。

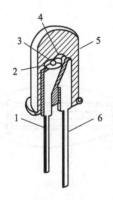
(a) 小功率灯珠
1—负极引脚；2—反射帽；3—LED芯片；4—黄金导线接合部分；5—圆形环氧树脂透镜；6—正极引脚

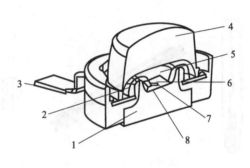
(b) 大功率贴片
1—散热片；2—黄金导线；3—阴极；4—塑料透镜；5—硅密封；6—半导体芯片；7—焊接连接；8—带有静电保护的接口

图 5-9　LED 的结构

一个发光二极管（LED）平均消耗的电流只有 20mA，根据颜色的不同，电压降在 1.7～4.6V 之间。这些特性适用于低压电源供电，特别是电池供电的场合。如电源为市电，则需使用整流器将电源变换为发光二极管所需电源。发光二极管功耗低，可在极低的温度下工作，所以使用寿命特别长。需要高亮度照明的地方需很多发光二极管串联使用。

LED 球泡是指发出的光线为发散性的 LED 灯泡，接口方式采用了通用的螺口式，为了防止眩光问题，外壳通常会使用磨砂玻璃或亚克力来制作。LED 灯泡采用高性能环保材料、优质铝材加工而成，表面经过了特殊氧化处理。LED 灯泡的外形如图 5-10 所示。

图 5-10　LED 灯泡

5.1.2　常用照明灯具的类型

照明灯具的分类方法很多。

（1）按功能分类　根据照明灯具的功能不同，可分为装饰灯具和功能灯具两类。

① 装饰灯具由装饰部件和照明光源组合而

成，除适当考虑照明效率和防止眩光等要求外，主要以造型美观来满足建筑艺术上的需要。

② 功能灯具的作用是：重新分配光源的光通量，提高光的利用效率和避免眩光，创造适宜的光环境。在潮湿、腐蚀、易爆、易燃等环境中使用的特殊灯具，其灯罩还起隔离保护作用。

(2) 按使用环境分类　根据照明灯具的使用环境不同，可分为室内照明灯具和室外照明灯具两类。

(3) 按安装方式分类　根据照明灯具的安装方式，一般可分为悬吊式、嵌入式、半嵌入式、吸顶式、壁式、落地式、台式、庭院式、道路广场式，如图 5-11 所示。

(a) 悬吊式(线吊、链吊、标吊)　　(b) 吸顶式

(c) 壁式　　　(d) 嵌入式　　　(e) 半嵌入式

(f) 落地式　　(g) 台式　　(h) 庭院式　　(i) 道路广场式

图 5-11　照明灯具按安装方式分类

(4) 按照电光源的发光原理分类　根据照明灯具的发光原理，可分为热辐射光源和气体放电光源两大类。

① 热辐射光源是利用物体加热辐射发光的原理所制造的光源，主要有白炽灯、卤钨灯等。

② 气体放电光源是利用电场作用下气体放电发光的原理所制造的光源。主要有荧光灯、高压汞灯、高（低）压钠灯、金属卤化物灯和氙灯等。

(5) 按使用场所分类　根据照明灯具的使用场所不同，可分为民用灯、建筑灯、工矿灯、车用灯、船用灯、舞台台灯等。

(6) 按总光通在空间的上半球和下半球的分配比例分类　可分为直接照明、半直接照明、均匀扩散照明、半间接照明、间接照明等五种。

① **直接照明**　光源的全部或 90% 以上直接投射到被照物体上。特点是亮度大，光线集中，方向性强，给人以明亮、紧凑的感觉。

② **半直接照明**　光源的 60%～90% 直接投射到被照物体上，而有 10%～40% 经过反射后再投射到被照物体上。它的亮度仍然较大，改善了房间内的亮度比，比直接照明柔和。

③ 均匀扩散照明 利用半透明磨砂玻璃罩、乳白玻璃或特制的格栅制成封闭式的灯罩，造型美观，使光线形成多方向的漫射，其光线柔和，有很好的艺术效果，但是光通损失较多，光效较低。

④ 半间接照明 这类灯具上半部用透明材料，下半部用漫射透光材料制成。由于上半球光通量的增加，增强了室内反射光的照明效果，使光线更加均匀柔和。

⑤ 间接照明 光源 90％以上的光先照到一墙上或顶棚上，再反射到被照物体上。具有光线柔和，无眩光和明显阴影的特点，使室内具有安详、平和的气氛。

(7) 按结构形式分类 根据照明灯具的结构特点，可分为开启型、闭合型、密闭型、防爆型、安全型、隔爆型六种，如图 5-12 所示。

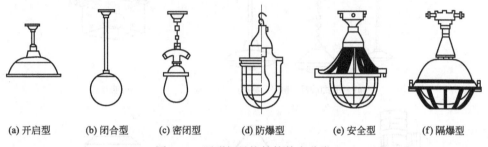

(a) 开启型　　(b) 闭合型　　(c) 密闭型　　(d) 防爆型　　(e) 安全型　　　(f) 隔爆型

图 5-12 照明灯具按结构特点分类

① 开启型 光源与外界空间直接接触（无罩）。

② 闭合型 灯罩将光源包起来，但内外空气仍能流通。

③ 密闭型 灯罩固定处加以严密封闭，内外空气不能流通。

④ 防爆型 灯罩及其固定处和灯具外壳均能承受所要求的压力，符合《防爆电气设备制造检验规程》的规定，可用于有爆炸危险性介质的场所。

⑤ 安全型 透光罩将灯具内外隔绝，在任何条件下，不会因灯具引起爆炸的危险。

⑥ 隔爆型 结构特别坚实，并且有一定的隔爆间隙，即使发生爆炸也不易破裂。

5.1.3 常用照明灯具的选用

照明灯具的品种很多，选择灯具时，除了要考虑灯具外形、结构、价格、功率、效果、安全等方面的因素外，还应重点考虑电光源的特性和灯具的安装方式。

5.1.3.1 电光源的特性及选用

在选用电光源时，首先应考虑光效高、寿命长；其次再考虑显色指数、启动性能以及其他次要指标；最后综合考虑环境条件、初期投资与年运行费用等。

选择照明光源时，一般考虑如下因素。

① 对于一般性生产车间、辅助车间、仓库和站房，以及非生产性建筑物、办公楼和宿舍、厂区道路等，优先考虑选用投资低廉的白炽灯和简座日光灯。

② 照明开闭频繁，需要及时点亮、调光和要求显色性好的场所，以及需要防止电磁波干扰的场所，宜采用白炽灯和卤钨灯。

③ 对显色性和照度要求较高，视看条件要求较好的场所，宜采用日光色荧光灯、白炽灯和卤钨灯。

④ 荧光灯、高压汞灯和高压钠灯的抗振性较好，可用于振动较大的场所。

⑤ 选用光源时还应考虑到照明器的安装高度。白炽灯适宜的悬挂高度为 6～12m，荧光灯

为 2～4m，高压汞灯为 5～18m，卤钨灯为 6～24m。对于灯具高挂并需要大面积照明的场所，宜采用金属卤化物灯和氙灯。

⑥ 在同一场所，当采用的一种光源的光色较差时，可考虑采用两种或多种光源混合照明。

常用电光源的特性及应用情况如表 5-1 所示。

表 5-1 常用电光源的特性及应用情况

类 别	特 性	应用场所
白炽灯	①简单,可靠,价格低,装修方便,光色柔和 ②发光效率较低,寿命较短(一般仅 1000h)	广泛应用于各种场所
碘钨灯	①简单,可靠,光色好,体积小,装修方便,发光效率比白炽灯高 30%左右 ②灯管须水平安装(倾斜度不可大于 4°),灯管温度高(可达 500～700℃)	广场,体育场,游泳池,工矿企业的车间,工地,仓库,堆场和门灯,以及建筑工地和田间作业等场所
荧光灯(日光灯)	①寿命长(比白炽灯长 2～3 倍),光色较好,发光效率比白炽灯高 4 倍左右 ②功率因数低(0.5 左右),附件多,故障较多	广泛应用于办公室,会议室和商店等场所
高压汞灯(高压水银荧光灯)	①寿命长(比白炽灯长 3 倍),耐振,耐热性能好,寿命是白炽灯的 2.5～5 倍 ②启辉时间长,适应电压波动性能差(电压下降 5%可能会引起自熄)	广场,大型车间,车站,码头,街道,露天工场,门灯和仓库等场所
钠灯	①发光效率高,耐振性能好,寿命长(比白炽灯长 10 倍以上),光线穿透性强 ②辨色性能差	街道,堆场,车站和码头等,尤其适用于多露多尘的场所,作为一般照明用
金属卤化物灯(如镝灯等)	①光效高,辨色性能较好 ②若安装不妥易发生眩光和较高的紫外线辐射	适用于大面积高照度的场所,如体育场,游泳池,广场,建筑工地等
氙气灯	①光效高,辨色性能好 ②简单,可靠性高,受电压波动的影响小,属强光灯	适用于大面积高照度的场所,如体育场,游泳池,广场,建筑工地等
LED 灯	①结构新颖,无汞环保,无电磁辐射,节能,是取代传统白炽灯的理想选择 ②简单,可靠,光色好,体积小,装修方便	主要应用在品牌专卖店,商场,酒店,写字楼,家居等照明场所

5.1.3.2 灯具安装方式的选择

(1) 吊灯 一般为悬挂在天花板上的灯具，是最常采用的普遍性照明，有直接、间接、下向照射及均散光等多种灯型。吊灯的大小及灯头数的多少均与房间的大小有关。吊灯一般离天花板 500～1000mm，光源中心距离天花板以 750mm 为宜。也可根据具体需要或高或低。

吊灯一般多用于整体照明，如门厅、餐厅、会议室等处。由于吊灯的造型、大小、质地与色彩均对室内空间环境气氛产生影响，故作为灯饰，在选用时一定要考虑到与整体内部空间环境的协调。

花吊灯是一种典型的装饰灯具，它不以高照度和低眩光为目的，有时甚至要刻意产生一些闪烁的眩光，以形成绮丽多姿的效果。花吊灯的样式繁多，外形生动，具有闪烁感，安装暖色调电光源时，能在室内形成一个（或多个）温暖明亮的视觉中心。

(2) 吸顶灯 直接安装在天花板面上的灯型。包括有下向投射光、散光及全面照明等几种灯型，光源有白炽灯和荧光灯，特点是可使顶棚较亮，构成全房间的明亮感。缺点是易产生眩光。由于一般住宅层高都比较低，所以被广泛采用。但吸顶灯的造型、布局组合方式、结构形式和使用材料等，要根据使用要求、天棚构造和审美要求来考虑。灯具的尺度大小要与室内空间相适应，结构上一定要安全可靠。吸顶灯多用于会议室与走廊等场所。

(3) 嵌顶灯 泛指嵌装在天花板内部的隐式灯具。灯口与天花板衔接，通常属于向下投射的直接光灯型。其优点是天花板面整齐，节省层高，但是灯具散热性能不好，发光效率不高，一般不宜作为主光源，而作为主光源灯具的陪衬和点缀。针对目前住宅建筑层高偏低，大面积吊顶本就不合时宜，因此该嵌顶灯（如筒灯），也只在局部装饰性吊顶时使用。在有空调和有吊顶的房间采用较多。

(4) 壁灯 壁灯是安装在墙壁上的灯具。是室内装饰及补充型照明的灯具。由于距地面不高，一般都用低瓦数灯泡。灯具本身的高度，大型的为 450～800mm，小型的为 275～450mm。灯罩的直径，大型的为 ϕ150～250mm，小型的为 ϕ110～130mm。灯具距墙壁面的距离大体上是 95～400mm。壁灯常用的光源功率，大型的使用 100W、150W 的白炽灯泡，小型的使用 40W、60W 的白炽灯泡。也可直接用紧凑型荧光灯替代白炽灯泡。

壁灯具有一定的功能性，如在无法安装其他照明灯具的环境中，就要考虑用壁灯来进行功能性的照明。比如楼梯间内无法在顶棚安装灯具，而使用壁灯就能解决照明问题。再比如空间不规则的卫生间，也可采用壁灯进行照明，另外在高大的空间内，吊灯无法使整个空间的每个角落都能得到足够的照明，这时选用壁灯来作为补充照明，就能解决照度不足的问题。

壁灯的光线比较柔和，且造型精巧、别致，故常用于大门、门厅、卧室、浴室、走廊及公共建筑的壁面上。壁灯与其他照明灯具配合使用，可以丰富室内光环境，增强空间层次感，改善明暗对比。

(5) 移动灯 它是指可以根据室内空间环境需要自由放置的灯具。主要包括放置在书桌、床头柜与茶几等上面用于局部照明的台灯和摆在沙发及茶几附近用于局部照明的落地灯，以及用于床头的夹子灯等。它是一种便于弹性使用的灯具，既具有实用性，又具有装饰性，其灯具造型、色彩与质地选择恰当，可为室内空间环境增色不少。

大型落地灯高度为 1520～1850mm，灯罩直径为 400～500mm，使用 100W 的白炽灯泡；小型落地灯高度为 1080～1400mm 或 1380～1520mm，灯罩的直径为 250～450mm，使用 60W 或 75W、100W 的白炽灯泡；中型的落地灯高度为 1400～1700mm。大型的台灯总高度为 500～700mm，灯罩直径是 350～450mm，使用白炽灯时一般用 60W 或 75W、100W 的灯泡；小型台灯总高度为 250～400mm，灯罩直径是 200～350mm，使用白炽灯时一般用 25W 或 40W 的灯泡；中型台灯的总高度为 400～550mm。

(6) 建筑照明灯 也称为结构式照明装置，是指固定在天花板或墙壁上的线型或面型照明灯。通常有顶棚式、檐板式、窗帘遮板式以及光墙等多种。结构式照明一般都采用日光灯管为光源。顶棚式为间接照明，檐板式为直接照明，其他多为半间接均散光。此种照明方式通常都用来作背景光或装饰性照明，须配合建筑物的结构要件作整体考虑。

(7) 投射灯 投射灯是利用光束集中照射于某一物品、某一场地等的照明灯具。灯的照射角度可以任意调节，在建筑及其相关室内空间多用于局部需要特别照射的物体上，诸如挂画、工艺品、雕塑、壁画等，从而可为室内空间环境提供一个重点的欣赏区域。

(8) 舞台灯 在舞台照明上广泛使用的灯具。为演出时用于侧光、面光、顶光，及其他需要布光的场合，如礼堂、会场、剧场等。类型很多，如：聚光灯、散光灯、回光灯、柔光灯、追光灯、PAR 灯、电脑灯、舞台幻灯等。

(9) 轨道灯 它是由轨道与灯具组合而成的，其灯具可沿轨道进行移动，而灯具本身也可改变投射角度，是用于局部照明的灯具。其特点是可以通过集中投光以增强某些特别需要强调的物体的照明，多用于饭店、会馆、宾馆的照明，以达到使被照对象引人注目的效果。轨道灯的轨道可固定或悬挂在顶棚上，必要时可布置成"十"字形与"口"字形，这样其灯具移动的范围就可得以扩大。

此外，照明灯具还有工作灯、浴室灯、发光棚，以及广泛用于户外的座灯、路灯、园灯、广告灯、信号灯与探照灯，还有大堂中的彩色旋转球灯、会馆中的无影灯与饭店中的各种专用灯具等。

5.2 常用配电及照明线路

5.2.1 常用配电线路

配电是指电力的分配。配电分为电业系统对用户的电力分配（简称供电）和用户内部对用电设备的电力分配两种。

这里简单介绍电业系统对用户的电力分配。

5.2.1.1 配电的种类

配电分为高压配电和低压配电两种。配电电压的选择取决于用户的分布、用电性质、负载密度和特殊要求等情况。

① 高压配电 常用的高压配电电压有 10kV 和 6kV 两种。用电量大的用户，也有用 35kV 高压或 110kV 超高压直接供电的。

② 低压配电 低压配电电压为 380/220V。

5.2.1.2 供电级别

根据用户用电的性质和要求不同，供电部门将用户的负荷分为三级。

① 一级负荷 突然停电将会造成人员伤亡或主要设备将受到损坏且长期难以修复，或对国民经济带来巨大损失的负荷。如炼钢厂、石油提炼厂、矿井和大型医院等。

一级负荷的电力应来自两个一次变电站（至少是来自一个一次变电站的两台变压器）；同时，电力的馈送必须采用双端（即双回路）的专线线路供电。

② 二级负荷 突然停电将会造成大量产品或工件报废，或导致复杂的生产过程出现长期混乱，或因处理不当而发生人身设备事故，或致使生产上受到重大损失的负荷。如抗菌素制造厂、水泥厂大窑和化纤厂等。

二级负荷的电力应来自于两个二次变电站（至少是来自一个二次变电站的两台变压器）；同时，电力的馈送必须采用双端线路（即双回路）供电。

③ 三级负荷 除一、二级负荷以外的其他用户，均属三级负荷。三级负荷的电力，允许因电力输配电系统出现故障而暂时停电。

5.2.1.3 配电线路

(1) 配电线路的结构类型 配电线路的结构类型有环状配电线路、双端配电线路和单端配电线路三种。

① 环状配电线路 配电线路中有多端电源连接点，且不是同接于一个变电站或同一台变压器。因此，不至于某一变电站或某一台变压器发生故障而突然停电。应用于用户集中、负荷密度较高、用电量较大的城镇高压配电线路中，有些地区低压配电线路也连成环状。

② 双端配电线路 在配电线路两端分别与两个变电站或两台变压器进行连接。可显著地减少故障停电。应用于一般城镇和负荷密度较高的农村。

③ 单端配电线路　只连接一个变电站或一台变压器的配电线路。只适用于对三级负荷的用户进行供电。

(2) 配电线路的布局形式　高、低压配电线路的布局形式有树干形、放射形和筋骨形等多种，如图 5-13 所示（图中 1 是指变电站或配电变压器，2 是指用户分布点）。

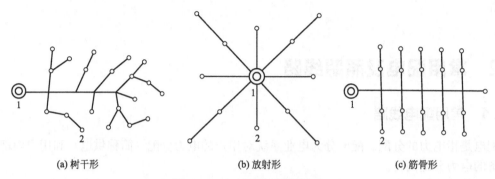

|　　　(a) 树干形　　　|　　　(b) 放射形　　　|　　　(c) 筋骨形|

图 5-13　配电线路的布局形式

布局形式的选用以最短的配电距离而能分布到最多的用户为原则。

5.2.2　常用照明灯具线路

5.2.2.1　电源

照明线路的供电应采用 380/220V 三相四线制中性点直接接地的交流电源，照明设备装在相线与零线之间。易触电、潮湿等危险场所和局部移动式的照明，应采用 48V、36V、24V、12V 的安全电压。照明配电箱的设置位置应尽量靠近供电负荷中心，并略偏向电源侧，同时应便于通风散热和维护。

在正常情况下，照明灯具处电压偏差允许值（以额定电压的百分数表示）可按表 5-2 的要求验算。

表 5-2　照明允许电压偏差值

照明场所及照明类别	允许电压偏差值	照明场所及照明类别	允许电压偏差值
在一般工作场所	±5%	对于远离变电所的小面积一般工作场	+5%、−10%
在视觉要求较高的屋内场	+5%、−2.5%	应急照明、道路照明和警卫照明	+5%、−10%

5.2.2.2　照明灯具供电线路

照明灯具供电线路是指从低压配电屏到用户照明配电箱之间的接线方式，主要由馈电线、干线、分支线及配电箱（盘）组成，如图 5-14 所示。馈电线是将电能从变电所低压配电屏送

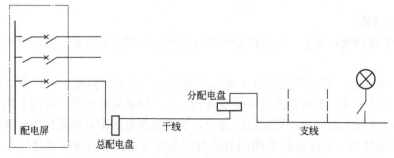

图 5-14　照明供电线路的组成形式

到区域（或用户）总配电箱的线路；干线是将电能从总配电箱送至各个分照明配电箱的线路；支线是将电能从各分配电箱送至各户配电箱（灯具）的线路。

从总配电箱到分配电箱的干线有放射式、树干式、混合式和链式四种供电方式，如图 5-15 所示。

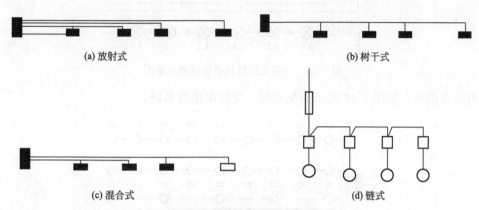

图 5-15　照明干线的供电方式

(1) 放射式　如图 5-15(a) 所示。放射式接线就是各分配箱与总配电柜（箱）之间为独立的干线连接，各干线互不干扰，当某干线出现故障或需要检修时，不会影响到其他干线的正常工作，故供电可靠性较高。

(2) 树干式　如图 5-15(b) 所示，各分配电箱的电源由同一条专用干线供电。当某一分配电箱发生故障时，会影响其他分配电箱的工作，所以此供电方式可靠性较差，但节省材料，较经济。

(3) 混合式　如图 5-15(c) 所示，放射式和树干式混合使用供电。这种供电方式兼顾材料消耗的经济性，又保证电源具有一定的可靠性。

(4) 链式　如图 5-15(d) 所示。该供电方式与树干式有些相似，这种接线方式的投资和有色金属的用料较少，但在供电可靠性方面较树干式差。

5.2.2.3　照明支线

(1) 支线供电范围　单相支线长度不超过 20~30m，三相支线长度不超过 60~80m，每相的电流以不超过 15A 为宜。每一单相支线所装设的灯具和插座不应超过 20 个。若安装的插座数量较多或插座所接设备的容量较大时，插座应专设支线供电，以提高照明线路供电的可靠性。

(2) 支线导线截面积　室内照明支线线路较长，转弯和分支较多，因此为方便施工，支线截面积不宜过大，通常在 1.0~4.0mm² 范围内，最大不应超过 6mm²。当单相支线电流大于 15A 或导线截面积大于 6mm² 时，应采用三相或两条单相支线供电。

(3) 频闪效应和限制措施　为限制交流电源的频闪效应（电光源随交流电的频率交变而发生的明暗变化称为交流电的频闪效应），三相支线的灯具可按如图 5-16 所示的方法进行弥补，并尽可能使三相负载接近平衡。

5.2.2.4　照明典型供电线路

(1) 工业厂房照明配电系统　工业厂房的配电系统一般根据厂房的性质、面积和使用要求，往往采取集中、分层、分区控制的方式。照明干线从车间变电所低压配电屏引入车间总配电柜（箱）后，采用放射式或树干式引入各区域（层）配电箱，再由分配电箱引出支线向各灯

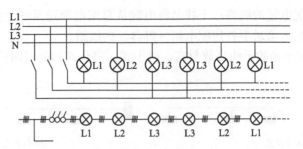

图 5-16　三相支线灯具最佳排列示意图

具及用电设备供电。如图 5-17 所示为某车间一层照明供电系统。

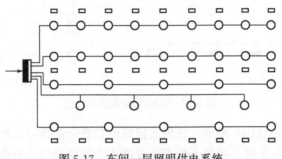

图 5-17　车间一层照明供电系统

　　(2) 多层公用建筑的照明配电系统　图 5-18 所示是多层建筑（如办公楼、教学楼等）的配电系统。其进户线直接进入大楼的传达室或配电间的总配电柜（箱），由总配电柜（箱）采取干线（竖井）或立管方式向各层分配电箱供电，再经分配电箱引出支线向各房间照明设备供电。

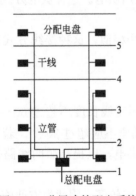

图 5-18　分层建筑配电系统

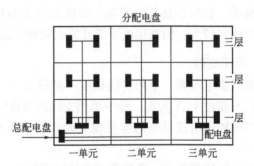

图 5-19　住宅照明配电系统

　　(3) 住宅照明配电系统　图 5-19 所示是典型的住宅照明配电系统。它以每一楼梯间作一单元，进户线引至该住宅的总配电箱，再由干线引至每一单元的配电箱，各单元采用树干式（或放射式）向各层用户的分配电箱供电。
　　(4) 高层建筑的照明配电系统　图 5-20 所示为高层建筑照明配电系统的四种常用方式。其中（a）、（b）、（c）为混合式，它是先将整幢楼按区域和层分为若干供电区，大楼设电气干线竖井，按负荷特点划分供电区，每路干线向一个供电区供电，故又称为分区树干式配电系统。方案（a）与（b）基本相同，方案（b）增加了一个共用回路，共用回路采用了树干式配电，可作为各用电点备用回路。方案（c）增加了一个分区配电箱，它与（a）和（b）相比较，其可靠性比较高。方案（d）采用了大树干式配电方式，配电干线少，减少了低压配电屏及馈电回路数，安装维护方便，但供电的可靠性较差。

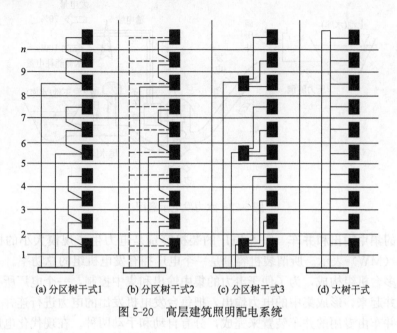

(a) 分区树干式1　　(b) 分区树干式2　　(c) 分区树干式3　　(d) 大树干式

图 5-20　高层建筑照明配电系统

5.3　供电系统

5.3.1　电力网基本知识

现代化电力系统的规模都较大，通常把许多个城市的所有发电厂都连并起来，形成大型的电力网络，对电力进行统一的调度和分配。这样不但显著地提高经济效益，而且还有效地加强了供电的可靠性。

5.3.1.1　发电厂

(1) 发电厂的种类　发电厂又叫发电站，简称电厂或电站，是生产电力的工厂。按发电所用的能源，可分为火力发电、水力发电、风力发电和核能发电等多种。

火力发电厂是利用燃料（煤、石油、天然气等）的化学能来生产电能的，其主要设备有锅炉、汽轮机、发电机，如图 5-21 所示。

水力发电厂是利用水的位能来生产电能的。利用拦水坝来汇集水量，提高水位，使其相对于下游具有一定的落差。经过引水管渠，将水库中的水送入水轮机，推动其旋转，使水的势能转换

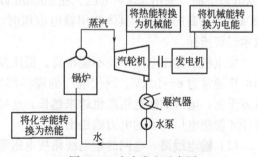

图 5-21　火力发电示意图

成机械能。水轮机与发电机是联轴的，带动发电机转子一起转动，使机械能转换成电能，如图 5-22 所示。

核能发电厂又称"核电厂"，它是利用原子核的裂变能（即"核能"）来生产电能的电站。核能是极其巨大的能源，而且核电建设具有重要的经济和科研价值，所以世界各国都很重视核电建设，核电发电量的比重正在不断增长。

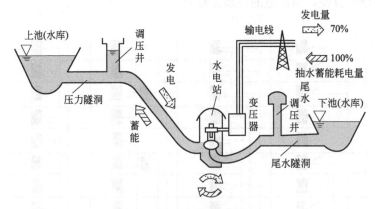

图 5-22　水力发电示意图

（2）电力的集中输出和并车　一个电厂的装机容量是电力生产规模大小的标志，用千瓦（kW）或兆瓦（MW）表示。所谓装机容量是一个电厂拥有发电机组的总功率。一般中、大型电厂，往往由多台机组构成，为了便于电力的集中输出和集中控制，一个电厂所有机组发出的电力通常都连并起来，形成集中的电力输出，把每台发电机发出的电力进行连并，这个技术操作叫做并车。并车由专用的并车装置来完成，分有自动和手动两种。在现代化电厂中，都采用自动的并车装置。并车的主要技术条件是：需并入电力网的发电机所发出电力的频率和相序应与网路上的频率和相序保持一致。

把并入并车运行的发电机从电力网上解脱出来，这一技术操作叫做解列。

（3）电力的质量指标　对电厂来说，生产交流电的质量主要考核指标有电压、频率和波形三项，而以电压和频率更为重要。

5.3.1.2　输电线路

（1）高电压输电　电力网都采用高电压、小电流输送电力。根据电工理论可知，采用低电压、大电流输送电力是很不经济的，因此电力系统的容量越大、输电距离越长，就要求把输电电压升得越高。

目前，在大型电网中，输电距离超过数百公里的已比较普遍。在一般情况下，输电距离在50km 以下的，采用 35kV 电压。在 100km 以下的，采用 110kV 电压。超过 200km 的，采用220kV 或更高的电压。具体选用输电电压时，尚需就输电容量和线路投资等因素综合考虑其技术经济指标。

发电机的输出电压往往不能很高。低压发电机的输出电压一般为 400V，高压发电机的输出电压通常为 6～10kV。现代电厂的规模都很大，装机容量一般都在几十万千瓦，有的达几百万千瓦，电网的输电距离也越来越长。这样庞大的电力，这样长的电力输送距离，必须经过升压才能把电厂所发的电力输送出去。

（2）输电线路　电网的输电线路按电压等级分为高压级和超高压级两种。我国高压输电的标准电压为 35kV。超高压输电电压有 110kV、220kV、330kV、500kV、750kV、1000kV 等多种。

输电线路一般采用架空线路，在跨越江河和通过闹区以及不允许采用架空线路的区域，则需采用投资较大的电缆线路。

架空输电线路按不同的电压等级采用不同的杆塔。对 35kV 线路，通常采用混凝土杆单杆架设，2～4 个悬式绝缘子串接作导线支持点；对 110kV 线路，用混凝土单、双杆或铁塔架设，用7~9个悬式绝缘子作导线支持点；对220kV线路，用铁塔架设，用13个及以上悬式绝缘子串接作导线支持点；对220kV以上的线路，除用更高大的铁塔架设外，还改用分裂导线。所谓分裂导线，就是每相架空线不采用单根导线，而采用数根较小直径的导线，均匀地分布在圆环四周，这样，能明显地扩大每相导线占有空间的直径，从而能有效地减少产生电能的损耗。

5.3.1.3 变配电所

变电即变换电网的电压等级。要使不同电压等级的线路连成整个网络，需要通过变电设备统一电压等级来进行衔接。在大型电力系统中，通常设有一个或几个变电中心，称为中心变电站。变电中心的使命是指挥、调度和监视整个电网（或一大区域）的电力运行，进行有效的保护，并有效地控制故障的蔓延，以确保整个电网的运行稳定与安全。

变电分为输电电压的变换和配电电压的变换，前者通常称为变电站，或称一次变电站，主要是为输电需要而进行的电压变换，但也兼有变换配电电压的设备；后者通常称为变配电站（所），或称二次变电站，主要是为配电需要而进行电压变换，一般只设置变换配电电压的设备；如果只具备配电功能而无变电设备，则称为配电站（所）。变配电站馈送的电力在到达用户前（或进入用户后），通常尚需再进行一次电压变换，这级变电，是电网中的最后一级变电。

电力从电厂到用户，电压要经过多级变换。经过变电而把电压升高，称为升压；把电压降低的，称为降压。用来升降电压的变压器称为电力变压器。习惯上把高压配电线路末端变电的电力变压器，称为配电变电器（简称配变）。

5.3.1.4 电能用户

在电力系统中，一切消耗电能的用电设备均称为电能用户。用电设备按其用途可分为动力用电设备（如电动机等），工艺用电设备（电解、冶炼、电焊等），电热用电设备（电炉、干燥箱等）以及生活与照明用电设备等，它们分别将电能转换为机械能、热能和光能等不同形式，以适应生产和生活对电能的需要。

图5-23所示是从发电厂、变电所、电力线路到电能用户的送电过程示意图。

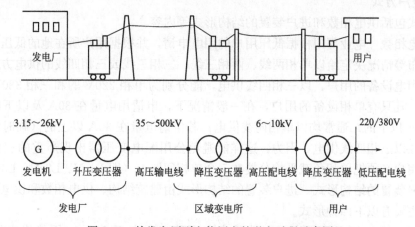

图5-23 从发电厂到电能用户的送电过程示意图

5.3.1.5 电力系统

为了提高供电的可靠性、经济性，以及合理调配电力，必须将各种类型发电厂的发电机、变电所的变压器以及输电线、配电设备和用电设备联系起来组成整体，称为电力系统，如图5-24所示。

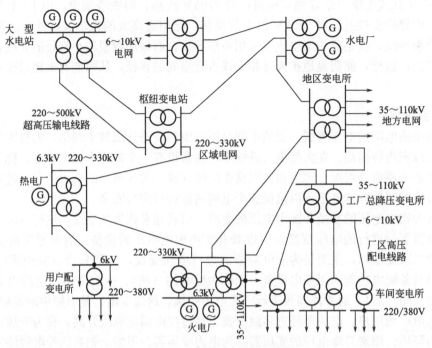

图 5-24 大型电力系统示意图

5.3.2 低压进户装置

电源线路由户外通入户内的这一电气装置，称为进户装置。由户内馈出户外的，称为出户装置。但因结构完全相同，又因进户装置用得较多，故习惯上均以进户装置通称这两个电气装置。

5.3.2.1 进户方式

进户方式包括供电相数和进户装置的结构形式等内容。

(1) 供电相数 电业部门根据低压用户的用电申请，并根据用户所在地的低压供电线路容量和用户分布等情况决定给以单相两线、两相三线、三相三线或三相四线的供电方式。凡兼有单相和三相用电设备的用户，以三相四线供电，能分别为单相 220V 的和三相 380V 的用电设备提供电源。凡只有单相设备的用户，在一般情况下，申请用电量在 30A 及以下的（申请临时用电在 50A 以下的）通常均以单相两线供电；若申请电量在 30A 以上的（临时用电在 50A 以上的）往往以三相四线供电，因为，这样能避免公用配电变压器出现严重的三相负载不平衡，所以，用户必须把单相负载平均分接在三个单相回路上（即 L1-N、L2-N、L3-N）。

(2) 进户装置的结构形式 进户装置的结构形式由建筑结构、供电相数和供电线路状况等因素决定，主要有以下四种形式。

① 如图 5-25(a) 所示：进户点离地垂直高度等于或高于 2.7m，用绝缘电线穿套瓷管进户。

② 如图 5-25(b) 所示：进户点离地垂直高度低于 2.7m，而接户点高于 2.7m，用绝缘电线穿套瓷管，或用塑料护套线穿套瓷管进户。

③ 如图 5-25(c) 所示：进户点离地垂直高度低于 2.7m，接户点加装进户杆后高于 2.7m，用绝缘电线穿线管，或用塑料护套线穿瓷管进户。

④ 如图 5-25(d) 所示:进户点离地垂直高度高于 2.7m,而接户线因需跨越路面、河道或其他障碍物而放高,进户点与接户点之间的距离拉长,进户线须作固定安装进户。

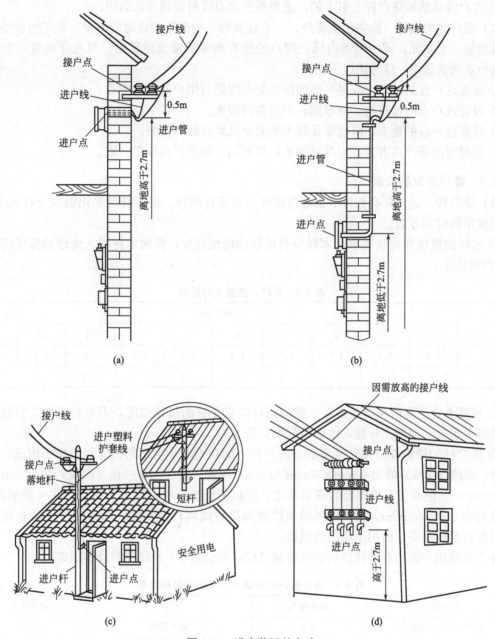

图 5-25 进户装置的方式

5.3.2.2 进户装置

(1) 进户装置的组成 进户装置由用户的进户线、进户管、进户杆以及电业部门的接户线四部分组成,并构成两点,即进户点和接户点。进户点是进户线穿过墙壁通入户内的一点,穿墙的一段进户线必须用管子加以保护;接户点是进户线在接户线上引接电源的一点。

进户点与接户点之间的标准垂直距离为 0.5m,凡超过 0.5m 的,进户线必须进行固定,固定的方法有:

① 进户线用绝缘电线穿线管进户的,线管按线管安装方法固定。

② 进户线用绝缘电线穿瓷管进户的，绝缘电线按绝缘子线路安装方法固定。

③ 进户线用塑料护套线穿管进户的，塑料护套线按塑料护套线线路安装方法固定。

④ 进户线从落地进户杆上引下的，进户线按架空线路安装方法固定。

(2) 进户点的选择 除备用电源外，一个建筑物、内部互相连通的房屋、职工宿舍楼或大楼建筑的每一个单元、同一围墙内同一用户的所有相邻的独立建筑物，只允许设置一个进户点。进户点的选择中，应考虑以下四点：

① 设置进户点的地方，应尽可能地接近配电线路与用户的负载中心。

② 设置进户点的建筑物，应牢固，不会渗漏雨水。

③ 设置进户点的地方，应能保证施工的安全及维修时的方便。

④ 所设置的进户点方式，应尽可能地与邻近用户的进户点取得一致。

5.3.2.3 进户装置的安装

(1) 进户杆 进户杆有长杆（也称落地杆）和短杆两种。进户杆可采用混凝土杆或木杆，形状可采用圆的或方的。

① 木杆的规格和安装要求 木杆应有足够的机械强度，落地木杆埋入地面的深度应按表5-3所列的规定。

表 5-3 木杆、混凝土杆埋深

电 杆	杆长/m									
	4	5	6	7	8	9	10	11	12	13
木杆	1.0	1.0	1.1	1.2	1.4	1.5	1.7	1.8	1.9	2.0
混凝土杆	—	—	—	1.4	1.5	1.6	1.7	1.8	1.9	2.0

② 混凝土杆的规格和安装要求 混凝土杆应有足够的机械强度，不可有弯曲、裂缝、露筋和松酥等现象。混凝土杆埋入地面的深度见表5-3。

③ 进户杆的横担规格和安装要求 进户杆上的横担通常采用角钢加装绝缘子构成。角钢规格分：单相（两线）的为 $40mm \times 40mm \times 5mm$；双相（三线）和三相（四线）的为 $50mm \times 50mm \times 6mm$。绝缘子在横担上的安装尺寸，要以两绝缘子中心距离为标准，在一般情况下，中心距离为 $150 \sim 200mm$。用户户外输电线路与接户线同杆架设时，输出线应安装在接线下方，并保持足够距离。横担不应出现倾斜。

接户线或用户输出户外线路的各种跨越高度应符合表5-4所规定的最小距离。

表 5-4 各种低压线跨越和交叉时的最小距离   m

低压线	最小距离	低压线	最小距离
跨越通车的街道	6.0	离开屋面	0.6
跨越通车困难的街道、人行道	3.5	在窗户上及民用屋脊上	0.3
跨越里弄、巷、胡同	3	在窗户、阳台下	0.7
跨越阳台、平台	2.5	与窗户、阳台的水平距离	0.75
跨越电车线	0.8	与墙壁、构架的水平距离	0.05
与通信、广播线交叉	0.6		

(2) 进户线 进户线是指一端接于接户点，另一端接于进户后总熔丝盒的这一段导线。进户线必须采用绝缘电线，且不可采用软线，中间不可有接头。进户线安全载流量应按下列各公式计算。

① 照明或电热用 导线安全载流量（A）≥所有用电器具的额定电流之和。

② 单台电动机用　导线安全载流量（A）≥电动机的额定电流。

③ 多台电动机用　导线安全载流量（A）≥容量最大的一台电动机的额定电流＋其他电动机的计算负载电流。

进户线的截面积应按安全载流量来选择，进户线的最小截面积规定为：铜芯绝缘导线不得小于 $1.5mm^2$，铝芯绝缘导线不得小于 $2.5mm^2$。进户线在安装时应有足够的长度，户外一端应保持如图 5-26 所示的弛度。进户线户外侧一端的长度，在出管口应保持 800mm 纯长（不包括与接户线的连接部分长度），否则，不能保证有近似 200mm 的弛度；户内侧一端长度，应保证能接入总熔丝盒内。

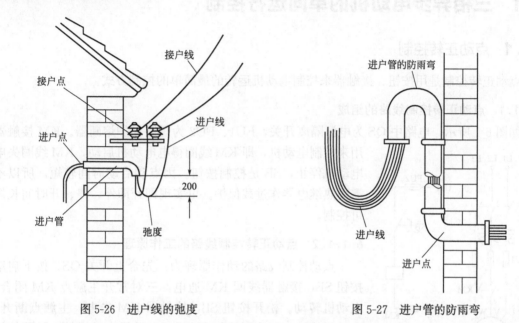

图 5-26　进户线的弛度　　　　　　　图 5-27　进户管的防雨弯

(3) 进户管　进户管是用来保护进户线的，分有瓷管、钢管和硬塑料管三种。瓷管又分有弯口的和反口的两种。

① 瓷管的规格和安装要求　进户线的截面积等于及小于 $50mm^2$ 时，采用弯口瓷管，大于 $50mm^2$ 时，采用反口瓷管。规定一根导线单独穿一根瓷管，不可一管穿多根导线。瓷管管径以内径标称，常用的有 13mm、16mm、19mm、25mm 和 32mm 等多种，按导线的粗细来选配，一般以导线截面积（包括绝缘层）占瓷管有效面积的 40% 左右为选用标准，但最小的管径不可小于 16mm。安装时，弯口瓷管的弯口应朝向地面，反口瓷管户外一端应稍低，以防雨水灌进户内。

② 钢管或硬塑料管的规格和安装要求　应把所有的进户线穿在同一根管内，管径大小应根据导线的粗细和根数选用，导线占管内的有效面积和最小管径的规定，与瓷管相同。凡有裂缝等缺损的钢管或硬塑料管，均不能应用。在安装前，钢管应经过防锈处理，如镀锌或涂漆。管内和管口处不能存有毛刺。管子伸出户外的一端应制成防雨弯，如图 5-27 所示。钢管的两端管口皆应加装护圈。进户钢管（或硬塑料管）装在进户杆上时，应装在横担下方，管口与接户点之间保持 0.5mm 的距离。进户钢管的管壁厚度不应小于 2.5mm；进户硬塑料管的管壁厚度不应小于 2mm。

第6章
三相异步电动机的控制

6.1 三相异步电动机的单向运行控制

6.1.1 点动正转控制

点动正转控制是用按钮、接触器来控制电动机运转的最简单的控制方式。

6.1.1.1 点动正转控制线路的组成

如图 6-1 所示，电路中 QS 为电源隔离开关，FU1、FU2 为短路保护熔断器。KM 接触器用来控制电动机，即 KM 线圈得电电动机启动，KM 线圈失电电动机停止，SB 是控制按钮。因点动启动时间较短，所以不需要热继电器作过载保护。可实现即开即停，停、开时间长短可控制。

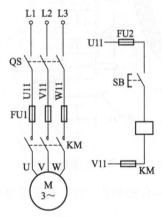

图 6-1 点动正转控制线路

6.1.1.2 点动正转控制线路的工作原理

点动控制线路的动作原理为：先合上开关 QS，按下启动按钮 SB，接触器线圈 KM 通电，三对常开主触点 KM 闭合，电动机转动。松开按钮 SB，接触器 KM 失电，主触点断开，电动机停转。即按下按钮 SB 时，电动机启动运转，松开按钮 SB 时，电动机就停转，称为点动控制线路。点动控制线路的工作原理可简单表述如下。

(1) 启动 先合上电源开关 QS。

按下按钮 SB→接触器 KM 线圈得电→KM 主触点闭合→电动机 M 启动运行。

(2) 停止 松开按钮 SB→接触器 KM 线圈失电→KM 主触点断开→电动机 M 失电停转。

停止使用时：断开电源开关 QS。

6.1.2 自锁正转控制

6.1.2.1 自锁正转控制线路的组成

在点动控制线路中，并联一对接触器常开辅助触点 KM 在启动按钮 SB2 的两端，并在控制电路中串联一个停止按钮 SB1，就组成了自锁控制线路，如图 6-2 所示。

6.1.2.2 自锁正转控制线路的工作原理

(1) 启动 先合上电源开关 QS。

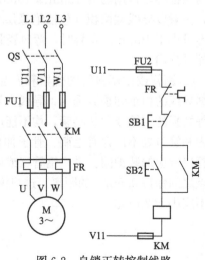

图 6-2 自锁正转控制线路

启动：按下启动按钮 SB2→KM 线圈得电 ┬→ KM 主触点闭合→电动机 M 启动运转
　　　　　　　　　　　　　　　　　　　└→ KM 常开辅助触点闭合（进行自锁）

与启动按钮 SB1 并联起自锁作用的常开触点叫自锁触点（也称自保触点）。

(2) 停止　如下所述。

停止：按下停止按钮 SB1→KM 线圈失电 ┬→ KM 主触点断开→电动机 M 停转
　　　　　　　　　　　　　　　　　　└→ KM 常开触点断开

(3) 线路电路的保护环节

① 短路保护　由熔断器作短路保护，主电路和控制电路分别用 FU1、FU2 作短路保护。

② 失压保护　正在运转的电动机，若突然停电，则接触器的自锁触点和主触点一起断开，控制电路和主电路都不会自行接通，恢复供电时，如果没有按下按钮，电动机就不会自行启动。

③ 欠压保护　当电源电压下降到较低（一般在工作电压的 85％ 以下）时，接触器线圈的磁通不足，电磁吸力小，动铁芯在弹簧反力作用下释放，自锁触点断开，失去自锁，同时主触点也断开，电动机停转，得到了保护。

④ 过载保护　电动机在运行过程中，如果由于过载或其他原因使电流超过额定值时，经过一段时间，串接在主电路中的热继电器 FR 的热元件因受热弯曲，通过热继电器内部的机械动作，能使串接在控制电路中的 FR 常闭触点断开，切断控制电路，接触器 KM 的线圈断电，主触点断开，电动机 M 便停转。

由于热继电器的热元件有热惯性，它不会瞬时动作，而要一段时间才动作，所以它只能作过载保护，而短路保护还需要用熔断器。

6.1.3　既能点动又能连续运转控制

6.1.3.1　既能点动又能连续运转控制线路的组成

图 6-3 为两种具有连续运行与点动控制的控制线路，它们的主电路相同。

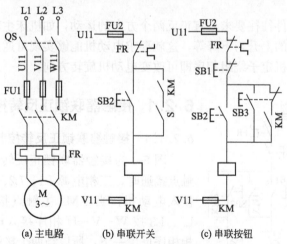

(a) 主电路　　　　(b) 串联开关　　　　(c) 串联按钮

图 6-3　连续与点动控制线路

6.1.3.2　既能点动又能连续运转控制线路的工作原理

(1) 在自锁控制电路中串联一个开关 S　如图 6-3(b) 所示。先合上电源开关 QS，当 S 打开时，按下 SB2，为点动控制；当 S 合上时，按下 SB2，为具有自锁的连续控制。

此图较简单，但由于用同一按钮进行点动和连续控制，如果疏忽了开关 S 的操作，就会引起混淆。

(2) 在自锁控制电路中增加一个复合按钮 SB3 如图 6-3(c) 所示，先合上电源开关 QS。

① 连续控制

a. 启动：按下启动按钮 SB2→KM 线圈得电 ┬→KM 主触点闭合→电动机 M 启动运转

└→KM 常开辅助触点闭合（进行自锁）

b. 停止：按下停止按钮 SB1→KM 线圈失电 ┬→KM 主触点断开→电动机 M 停转

└→KM 常开触点断开

② 点动控制

a. 启动：

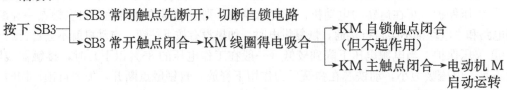

b. 停止：

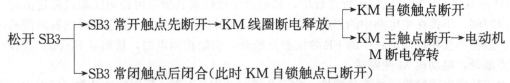

图 6-3 中点动与连续控制按钮分开了，但是当接触器铁芯因剩磁而发生缓慢释放时，就会使点动控制变成连续控制。所以这种控制线路虽然简单，但可靠性还不够，可利用中间继电器 KA 的常开触点来接通 KM 线圈，虽然加了一个电器，但可靠性将大大提高。

6.2 三相异步电动机正反转控制

生产机械的运动部件往往要求具有正反两个方向的运动，如机床主轴的正反转、工作台的前进后退、起重机吊钩的上升与下降等，这就要求电动机能够实现可逆运行。从电动机原理可知，改变三相交流电动机定子绕组相序即可改变电动机旋转方向。

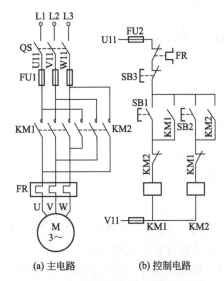

图 6-4 接触器联锁正反转控制线路

6.2.1 接触器联锁正反转控制

6.2.1.1 接触器联锁正反转控制线路的组成

图 6-4 为接触器联锁正反转控制线路。当 KM1 主触点接通时，三相电源 L1、L2、L3 按 U—V—W 相序接入电动机；当 KM2 主触点接通时，三相电源 L1、L2、L3 按 W—V—U 相序接入电动机，即 W 和 U 两相相序反了一下，所以当两个接触器分别工作时，电动机的旋转方向相反。

线路要求 KM1 和 KM2 不能同时通电，否则，它们的主触点同时闭合，将造成 L1、L3 两相电源短路。为此，在 KM1 和 KM2 线圈各自的控制支路中相互串联了对方的一对常闭辅助触点，以保证 KM1 和 KM2 不会同时通电。此两常闭辅助触点的作用称为互锁（或联锁)。

6.2.1.2 接触器联锁正反转控制线路的工作原理

接触器联锁正反转控制线路的工作原理如下。

先合上电源开关 QS。

① 正转控制：

按下 SB1→KM1 线圈得电吸合 →
- KM1 常开自锁触点闭合
- KM1 主触点闭合→电动机 M 正转
- KM1 常闭触点断开，实现对 KM2 的联锁

② 反转控制：

按下 SB3→KM1 线圈断电释放 →
- KM1 常开自锁触点断开
- KM1 主触点断开→电动机 M 停转
- KM1 互锁触点恢复闭合

再按下 SB2→KM2 线圈得电吸合 →
- KM2 常开自锁触点闭合
- KM2 主触点闭合→电动机 M 反转
- KM2 常闭触点断开，实现对 KM1 的联锁

这种线路要改变电动机的转向时，必须先按停止按钮，再按反转按钮，然后才能使电动机反转，操作不方便。

6.2.2 接触器按钮双重联锁正反转控制

6.2.2.1 接触器按钮双重联锁正反转控制线路的组成

在图 6-4 所示的接触器正反转控制线路中，若要实现电动机由正转变反转或由反转变正转的操作中，必须先停电动机，再进行反向或正向启动的控制，这样不便于操作。为此设计了接触器按钮双重联锁正反转控制线路，如图 6-5 所示（主电路与图 6-4 相同），实现了电动机直接由正转变为反转或者由反转直接变为正转的控制。它是在图 6-4 所示控制线路的基础上，采用复合按钮，用启动按钮的常闭触点构成按钮联锁，形成具有接触器、按钮双重互锁的正反转控制线路。该电路既可以实现正转→停止→反转、反转→停止→正转的操作，又可以实现正转→反转→停止、反转→正转→停止的操作。

6.2.2.2 接触器按钮双重联锁正反转控制线路的工作原理

由图 6-5 可知，当电动机由正转变为反转时，只需按下反转启动按钮 SB2，便会通过 SB2 的常闭触点断开 KM1 线圈电路，KM1 起互锁作用的触点闭合，接通 KM2 线圈控制电路，实现电动机反转运行。其详细原理可自行分析。

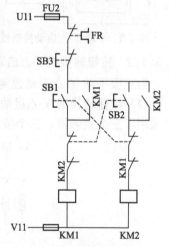

图 6-5 接触器按钮双重联锁正反转控制线路

6.3 三相异步电动机降压启动控制

三相笼型异步电动机容量在 10kW 以上时，常采用降压启动，降压启动的目的是限制启动

电流。启动时，通过启动设备使加到电动机定子绕组两端的电压小于电动机的额定电压，启动结束时，将电动机定子绕组两端的电压升至电动机的额定电压，使电动机在额定电压下运行。

6.3.1 Y-△降压启动控制

星形-三角形（Y-△）降压启动是指电动机启动时，把定子绕组接成星形，以降低电动机定子绕组两端的启动电压，减小启动电流；待电动机启动后，再把定子绕组改接成三角形，使电动机全压运行。Y-△启动只能用于正常运行时为三角形接法的电动机，且启动电流和启动转矩只有△接法启动时的 1/3，故仅仅适合于电动机轻载或空载启动的场合。

6.3.1.1 手动 Y-△降压启动控制

（1）手动 Y-△启动控制线路的组成 图 6-6 为手动 Y-△启动控制线路，通过 SA 开关对其进行手动控制，SA 有两个位置，分别控制电动机定子绕组星形和三角形连接。QS 为三相电源开关，FU 作短路保护。

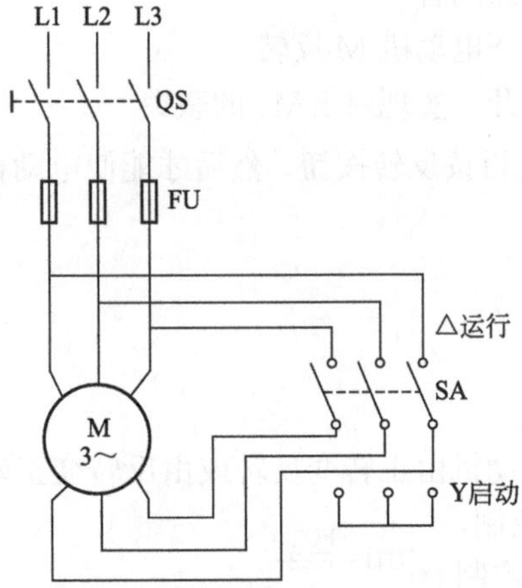

手动 Y-△启动控制线路简单，所需的电气元件也比较少，操作简单。但安全性、稳定性差，操作人员必须用手来扳动 SA 开关，只适合小容量的电动机启动，且时间很难掌握。

（2）手动 Y-△启动控制线路的工作原理 启动时，将开关 SA 置于"启动"位置，电动机定子绕组被接成星形降压启动，当电动机转速上升到一定值后，再将开关 SA 置于"运行"位置，使电动机定子绕组接成三角形，电动机全压运行。

图 6-6 手动 Y-△启动控制线路

6.3.1.2 按钮转换的 Y-△启动控制

为克服手动 Y-△启动控制线路的不足之处，可用 SB 按钮和接触器来取代 SA 开关。

（1）按钮转换的 Y-△启动控制线路的组成 图 6-7 为按钮转换的 Y-△启动控制线路。图中采用了三个接触器，三个按钮，KM1 和 KM3 构成 Y 形启动，KM1 和 KM2 构成△形运行。

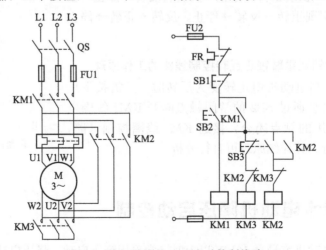

图 6-7 按钮转换的 Y-△启动控制线路

SB1 为停止按钮，SB2 是 Y 形启动按钮，SB3 是三角形运行按钮。其中 KM2 和 KM3 常闭触点为互锁保护。

该电路具有必要的电气保护和互锁的优点，工作安全可靠，但同样存在操作不方便，切换时间不易掌握的缺点。

(2) 按钮转换的 Y-△ 启动控制线路的工作原理

① 星形启动　按下启动按钮 SB2，KM1、KM3 线圈同时得电自锁，电动机作 Y 形启动。

② 三角形运行　待电动机转速接近额定转速时，按下启动按钮 SB3，KM3 线圈失电 Y 形停止，同时接通 KM2 线圈自锁，电动机转换成△形全压运行。

6.3.1.3　时间继电器转换的 Y-△ 启动控制

为了方便控制转换时间，可以采用时间继电器来进行 Y-△ 转换的控制。

(1) 时间继电器转换的 Y-△ 启动控制线路的组成　图 6-8 为时间继电器转换的 Y-△ 启动控制线路。该线路由三个接触器、一个热继电器、一个时间继电器和两个按钮组成。接触器 KM 作引入电源用，接触器 KM_Y 和 $KM_△$ 分别作 Y 形降压启动用和△运行用，时间继电器 KT 用于控制 Y 形降压启动时间和完成 Y-△ 自动转换。SB1 是启动按钮，SB2 是停止按钮，FU1 作主电路的短路保护，FU2 作控制电路的短路保护，FR 作过载保护。

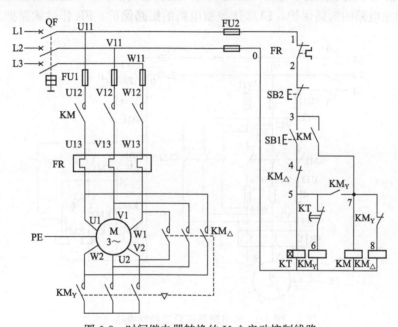

图 6-8　时间继电器转换的 Y-△ 启动控制线路

该线路中，接触器 KM_Y 得电以后，通过 KM_Y 的辅助常开触点使接触器 KM 得电动作，这样 KM_Y 的主触点是在无负载的条件下进行闭合的，故可延长接触器 KM_Y 主触点的使用寿命。

(2) 时间继电器转换的 Y-△ 启动控制线路的工作原理　先合上电源开关 QF。

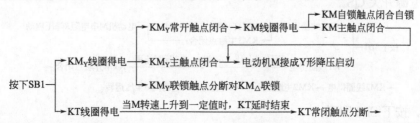

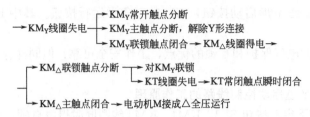

停止时，按下 SB2 即可。

6.3.2 串电阻降压启动控制

串电阻降压启动的方法是：电动机启动时在三相定子绕组中串接电阻，使定子绕组上电压降低，启动结束后再将电阻短接，使电动机在额定电压下运行。

6.3.2.1 串电阻降压启动控制线路的组成

图 6-9 为定子绕组串电阻降压启动控制线路。该线路由两个接触器、一个热继电器、一个时间继电器和两个按钮组成。接触器 KM1 作串联电阻降压启动用，接触器 KM2 作正常运行用，时间继电器 KT 用于控制串电阻降压启动时间和自动转换。SB1 是启动按钮，SB2 是停止按钮，FU1 作主电路的短路保护，FU2 作控制电路的短路保护，FR 作过载保护。

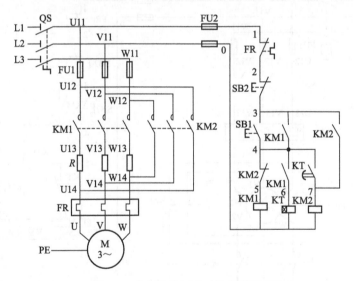

图 6-9　串电阻降压启动控制线路

由于定子绕组串电阻降压启动方法设备简单，故在中小型生产机械设备上应用广泛。但是由于启动时电阻产生的能量损耗较大，为了节省能量可采用电抗器代替电阻，但其成本较高。

6.3.2.2 串电阻降压启动控制线路的工作原理

先合上电源开关 QS。

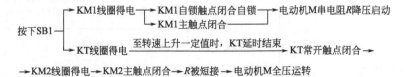

停止时，按下 SB2 即可。

6.4 三相异步电动机制动控制

6.4.1 能耗制动控制

能耗制动是指电动机脱离交流电源后，立即在定子绕组的任意两相中加入一直流电源，在电动机转子上产生一制动转矩，使电动机快速停下来。能耗制动采用直流电源，故也称为直流制动。能耗制动按控制方式有时间原则与速度原则。

6.4.1.1 能耗制动控制线路的组成

(1) 按速度原则控制的电动机单向运行能耗制动控制线路的组成 图 6-10 为按速度原则控制的电动机单向运行能耗制动控制线路。该线路由两个接触器、一个热继电器、一个速度继电器、两个按钮、一个变压器、一个整流堆和一个可变电阻等元件组成。接触器 KM1 作正常运行用，接触器 KM2 作能耗制动用，速度继电器 KS 用于控制制动时的速度。SB2 是启动按钮，SB1 是停止制动按钮，FU1 作主电路的短路保护，FU2 作控制电路的短路保护，FR 作过载保护。

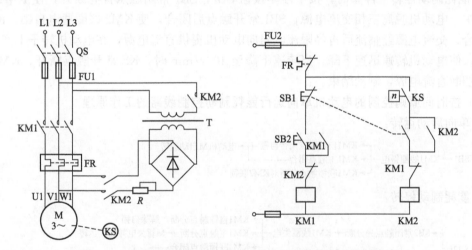

图 6-10　按速度原则控制的电动机单向运行能耗制动控制线路

(2) 按时间原则控制的电动机单向运行能耗制动控制线路的组成 图 6-11 为按时间原则控制的电动机单向运行能耗制动控制线路。该线路由两个接触器、一个热继电器、一个时间继电器、两个按钮、一个整流二极管和一个电阻等元件组成。接触器 KM1 作正常运行用，接触器 KM2 作能耗制动用，时间继电器 KT 用于控制能耗制动时间。SB1 是启动按钮，SB2 是停止制动按钮，FU1 作主电路的短路保护，FU2 作控制电路的短路保护，FR 作过载保护。

6.4.1.2 能耗制动控制线路的工作原理

(1) 按速度原则控制的电动机单向运行能耗制动控制线路的工作原理 如图 6-10 所示，假设速度继电器的动作值调整为 120r/min，释放值为 100r/min。

① 单向启动运转　合上开关 QS，按下启动按钮 SB2，KM1 通电自锁，电动机启动；当转速上升至 120r/min 时，KS 常开触点闭合，为 KM2 通电作准备。电动机正常运行时，KS 常开触点一直保持闭合状态。

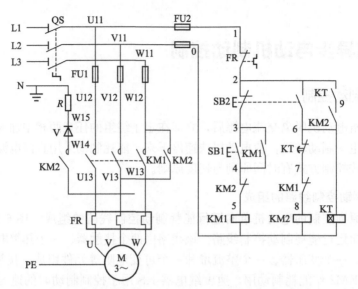

图 6-11　按时间原则控制的电动机单向运行能耗制动控制线路

② 能耗制动停转　停车时，按下停车按钮 SB1，SB1 常闭触点首先断开，使 KM1 断电，主回路中，电动机脱离三相交流电源；SB1 常开触点后闭合，使 KM2 线圈通电自锁。KM2 主触点闭合，交流电源经整流后再经限流电阻向电动机提供直流电源，在电动机转子上产生一制动转矩，使电动机转速迅速下降，当转速下降至 100r/min 时，KS 常开触点断开，KM2 断电释放，切断直流电源，制动结束。

(2) 按时间原则控制的电动机单向运行能耗制动控制线路的工作原理

① 单向启动运转：

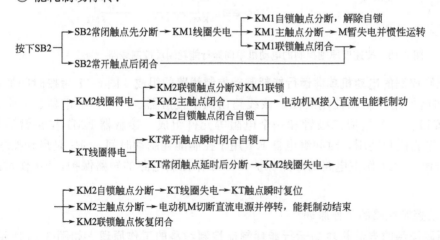

② 能耗制动停转：

6.4.2　反接制动控制

6.4.2.1　反接制动控制线路的组成

图 6-12 为电动机单向运行反接制动控制线路。该线路由两个接触器、一个热继电器、

一个速度继电器、两个按钮和三个限流电阻等元件组成。接触器 KM1 作正常运行用,接触器 KM2 作能耗制动用,速度继电器 KS 用于控制制动时的速度。SB1 是启动按钮,SB2 是停止制动按钮,FU1 作主电路的短路保护,FU2 作控制电路的短路保护,FR 作过载保护。

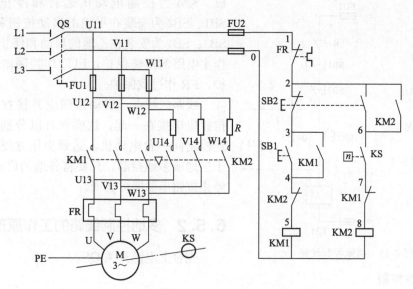

图 6-12　电动机单向运行反接制动控制线路

6.4.2.2　反接制动控制线路的工作原理

单向启动:

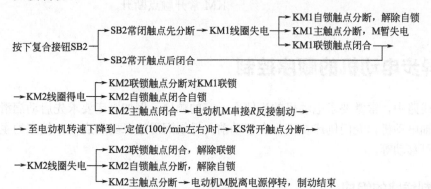

反接制动:

6.5　三相异步电动机的多地控制

能在两地或多地控制同一台电动机的控制方式叫多地控制。在大型生产设备上,为使操作人员在不同方位均能对电动机进行启停操作控制,常常要求组成多地控制线路。

6.5.1 多地控制线路的组成

图 6-13 所示为两地控制线路。该线路由一个接触器、一个热继电器和四个按钮等元件组

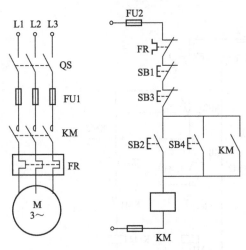

成。KM 为控制电动机运转和停止的接触器，SB1、SB2 为安装在甲地的启动按钮和停止按钮，SB3、SB4 为安装在乙地的启动和停止按钮，FU1 作主电路的短路保护，FU2 作控制电路的短路保护，FR 作过载保护。

线路的特点：启动按钮应并接在一起，停止按钮应串接在一起。这样就可以分别在甲、乙两地控制同一台电动机，达到操作方便的目的。对于三地或多地控制，只要将各地的启动按钮并联、停止按钮串联即可实现。

6.5.2 多地控制线路的工作原理

先合上电源开关 QS。

图 6-13　两地控制线路

（1）甲地控制

a. 启动：按下启动按钮 SB2→KM 线圈得电┬→KM 主触点闭合→电动机 M 启动运转
　　　　　　　　　　　　　　　　　　　└→KM 常开辅助触点闭合（进行自锁）

b. 停止：按下停止按钮 SB1→KM 线圈失电┬→KM 主触点断开→电动机 M 停转
　　　　　　　　　　　　　　　　　　　└→KM 常开触点断开

（2）乙地控制

a. 启动：按下启动按钮 SB4→KM 线圈得电┬→KM 主触点闭合→电动机 M 启动运转
　　　　　　　　　　　　　　　　　　　└→KM 常开辅助触点闭合（进行自锁）

b. 停止：按下停止按钮 SB3→KM 线圈失电┬→KM 主触点断开→电动机 M 停转
　　　　　　　　　　　　　　　　　　　└→KM 常开触点断开

6.6 三相异步电动机的顺序控制

在机床的控制线路中，常常要求电动机的启停有一定的顺序。例如磨床要求先启动润滑油泵，然后再启动主轴电动机；龙门刨床在工作台移动前，导轨润滑油泵要先启动；铣床的主轴旋转后，工作台方可移动等。

6.6.1 顺序控制线路的组成

图 6-14 所示为两台电动机的顺序控制线路。该线路由两个接触器、两个热继电器和四个按钮等元件组成。KM1 为控制 M1 运转和停止的接触器，SB1、SB2 为 M1 的启动按钮和停止按钮，FR1 作 M1 的过载保护；KM2 为控制 M2 运转和停止的接触器，SB3、SB4 为 M2 的启动和停止按钮，FR2 作 M2 的过载保护；FU1 作两台电动机主电路的短路保护，FU2 作两台电动机控制电路的短路保护。

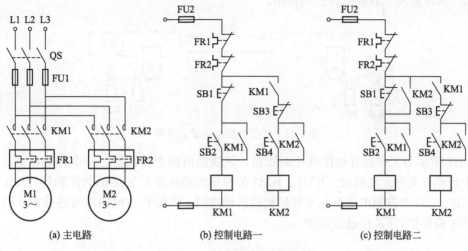

图 6-14　电动机顺序控制线路

6.6.2　顺序控制线路的工作原理

先合上电源开关 QS。

(1) 正序启动，同时停止或单独停止 M2　图 6-14(b) 中将接触器 KM1 的一对常开辅助触点串入接触器 KM2 的线圈电路。这样就保证了只有在控制电动机 M1 的接触器 KM1 吸合，常开辅助触点 KM1 闭合后，再按下 SB4，才能使 KM2 的线圈通电动作，主触点闭合，使电动机 M2 启动，实现了电动机 M1 先启动，而 M2 后启动的目的。

在停止时，按下 SB1，KM1 线圈断电，主触点断开，使电动机 M1 停止转动，同时 KM1 的两对常开辅助触点 KM1 断开，分别切断自锁电路和 KM2 线圈电路，KM2 主触点断开，电动机 M2 断电而停转。实现电动机 M1 停止后，电动机 M2 立即停止。

当电动机 M1 运行时，按下电动机 M2 的停止按钮 SB3，电动机 M2 可以单独停止。

(2) 正序启动，逆序停止　图 6-14(c) 中再将接触器 KM2 的一对常开辅助触点与 SB1 并联。这样就保证了只有在控制电动机 M2 的接触器 KM2 断电释放后，其常开辅助触点 KM2 断开，再按下 SB1，才能使 KM1 的线圈断电动作，主触点断开，使电动机 M1 停止，实现了电动机 M2 先停止，而 M1 才能停止的目的。

6.7　三相异步电动机的位置控制

实际生产中，生产机械设备需要实现往返运动，如机床的工作台、加热炉的加料设备等均需自动往复运行。自动往复的可逆运行常用行程开关来检测往复运动的相对位置，进而通过行程开关的触点控制正反转回路的切换，以实现生产机械的自动往复运动。

6.7.1　位置控制线路的组成

图 6-15 所示为工作台自动往返循环控制线路示意图。工作台由电动机拖动，它通过机械传动机构向前或向后运动。在工作台上装有挡铁（如图 6-15 中的 A 和 B），机床床身上装有行程开关 SQ1～SQ4，挡铁分别和 SQ1～SQ4 碰撞，其中 SQ1、SQ2 用来控制工作台的自动往

返，SQ3、SQ4 起左、右极限保护的作用。

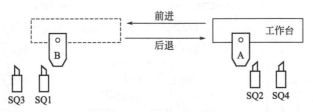

图 6-15　工作台往返运动示意图

图 6-16 所示为工作台自动往返控制线路。该线路由两个接触器、一个热继电器、三个按钮和四个行程开关等元件组成。KM1、KM2 为控制电动机正反转运动的接触器，SB1 为停止按钮，SB2、SB3 为控制电动机正反转运动的启动按钮，FU1 作主电路的短路保护，FU2 作控制电路的短路保护，FR 作过载保护。

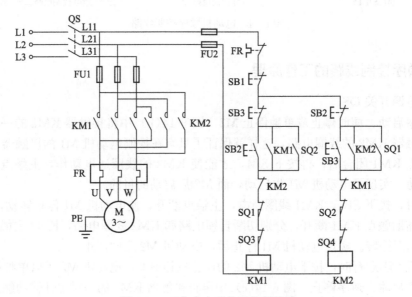

图 6-16　工作台自动往返控制线路

6.7.2　位置控制线路的工作原理

控制线路的工作过程分析如下：按下正向启动按钮 SB2，接触器 KM1 线圈通电并自锁，电动机正向旋转，拖动工作台前进。到达规定位置时，挡铁压下 SQ1，其常闭触点断开，KM1 失电，电动机停止正转，但 SQ1 的常开触点闭合，又使接触器 KM2 线圈通电并自锁，电动机反向启动运转，拖动工作台后退。当后退到规定位置时，挡铁压下 SQ2，其常闭触点断开，KM2 失电，常开触点闭合，KM1 又通电并自锁，电动机由反转变为正转，工作台由后退变为前进，如此周而复始地工作。

按下停止按钮 SB1 时，电动机停止，工作台停止运动。

如果 SQ1、SQ2 失灵，则由极限保护行程开关 SQ3、SQ4 实现保护，防止工作台因超出极限位置而发生事故。

通过上述分析可知，工作台每经过一个自动往返循环，电动机要进行两次反接制动过程，并产生较大的反接制动电流和机械冲击力，因此该线路只适用于循环周期较长而电动机转轴具有足够刚性的电力拖动系统。

6.8　双速电动机的控制

根据三相异步电动机的工作原理可知，改变电动机的磁极数，可以改变电动机的转速，实现调速的目的。

6.8.1　双速电动机定子绕组的连接

改变定子绕组的磁极对数（变极）是三相笼型异步电动机常用的一种调速方法。定子绕组接成△形时，电动机磁极对数为 4 极，同步转速为 1500r/min；定子绕组接成 YY 形时，电动机磁极对数为 2 极，同步转速为 3000r/min。

如图 6-17(a) 所示为电动机的三相绕组接成三角形连接，三相电源线连接在接线端 U、V、W；每相绕组的中心抽头 U′、V′、W′空着不接。此时电动机的磁极为 4 极，同步转速为 1500r/min。

如图 6-17(b) 所示为电动机的三相绕组接成 YY 形连接，电动机绕组接线端 U、V、W 连接在一起，三相电源分别连接于 U′、V′、W′的三个接线端。此时电动机的磁极为 2 极，同步转速为 3000r/min。

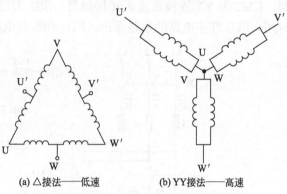

(a) △接法——低速　　(b) YY接法——高速

图 6-17　双速电动机定子绕组接线图

6.8.2　双速电动机控制线路的组成

6.8.2.1　按钮转换的双速电动机控制线路的组成

图 6-18 为按钮转换的双速电动机控制线路。该线路由三个接触器、两个热继电器和三个

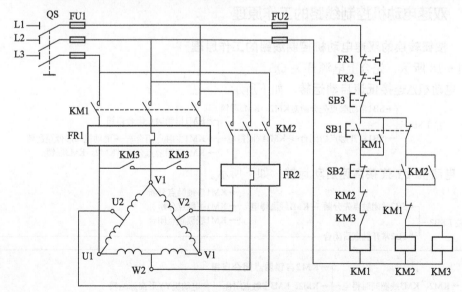

图 6-18　按钮转换双速电动机控制线路

按钮等元件组成。KM1 为△连接低速运转接触器，KM2、KM3 为 YY 连接高速运转接触器，SB1 为△连接低速启动按钮，SB2 为 YY 连接高速启动按钮，FU1 作主电路的短路保护，FU2 作控制电路的短路保护，FR1 作△连接低速过载保护，FR2 作 YY 连接高速过载保护。

6.8.2.2　时间继电器转换的双速电动机控制线路的组成

按钮转换的双速电动机控制线路较简单，安全可靠。但在有些场合为了减小电动机高速启动时的能耗，启动时先以△连接低速启动运行，然后自动地转换为 YY 连接，电动机作高速运转，这一过程可以用时间继电器进行自动控制。

图 6-19 所示为时间继电器转换的双速电动机控制线路。该线路由两个接触器、一个热继电器、两个按钮、一个时间继电器和一个中间继电器等元件组成。KM1 为△连接低速运转接触器，KM2 为 YY 连接高速运转接触器，SB2 为启动按钮，KT 控制从低速启动到高速运行的时间，FU1 作主电路的短路保护，FU2 作控制电路的短路保护，FR 作过载保护。

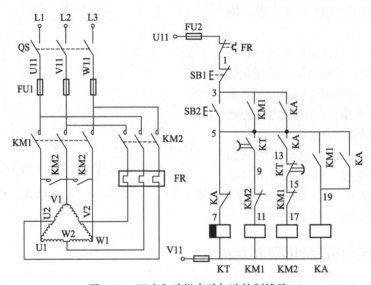

图 6-19　双速电动机自动加速控制线路

6.8.3　双速电动机控制线路的工作原理

6.8.3.1　按钮转换的双速电动机控制线路的工作原理

如图 6-18 所示，先合上电源开关 QS。

(1) 电动机△连接低速启动运转　如下所示。

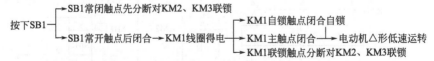

(2) 电动机 YY 连接高速启动运转　如下所示。

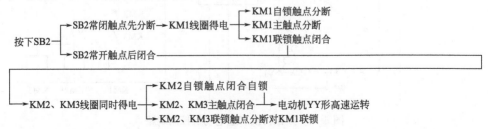

(3) 停止　按下 SB3 即可实现。

6.8.3.2　时间继电器转换的双速电动机控制线路的工作原理

如图 6-19 所示，先合上电源开关 QS。

按下SB2 → KT线圈通电

→ KT动断触点(13-15)瞬时断开

→ KT动合触点(5-9)瞬时闭合 → KM1线圈通电

→ KM1触点(3-5)闭合自锁

→ KM1主触点闭合 → 电动机接成△低速启动

→ KM1触点(5-19)闭合 → KA线圈通电

→ KM1触点(15-17)断开(联锁)

→ KA触点(5-19)闭合自锁

→ KA触点(3-5)闭合自锁

→ KA触点(5-13)闭合

→ KA触点(5-7)断开

→ KT线圈断电

→ KT触点(13-15)延时闭合

→ KT触点(5-9)延时断开 → KM1线圈断电

→ KM1触点(3-5)断开

→ KM1触点(5-19)断开

→ KM1主触点断开

→ KM1触点(15-17)闭合 → KM2线圈通电

→ KM2触点(9-11)断开联锁

→ KM2主触点闭合 → 电动机接成YY高速运行

第7章
照明装置和电动机的安装与维护

7.1 常用照明灯具的安装与维护

7.1.1 照明灯具安装的一般规定和要求

7.1.1.1 照明灯具安装的一般规定

① 灯具重量在 1kg 以下时，可直接用软线悬吊；重于 1kg 者应加装金属吊链；超过 3kg 者，应固定在预埋的吊挂螺栓或吊钩上。在预制楼板或现浇楼板内预埋吊挂螺栓和吊钩，如图 7-1 和图 7-2 所示。

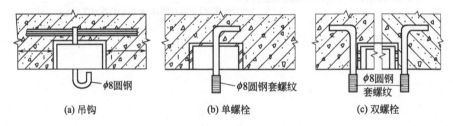

(a) 吊钩　　　　　　　　(b) 单螺栓　　　　　　　　(c) 双螺栓

图 7-1　现浇楼板预埋吊钩和吊挂螺栓

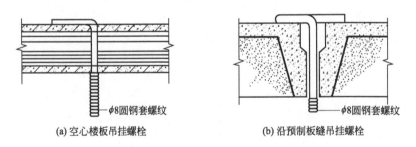

(a) 空心楼板吊挂螺栓　　　　　　　　(b) 沿预制板缝吊挂螺栓

图 7-2　预制楼板预埋吊钩和吊挂螺栓

② 不同的照明装置，不同的安装场所，照明灯具使用的导线芯线横截面积应不小于表 7-1 中的规定。

表 7-1　常用单芯导线横截面积与载流量　　　　　　　　　　　　　　A

横截面积/m²	0.8	1.0	1.5	2.5	4.0	6.0	8.0	10	16	25	35	50	75	95
铜芯线、铜芯软线	17	20	25	34	45	56	70	85	113	146	180	225	287	350
铝芯线、铝芯软线	13	15	19	26	35	43	54	66	87	112	139	173	220	254

③ 灯架及管内的导线不应有接头，分支及连接处应便于检查。

④ 导线在引入灯具处，不应该受到应力及磨损。

⑤ 必须接地或接零的金属外壳应有专门的接地螺钉与接地线相连。

⑥ 室外及潮湿危险场所的灯头离地高度不能低于 2.5m，室内一般场所不低于 2m，低于 1m 时，电源吊线应加套绝缘管保护。灯座离地低于 1m 时，应采用 36V 及以下的低压安全灯。

⑦ 室内灯开关通常安装在门边或其他便于操作的位置。一般拉线开关离地面高度不应低于 2m，扳把开关不低于 1.3m，与门框的距离以 150~200mm 为宜。

⑧ 电源插座明装时，离地面高度不应低于 1.4m，民用住宅不低于 1.8m，暗装插座离地一般 300mm。同一个场所插座安装高度应尽量保持一致，其高度差不应超过 5mm。几个插座成横排安装时，更应注意高度一致，高度差不超出 2mm。

⑨ 灯具的吊管应由直径不小于 10mm 的薄壁管或钢管制成。

⑩ 灯具固定时，不应该因灯具自重而使导线承受过大的张力。

7.1.1.2 照明灯具的布置要求

灯具的布置主要就是确定灯在室内的空间位置。灯具的布置对照明质量有重要影响。光的投射方向、工作面的照度、照明均匀性、直射眩光、视野内其他表面的亮度分布以及工作面上的阴影等，都与照明灯具的布置有直接关系。灯具的布置合理与否会影响照明装置的安装功率和照明设施的耗费，影响照明装置的维修和安全。

(1) 灯具的布置方式

① 均匀布置 均匀布置是指灯具之间的距离及行间距离均保持一定。均匀布置方式适用于要求照度均匀的场合。

② 选择布置 选择布置是指根据工作面的安排、设备的布置来确定。这种布灯方式适用于分区、分段的一般照明，它的优点在于能够选择最有利的光照方向和保证照度要求，可避免工作面上的阴影，在办公、商业、车间等工作场所内设施布置不均匀的情况下，采用这种有选择的布灯方式可以减少一定数量的灯具，有利于节约投资与能源。

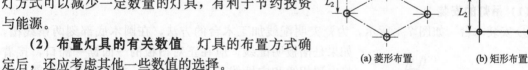

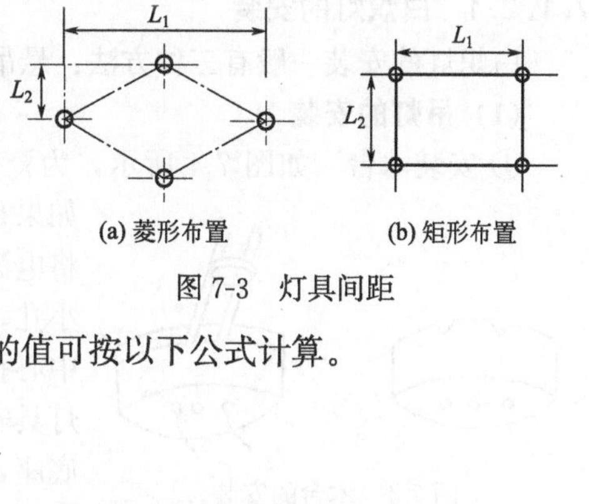

(a) 菱形布置　　(b) 矩形布置

图 7-3　灯具间距

(2) 布置灯具的有关数值 灯具的布置方式确定后，还应考虑其他一些数值的选择。

① 灯具间距值 灯具均匀布置时，一般采用矩形、菱形等形式，如图 7-3 所示。其等效灯具间距 L 的值可按以下公式计算。

矩形布置时：
$$L = \sqrt{L_1 L_2}$$

菱形布置时：
$$L = \sqrt{L_1^2 + L_2^2}$$

② 灯具的悬挂高度 灯具的悬挂高度 H 是指光源至地面的垂直距离。计算高度 h 是指光源至工作面的垂直距离，即灯具离地悬挂高度减去工作面高度（通常取 0.75~0.8m）。灯具的最低悬挂高度是为了限制直接眩光，防止碰撞和触电危险。室内一般照明用的灯具距地面的最低悬挂高度应不低于规定的数值。当环境条件限制而不能满足规定数值时，一般不低于 2m。

③ 距高比 灯具间距 L 与灯具的计算高度 h 的比值称为距高比。灯具布置是否合理，主要取决于灯具的距高比是否恰当。距高比值小，照明的均匀度好，但投资大；距高比值过大，则不能保证得到规定的均匀度。因此，灯间距离 L 实际上可以由最有利的距高比值来决定。根据研究，各种灯具最有利的距高比见表 7-2。这些距高比值保证了为减少电能消耗而应具有的照明均匀度。

表 7-2　灯具的距高比

灯具类型	距高比 L/h		单行布置时房间 最大宽度/m
	多行布置	单行布置	
单行布置配照型、广照型工厂灯	1.8～2.5	1.8～2.0	$1.2H$
镜面(搪瓷)深度型、漫射型	1.6～1.8	1.5～1.8	$1.1H$
防爆灯、圆球灯、吸顶灯、防水防尘灯、防潮灯、荧光灯	1.4～1.5	1.9～2.5	$1.3H$

④ 灯具与墙壁间的距离　在布置一般照明灯具时，还需要确定灯具距墙壁的距离 Z。

当工作面靠近墙壁时：$Z=(0.25～0.3)L$。

当靠近墙壁处为通道或无工作面时：$Z=(0.4～0.5)L$。

7.1.1.3　照明灯具的安装要求

照明装置的安装要求，可概括成八个字，即正规、合理、牢固、整齐。

① 正规：指各种灯具开关、插座及所有附件必须按照有关规程和要求进行安装。

② 合理：正确选用与环境相适应的灯具，并做到经济、可靠；合理选择安装位置，做到使用方便。

③ 牢固：各种照明灯具应安装得牢固可靠，使用安全。

④ 整齐：同一环境、同一照明要求的照明器具要安装得平齐竖直，品种规格整齐统一，形色协调。

7.1.2　常用照明灯具的安装方法

7.1.2.1　白炽灯的安装

白炽灯的安装一般有三种方法：悬吊式、壁式和吸顶式。

(1) 吊灯的安装

① 安装木台　如图 7-4 所示，为瓷夹明配线加工木台的方法，在圆木底部刻两条线槽，

图 7-4　木台的安装

如果是槽板明配线，应在正对槽板的一面锯一豁口，接着将电源相线和中性线卡入圆木线槽，并穿过圆木中部两侧小孔，留出足够连接电器或软吊线的线头。然后用螺钉从中心孔穿入，将圆木固定在事先完工的预埋件上。近年来灯具安装有的不用圆木，直接用与灯具配套的金属或塑料底座，通过膨胀螺栓固定在建筑物上。

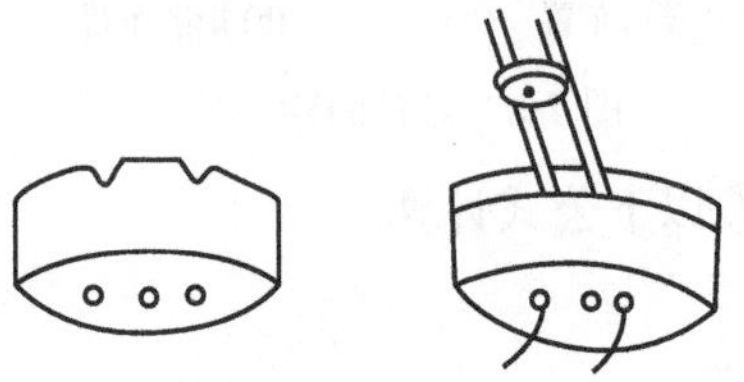

② 安装吊线盒　用木螺钉将吊线盒安装在木台上，如图 7-5(a) 所示。然后剥去两线头的绝缘层约 2cm，并分别旋紧在吊线盒的接线柱上，如图 7-5(b) 所示。再取适当长的软导线作为灯头的连接线，上端接吊线盒的接线柱，下端接灯头。

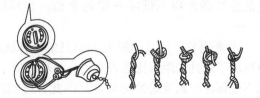

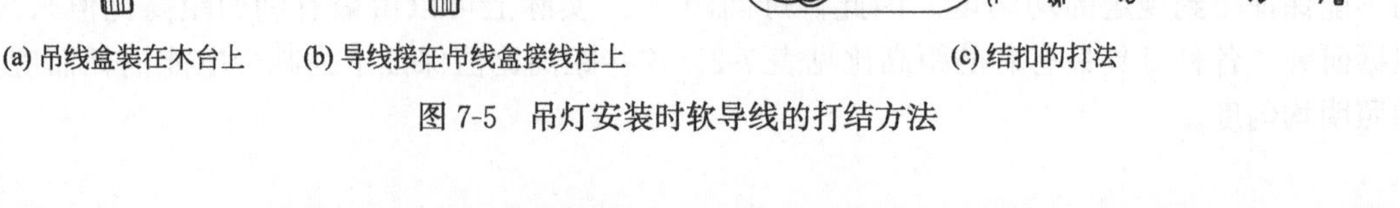

(a) 吊线盒装在木台上　　(b) 导线接在吊线盒接线柱上　　　　　　　(c) 结扣的打法

图 7-5　吊灯安装时软导线的打结方法

在离软导线端 5cm 处打一结扣，如图 7-5(c) 所示。最后将软导线的下端从吊线盒盖孔中穿出并旋紧盒盖。

③ **安装灯头** 旋下灯头上的胶木盖子，将软吊线下端穿入灯头盖孔中，在离导线下端头 30mm 处打一个结，然后把去除了绝缘层的两个下端头芯线分别压接在两个灯头接线柱上，如图 7-6 所示，最后旋上灯头盖子。

④ **安装吊链** 若灯具的质量较大，超过 2.5kg 时，则需要用吊链或钢管来悬挂灯具。安装时，钢管或吊链的一端固定在灯罩口上，另一端固定在天花板的挂钩上。挂钩可用木螺钉固定在木材质的天花板或梁上，或埋设在混凝土结构的天花板上。

采用吊链悬挂灯具时，两根导线应编入吊链内。

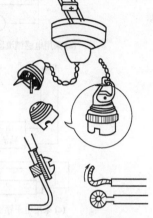

图 7-6 灯头的安装

(2) 吸顶灯的安装 吸顶灯是通过木台将灯具吸顶安装在屋面上。在固定木台之前，需在灯具的底座与木台之间铺垫石棉板或石棉布。

(3) 壁灯的安装 壁灯可以安装在墙壁上，也可安装在柱子上。当装在砖墙上时，一般在砖墙里预埋木砖或金属构件，禁止用木楔代替木砖。如果装在柱子上，则应在柱上预埋金属构件或用抱箍将金属构件固定在柱上，然后将壁灯固定在金属构件上。

(4) 灯具的接线 灯具接线时，相线与零线的区分应遵守以下规则。

① 零线直接接到灯座上，相线经过开关再接到灯座上。

② 安装螺口灯座时，相线应接在螺口灯座中心弹片上，零线接在螺口上，如图 7-7 所示。

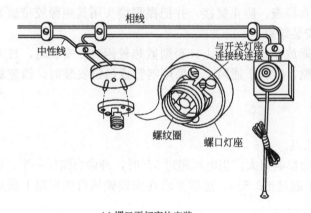

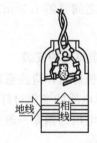

(a) 螺口平灯座的安装　　　　　　　　　　　　(b) 螺口吊灯座的安装

图 7-7 螺口灯座的安装

③ 当采用螺口吊灯时，应在吊线盒和灯座上分别将相线做出明显标志，以示区别。

④ 采用双股棉织绝缘软线时，其中有花色的线接相线，无花色的线接零线，以利于区分。

⑤ 若灯罩需接地，应用一根专线与接地线相连，以确保安全。

7.1.2.2 日光灯的安装

(1) 日光灯的接线原理 日光灯的安装接线图如图 7-8 所示。

(2) 日光灯的安装 日光灯的安装方法有吸顶式、链吊式和钢管式等。安装日光灯时，其中配线、开关、吊线盒的安装可参照白炽灯电路的安装内容。日光灯接线的步骤与注意事项如下。

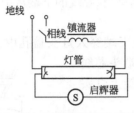

(a) 采用电感镇流器的日光灯接线图

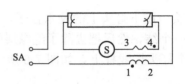

(b) 四个线头电感镇流器的日光灯接线图

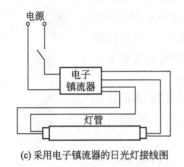

(c) 采用电子镇流器的日光灯接线图   (d) 多灯管并联的接线图

图 7-8 日光灯安装接线图

① 安装前要检查灯管、镇流器、启辉器等器件有无损坏，标称功率配套是否保持一致。

② 日光灯功率比较小，连接线多采用较细的多股胶质线。

③ 使用灯架的日光灯，先把灯座、启辉器座、镇流器选好位置，固定在灯架上，为防灯管掉下，应采用有弹簧的灯座。

④ 电路连接应按所选定的电路原理图进行。

⑤ 接线完毕应对照电路图认真检查，防止错接，并把裸露接头用其绝缘胶带缠好，把启辉器旋入底座，灯管装入灯座，安装结束。

⑥ 吸顶式安装时，镇流器不能放在日光灯架上，否则散热较困难。安装时，日光灯的架板与天花板之间要留 1.5cm 的空隙，以利于通风。当采用钢管或吊链安装时，镇流器可放在灯架上。

7.1.2.3 碘钨灯的安装

安装碘钨灯时，应注意以下几点。

① 电源电压的变化对灯管寿命影响很大，当电压超过 5% 时，寿命会缩短一半，所以电源电压与额定电压的偏差一般要求不超过 ±2.5%。这就要求在安装碘钨灯的线路上最好不要有冲击性的负荷。

② 碘钨灯需水平安装，倾角不得大于 4°，否则将严重影响碘钨循环，使灯丝上端快速变小，从而严重影响其使用寿命。

③ 正常工作时管壁温度约 600℃，所以碘钨灯不能与易燃物接近，安装时应距安装面有足够距离，以利于散热。但不得采用人工冷却措施，以保证正常的碘钨循环。

④ 碘钨灯的引脚必须采用耐高温的导线。灯座与灯脚一般用裸导线加穿耐高温小瓷管，并要求接触良好。

⑤ 碘钨灯耐振性能差，不能用在振动较大的地方，更不能作为移动光源来使用。

7.1.2.4 高压汞灯的安装

(1) 外镇流式高压汞灯的安装 高压汞灯的安装接线很简单，它是在普通白炽灯电路基础上串联一个镇流器，如图 7-9 所示。只是它所用的灯座必须是与灯泡配套的瓷质灯座。原因是它的工作温度高，不能使用普通灯座。

（2）自镇流式高压汞灯的安装　自镇流式高压汞灯线路简单，与白炽灯完全相同。安装要求与外镇流式高压汞灯一样。由于它没有笨重的外镇流器，安装要容易得多。自镇流式高压汞灯的优点是不仅线路简单，安装方便，而且效率高，功率因数接近于 1，能瞬时启辉，光色好。缺点是平均寿命短，不耐振。

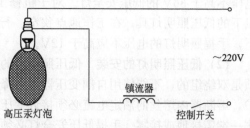

图 7-9　外镇流式高压汞灯安装接线图

（3）其他注意事项

① 由于高压汞灯有两种，一种是带镇流器的，另一种是不带镇流器的，所以安装时一定要分清楚。对于带镇流器的高压汞灯，一定要使镇流器与灯泡的功率相匹配，否则灯泡会立即烧坏或使灯泡启动困难。

② 高压汞灯的镇流器由铁芯和线圈组成，但重量较大，固定在墙上时必须考虑预埋件的承重强度。安装位置也应选择在离灯泡不远，人又不容易接触的地方。为了便于散热，镇流器可以整体裸露于空气中，但线路接头必须绝缘良好。如安装在室外，应注意防雨雪侵蚀。

③ 高压汞灯一般应垂直安装。因为水平安装时，光通量输出会减少 7% 左右，而且容易自灭。

④ 由于高压汞灯的外玻壳温度很高，所以，必须配备散热好的灯具，否则会影响灯泡的性能和寿命。

⑤ 当外玻壳破碎时，灯仍能点燃，但大量的紫外线会烧伤人的眼睛，所以外玻壳破碎的高压汞灯应立即更换。

⑥ 对于安装高压汞灯的线路，电压应尽量保持稳定。因为当电压下降 5% 时，灯泡可能会自熄，而再启动的时间又较长，所以汞灯不宜接在电压波动较大的线路上。采用高压汞灯作为厂区路灯、高大厂房照明时，应考虑调压措施。

7.1.2.5　高压钠灯的安装

高压钠灯的安装方法与高压汞灯相同。高压钠灯的使用电压为 220V，功率有 250W、400W、500W 等。

7.1.2.6　金属卤化物灯的安装

在安装金属卤化物灯时，要注意以下事项。

① 线路电压与额定值的偏差不宜大于 5%，因此在照明线路上不要加接具有冲击性的负载。电压的降低不仅会影响光效，而且会造成光色的变化，当电源电压变化较大时，灯的熄灭现象比高压汞灯更严重。

② 无外玻壳的金属卤化物灯，由于紫外线辐射较强，灯具应加玻璃罩。若无玻璃罩，则悬挂高度不能低于 14m，以防紫外线灼伤眼睛和皮肤。

③ 管形镝灯根据使用时的放置方向要求有三种结构：水平点燃；垂直点燃，灯头在上；垂直点燃，灯头在下。安装时，必须认清方向标记，正确使用。灯具轴中心线的偏离不应大于15°。要求垂直点燃的灯，若水平安装会有灯管爆裂的危险。

④ 玻壳温度较高，配用灯具时必须考虑散热条件，而且灯管要与镇流器配套使用，否则会影响灯管的寿命或造成启动困难。

7.1.2.7　低压安全灯的安装

（1）低压安全灯的适用范围　在触电危险性较大及工作条件恶劣的场所，局部照明应采用电压不高于 36V 的低压安全灯。对于机修工、电工及其他工种的手提照明灯，也应采用 36V 以下的低压照明灯具。在工作地点狭窄、行动不便（如在锅炉内或金属容器内工作）的条件下，手提照明灯的电压不应高于 12V。

（2）低压照明灯的安装 低压照明灯的电源必须用专用的照明变压器供给，这种变压器必须是双绕组的，不能使用自耦变压器进行降压。安装时变压器的高压侧必须装有熔断器加以保护，熔断器内熔丝的额定电流必须接近变压器的额定电流。低压侧也应有熔丝保护，并且低压侧一端需接地或接零。手提低压安全灯必须符合下列要求。

① 灯体及手柄必须用坚固的耐热及耐温绝缘材料制成。

② 灯座应牢固地装在灯体上，在拧装灯泡时不应使灯座转动；灯座嵌入灯体的深度，应使拧上灯泡以后，不能触及灯泡的金属部分。

③ 为防止机械损伤，灯泡应有可靠的机械保护。当采用保护网时，其上端应固定在灯具的绝缘部分上，保护网不应有小门或开口，保护网应只能用专用工具取下。

④ 不许使用带开关的灯头。

⑤ 安装灯体引入线时，不应过紧，同时应避免导线在引入处被磨伤。

⑥ 金属保护网，反光罩及悬吊用的挂钩应固定于灯具的绝缘部分上。

⑦ 电源导线应采用软线，并应使用插销控制。

7.1.3 常用照明灯具的维护

7.1.3.1 一般维护

① 买回灯具后，先不要忙着安装，应仔细看灯具的标记并阅读安装使用说明书，并按说明书的规定安装、使用灯具，否则有可能发生危险。

② 定期更换老旧灯管。白炽灯及日光灯管在使用寿命的 80％ 时，输出光束约减为 85％，在寿命结束前应更换。另外发现灯管两端发红、灯管发黑或有黑影、灯管只跳不亮时，应及时更换灯管，防止产生镇流器烧坏等不安全现象。

③ 定期清洗照明设备。灯具久未清洗，易使灰尘聚积于灯管，影响输出效率，至少 3 个月清洁一次灯具。在清洁维护时应注意不要改变灯具的结构，也不要随便更换灯具的部件，在清洁维护结束后，应按原样将灯具装好，不要漏装、错装灯具零部件。

④ 房间的灯管要经常用干布擦拭，并注意防止潮气入侵，以免时间长了出现锈蚀损坏或漏电短路的现象；装在厕所、浴室的灯须装有防潮灯罩，否则它的使用寿命会大大缩短；装在厨房的灯应特别注意防油烟，因为油垢的积聚会影响灯的照明度；浅色的灯罩透光度较好，但容易粘灰，要勤于清洗，以免影响光线的穿透度；灯具如果为非金属，可用湿布擦，以免灰尘积聚，妨碍照明效果。

⑤ 在使用灯具时尽量不要频繁地开关，因为灯具在频繁启动的瞬间，通过灯丝的电流都大于正常工作时的电流，使得灯丝温度急剧升高加速升华，从而会大大缩短其使用寿命，因此要尽量减少灯具的开关。

7.1.3.2 白炽灯的维护

白炽灯常见故障有灯泡不亮、灯光闪烁、熔丝熔断、灯光暗红、发光强烈等几种。

（1）灯泡不亮

① 灯丝断开 可用肉眼直接观察。如是有色灯泡，观察不便，用万用表 R×1kΩ 电阻挡检查。将两表笔接触灯泡两个触点，指针不动，即可判断灯丝断开，只能更换新灯泡了。

② 灯泡与灯座接触不良 对插口灯座，停电后检查灯头中两个弹性触点是否丧失弹性，

有的旧灯座因使用时间过长，弹性触点内的弹簧锈断，无法使触点与灯泡良好接触。

③ 开关接触不良　开关接触不良多是因使用过久，弹簧疲劳或失效，以致动作后不能复位，可以通过调整弹簧挂钩位置，以增强弹簧弹力，如仍不行，只能更换弹簧或更换新开关了。

④ 线路开路　若线路有电，接通开关后，用测电笔检查灯头两接线柱。正常时，有一个接线柱带电，另一个接线柱无电。如果两个接线柱都无电，则是相线开路，应检查开关、熔断器等的进出线柱头是否有电，从而判断它们是否接触不良或熔丝熔断。若开关、熔断器正常，应在线路上检查开路点，首先怀疑的是线路接头处，应从灯头起逆着电流方向逐点解开接头处的绝缘带，假如查第一点无电，第二点有电，则开路点必定在有电点和无电点之间。

在灯头上接有灯泡的情况下，如果测电笔测出灯头两接线柱上都有电，则是灯头前面的中性线开路，仍用测电笔沿着线路逆着电流方向逐点检查，其故障点仍在有电点与无电点之间。

(2) 熔丝熔断

① 线路或灯具内部相线与中性线间短路　照明电路多为并联供电，只要有任一点短路，在发生短路的相关线路上将有大电流通过，使熔丝熔断，造成熔丝后面的电路断电。

将烧断熔丝的那个熔断器保护范围内的全部用电器断开（如果是几幢楼房或楼层，可将各幢楼房或楼层的总熔断器断开），然后将已换上同规格新熔丝的熔断器接通，如果熔丝不再熔断，说明故障在支路熔断器后面的用电设备本身或该熔断器以后的支路上。这时可以对逐个用电设备或逐条支路送电，每接通一个设备或一条支路，若工作正常，则该设备或支路无短路故障。如果送电到某设备或某支路时，熔丝熔断，则短路点就在该设备或该支路上。然后在这个小范围内查找。通常短路故障多发生在相线、中性线距离较近的地方，如灯头内、挂线盒内、接线盒内等线路接头处或电线管道的进出口处。

② 负载过大或熔丝过细　线路负载过大或所用熔丝过细，均可能造成熔丝非正常熔断，使该线路断电。检查负载是否过大，可用钳形电流表或其他电流表检查干路电流，并与该电路额定工作电流相比较，若实际测得电流远大于额定电流，则系负载过大；若实测电流值不是远大于额定电流值，熔丝又容易熔断，则应检查熔丝规格是否偏小。

③ 胶木炭化漏电　胶木灯座两触点之间的胶木炭化漏电。

(3) 灯光暗红　灯光暗红是指灯泡发光暗淡，照度明显下降，其直接原因是供给灯泡的电压不足，使其不能正常发光。造成灯泡电压不足的原因如下。

① 灯座、开关或导线对地严重漏电　电路和电器严重漏电，加重电路负荷，会使灯泡两端电压下降，造成发光暗淡。是否有漏电故障，仍可用检测负载电流与额定电流相比较的方法进行判断，如果实测电流比负载额定电流大得多，说明该电路有漏电故障。再逐点检查灯座、开关、插座和线路接头，特别要细心检查导线绝缘破损处、线路的裸露部分是否碰触墙壁或其他对地电阻较小的物体，线头连接处绝缘层是否完全恢复、线路和绝缘支持物是否受潮或受其他腐蚀性气体、盐雾等的侵蚀，进出电线管道处的绝缘层是否有破损。

② 灯座、开关、熔断器等接触电阻大　如果这些器件接触不良使接触电阻变大，电流通过时发热，将损耗功率，使灯泡供电电压不足，发光暗红。检查这类故障时，在线路工作状态，只要用手触摸上述电器的绝缘外壳，会有明显温升的感觉，严重时特别烫手。对这种电器应拆开外壳或盖子，检查接触部位是否松动，是否有较厚的氧化层，并针对故障进行检修。若是由于高热使触点退火变软而失去弹性的电器，必须更新。

③ 导线截面积太小，电压损失太大　发光暗红时，如果不是因为线路负载过重，应怀疑是否是线路电压损失过大造成的。检查方法是先查线路实际电流，确定是否载荷过重。如果不

是，再分别检查送电线路的首尾两端电压，这两者的差值即为电压损失，看其是否超出允许值。若系电压损失过大，通常都通过加大线路横截面积来解决。

7.1.3.3 日光灯的维护

由于日光灯的附件较多，故障相对来说比白炽灯要多。日光灯常见故障与处理方法参见表7-3。

表 7-3　日光灯常见故障的排除

故障现象	产生故障的可能原因	排除方法
不能发光或启动困难	①电源电压过低或线路压降过大 ②启辉器损坏或内部电容击穿 ③新接的灯接线有错误 ④灯丝断丝或灯管漏气 ⑤灯座与灯脚接触不良 ⑥镇流器选配不当或内部断路 ⑦气温过低	①调整电源电压,更换线路导线 ②更换启辉器 ③检查接线,改正错误 ④检查后更换灯管 ⑤检查接触点,加以紧固 ⑥检查修理或更换镇流器 ⑦加热灯管
灯管两头发光及灯光抖动	①接线有错误 ②启辉内部触点合并或电容击穿 ③镇流器选配不当或内部接线松动 ④电源电压太低或线路压降太大 ⑤灯座或灯脚接触不良 ⑥灯管老化,灯丝不能起放电作用 ⑦气温过低	①检查接线,改正错误 ②更换启辉器 ③检查修理或更换镇流器 ④调整电源电压,更换线路导线 ⑤检查接触点,加以紧固 ⑥更换灯管 ⑦加热灯管
灯光闪烁	①新灯管的暂时现象 ②线路接线不牢 ③启辉器损坏或接触不良 ④镇流器选配不当或内部接线松动	①使用几次后会自动消除 ②检查线路,紧固接线 ③更换启辉器或紧固接线 ④检查修理或更换镇流器
灯管两头发黑或生黑斑	①灯管老化,荧光粉烧坏 ②启辉器损坏 ③镇流器选配不当,电流过大 ④电源电压太高 ⑤因接触不良而长期闪烁 ⑥灯管内水银蒸气凝结	①更换灯管 ②更换启辉器 ③更换镇流器 ④调整电源电压 ⑤紧固接线 ⑥灯管亮后会自动蒸发或将灯管掉转安装
灯管亮度降低	①灯管老化,发光效率降低 ②气温过低或冷风直接吹在了灯管上 ③电源电压太低或线路压降太大 ④灯管上污垢太多	①更换灯管 ②加防护罩或回避冷风 ③调整电源电压或更换导线 ④清除污垢
产生杂音或电磁声	①镇流器质量不佳,铁芯未夹紧 ②电源电压太高引起镇流器发声 ③启辉器不良引起辉光杂音 ④镇流器过载或内部短路引起过热	①检查修理或更换镇流器 ②调整电源电压 ③更换启辉器 ④更换镇流器
产生电磁干扰	①同一线路上产生干扰 ②无线电设备距灯管太近 ③镇流器质量不佳,产生电磁辐射 ④启辉器不良引起干扰	①在电路上加装电容或滤波器 ②增大距离 ③更换镇流器 ④更换启辉器

7.1.3.4 高压汞灯的维护

高压汞灯由于线路简单，与荧光灯相比，它产生的故障比较少。高压汞灯常见故障与处理方法参见表7-4。

表 7-4　高压汞灯常见故障的排除

故障现象	产生故障的可能原因	排除方法
只亮灯芯	灯泡的玻璃外壳漏气或破裂	更换灯泡,暂时买不到时可凑合使用
不能启辉	①电源电压过低 ②镇流器不配套,使电流过小 ③灯泡内构件损坏	①有条件时提高电源电压 ②更换配套镇流器 ③更换灯泡
亮而忽熄	①电源电压下降 ②灯座、镇流器或开关接线松动或接触不良 ③灯泡损坏	①加交流稳压器 ②检修开关、灯座、镇流器和检修线头连接处 ③更换灯泡
开而不亮	①熔丝熔断 ②开关失灵或开关内接触松脱 ③镇流器线圈烧断或接线松脱 ④灯座中心起弹簧片未弹起 ⑤线路开路 ⑥灯泡损坏	①更换同规格熔丝 ②检修或更换开关 ③更换镇流器或检修线路 ④用尖嘴钳挑起弹簧片 ⑤检修线路 ⑥更换灯泡

其他灯具的常见故障与处理方法可参照以上灯具进行。

7.2　开关插座的安装与维护

7.2.1　开关插座的结构与类型

7.2.1.1　开关插座的结构

开关插座是家用电器中常用的电气设备。常用照明装置的开关如图 7-10 所示。常用家用电器插座的外形如图 7-11 所示。

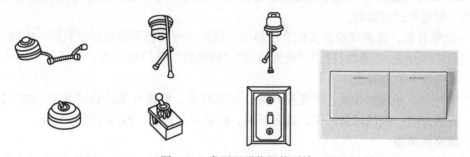

图 7-10　常用照明装置的开关

图 7-11　插座的外形图

开关插座的内部结构和特点:铜片使用锡磷青铜材料,强度高,塑性好,具有良好的导电性,不易变形,插拔紧固。电源插座均带防触电保护门,防止儿童触电。插座内增设防雷模块，多一层保护，可有效降低雷击以及过电压对人身和财产造成的损害，确保生命安全。结构设计独特，插拔配合准确。配制有图标和载标卡，可以轻松识别插口的用途以及回路，便于使用及检查。

开关插座的接线端子有传统的螺钉端子和速接端子两种，后者使用更为可靠，且接线非常简单快速，即使非专业施工人员，只要简单将电线插入端子孔，连接即可完成，且绝不会脱落。好的开关为了保证触点连接可靠，降低接触电阻，一般弹簧较硬，因此在开关时比较有力度感。

7.2.1.2 开关插座的类型

(1) 开关的类型

① 按开关的启动方式分为拉线开关、旋转开关、倒扳开关、按钮开关、跷板开关、触摸开关等。

② 按开关连接方式分为单控开关、双控开关、双极（双路）双控开关等。

③ 按规格尺寸分为 86 型、118 型、120 型等。

④ 按功能分类。

a. 一开单（双）控、两开单（双）控、三开单（双）控、四开单（双）控等。

b. 声光控延时开关、触摸延时开关、门铃开关、调速（调光）开关等。

c. 多位开关。分为双联、三联，或一开、二开等。几个开关并列，各自控制各自的灯。

d. 双控开关。两个开关在不同位置可控制同一盏灯，如位于楼梯口、大厅、床头等处的灯，一般都用双控开关控制。

e. 夜光开关。开关上带有荧光或微光指示灯，便于夜间寻找位置。注意：带灯开关较贵，与日光灯、吸顶灯配合使用时，有时会有灯光闪烁现象；荧光指示灯使用几年以后则会变暗。

f. 调光开关。可开关并通过旋钮可以调节灯光强弱。注意不能与节能灯和日光灯配合使用。

g. LED 开关。是相对于荧光开关和普通开关来说的，简单地说就是在内部加了发光二极管，颜色一般是可以定做的。

h. 中途掣开关。是和双控开关配合使用的，目的是为实现更多的点控制同一电器。

i. 酒店系列开关。"请勿打扰""请即清理""请稍后"等门铃开关；普通卡、IC 卡、感应卡和一卡通等插卡取电开关。

j. 特殊开关。如遥控开关、声光控开关、遥感开关、调速开关、音响开关、220/110V 转换开关、音量开关、机械风量开关、选台开关、防雷开关等，一般用于特殊场合。

(2) 插座的类型

① 电脑插座。又称网络插座、网线插座、宽带插座、网络面板。网络从电话中分离就用电话-电脑一体插座；网络从有线电视分离就用电视-电脑一体插座。

② 电话插座。用电话馈线将它和电话机连起来。

③ 电视插座。又称 TV 插座、电视面板、有线插座。用电视馈线将它和电视机连起来。

④ 空调插座。又称 16A 插座，因为一般插座的额定电流都是 10A，空调插座额定电流为 16A。

⑤ 输电插座。118 插座是横向长方形，120 插座是纵向长方形，86 插座是正方形。118 插座一般分为一位、二位、三位、四位插座。86 插座一般是五孔插座，或多五孔插座，或一开关带五孔插座。插座带开关可以控制插座通断电，也可以单独作为开关使用，多用于家用电器处，如微波炉、洗衣机等，还有用于镜前灯。

⑥ 多功能插座。可以兼容多种插头，如扁圆二插、扁三插，美式英式圆脚插头、方脚插

头等，该插座为非标插座，多用于插座转换器（插排）中。

⑦ 专用插座。英式方孔、欧式圆脚、美式电话插座，带接地插座等。如刮须插座能在 110～115V 和 200～250V 之间转换。

7.2.2　开关插座的选用

7.2.2.1　开关的选用

(1) 选外壳材料　开关插座外壳一般选用 PC 料，PC 料又叫防弹胶，具有抗冲击、耐高温、不易变色的特点。比较好的开关正面面板和背面的底座都是用的 PC 料，而一般的开关会在底座上用黑色的尼龙料替换 PC 料，这样成本就能降低很多。

(2) 选触点　就是开关过程中导电零件的接触点。触点一要看大小（越大越好），二要看材料。触点目前主要有三种，银镍合金、银镉合金和纯银。银镍合金是目前比较理想的触点材料，导电性能、硬度比较好，也不容易氧化生锈。银镉合金触点其他方面也都比较好，但就是镉元素属于重金属，一方面对人体有害，另一方面和银的融合性也不太理想，会在触点表面形成镉金属小颗粒，导电时可能拉出电弧。纯银做触点其实并不合适，导电性能虽然不错，但纯银质地比较软，还很容易氧化。质地软，开关多了触点就变形了；氧化生锈的话，导电性能会差很多，锈点还容易发热，很容易就把触点烧化了。

(3) 选结构　现在主要都是大面板式的，外观和手感都比以前拇指式的要好。拇指式的最大的问题在于容易卡住，因为力矩比较短，开关动作幅度比较小，弹簧轻微软一点或过硬一点，都可能造成开关卡住。

(4) 选流量　现代家用电器的功率越来越大，对开关的负荷要求也比较高，特别是在电器通电的一瞬间（很多劣质开关就是通电时被瞬间大电流烧掉的）。好的开关应该能通 16A 以上的电流，而普通的最多只能通 10A 电流。

(5) 选类型　根据开关的用途及安装环境等选择开关的类型。

7.2.2.2　插座的选用

(1) 选保护门　用螺丝刀或小钥匙捅插座的孔，用点力气，捅得进就是单边保护门，这种插座明显不够安全。

(2) 选铜件用料　如果通过插孔看到铜片是明黄色的，那就不能用了。黄铜容易生锈，质地偏软，时间一长，接触、导电性能都会下降。如果铜片颜色是紫红色就比较好，紫铜比较韧，不易生锈。直接看还不行，一般还要拆开看，很多插座都是插孔这边看到的是紫铜，里面其实都用黄铜，同样容易生锈。即使都用紫铜，也有质量高低之分，大部分品牌的铜件都是好几块拼接，用铆钉接口，这样接口处也会发热，影响导电。技术比较先进的品牌会用整片紫铜做里面的铜件，这样导电性能会提高很多。

(3) 选插孔之间的距离　有些产品没考虑那么多，二孔和三孔距离比较近，插了三孔，两孔就变摆设了，因为插头大，把地方占了。这些问题在买插座时一定要考虑清楚。

(4) 选流量　插座的规格主要有 10A 和 16A 两种，选用时应根据负载情况确定。防止规格选得过小时，造成电路故障。

(5) 选类型　根据插座的用途及安装环境等选择插座的类型。

7.2.3　开关插座的安装

7.2.3.1　安装要求

(1) 开关插座的安装高度　各种开关和插座距地面高度一般应为 1300mm 左右（一般开

关高度是和成人的肩膀一样高），采用安全插座时最低高度不小于 150mm。视听设备、台灯、接线板等的墙上插座一般距地面 300mm（客厅插座根据电视柜和沙发而定）；洗衣机的插座距地面 1200～1500mm；电冰箱的插座距地面为 1500～1800mm；空调、排气扇等的插座距地面为 1900～2000mm；厨房功能插座离地 1100mm 左右，间距为 600mm；厨房抽油烟机插座离地 2200mm 左右，水平方向可定在抽油烟机本身左右长度的中间，这样不会使电源插头和抽油烟机的背墙部分相碰，插座位于排油烟管道中心。

(2) 开关插座的安装位置　一般家里的开关多数是装在进门的左侧，这样方便进门后用右手开启。符合行为逻辑。但是，这种情况是有前提的，一定要确保这些前提成立。

① 与此开关相邻的进房门的开启方向是右边。

② 进门开关前的家具高度（如鞋柜、大橱、五斗橱等）不要宽于开关或高于开关，否则会给日常使用带来不便。

③ 一般进门开关建议使用带提示灯的，为夜间使用提供方便。

(3) 多联开关的安装要求　多联开关就是一个开关上有好几个按键，可控制多处灯的开关。

① 在要求电工连接多联开关的时候，一定要有逻辑标准，或者是按照灯方位的前后顺序，一个一个渐远。

② 厨房的排风开关如果也要接在多联开关上，就放在最后一个，中间控制灯的开关不要跳开，这样功能分开，以后开启的时候，便于记忆。否则常常会为了要找到想要开的这个灯，把所有的开关都打开了。

(4) 双控或三控开关的安装要求　双控或三控开关的意思是：在两个或三个不同地点对同一盏灯进行开与关的控制。双控或三控开关的应用，给人们的生活带来了方便。双控开关常使用的地方为：厨房和客厅之间、比较大的客厅两头、阳台内外两侧、卧室进门与床头等，这些都要看每个人的生活习惯，所以在考虑的时候要多些心眼。

7.2.3.2　安装方法

(1) 开关的安装

① 照明灯的开关控制　图 7-12 所示为一个开关控制一盏灯，注意开关应装在相线上；图 7-13 所示为两个开关控制一盏灯；图 7-14 所示为多个开关控制多盏灯；图 7-15 所示为三个开关控制一盏灯。

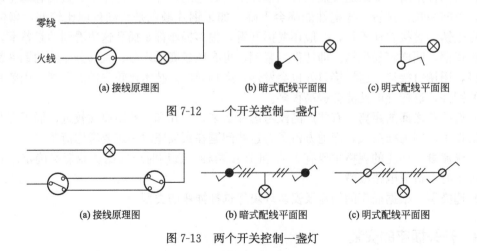

图 7-12　一个开关控制一盏灯

图 7-13　两个开关控制一盏灯

如图 7-16 所示，为某三室两厅住房的照明平面图。

② 照明灯开关的安装方法　有暗开关和明开关两种安装方法。

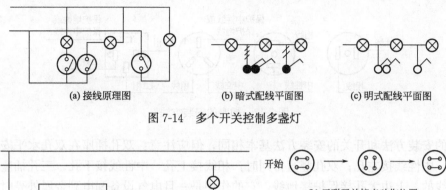

图 7-14 多个开关控制多盏灯

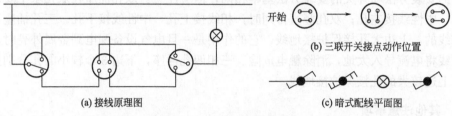

图 7-15 三个开关控制一盏灯

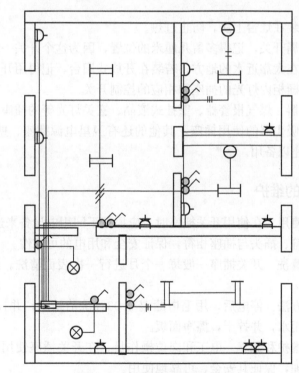

图 7-16 住宅照明平面图

a. 暗开关的安装。先将开关箱按图纸要求的位置预埋在墙内。埋设时可用水泥砂浆填充，但要注意平整，不能偏斜。待穿完导线以后方可接线，接好导线后装上开关面板。

b. 明开关的安装。明开关的安装方法是，先把木台固定在墙上，然后在木台上安装开关。在安装扳把开关时，无论是明装还是暗装，应使操作柄向下时接通电路，向上时分断电路，与刀开关恰好相反。

(2) 插座的安装 插座一般不用开关控制，它始终是带电的。在照明电路中，一般可用双孔插座，但在公共场所、地面上有导电性物质或电气设备有金属壳体时，应选用三孔插座。用于动力系统中的插座，应是三相四孔。它们的接线要求如图 7-17 所示。

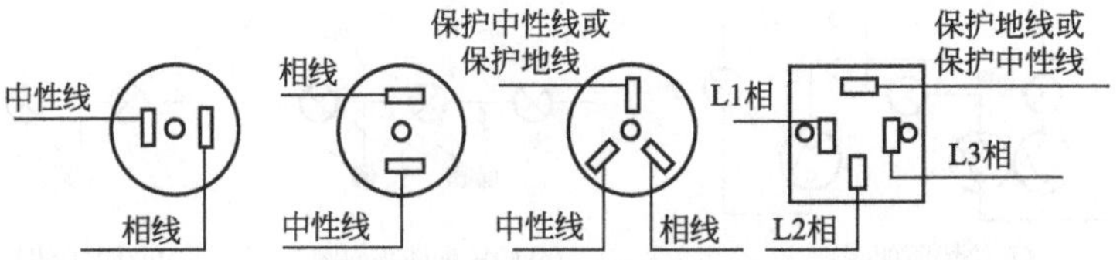

图 7-17 插座的安装方法

插座的安装方法和开关的安装方法基本相同，但应注意：双孔插座在双孔水平安装时，相线接右孔，中性线接左孔；双孔竖直排列时，相线接上孔，中性线接下孔。三孔插座下边两孔是接电源线的，上边大孔接保护接地线，它的作用是一旦电气设备漏电到金属外壳时，可通过保护接地线将电流导入大地，消除触电危险。三相四孔插座，下边 3 个较小的孔分别接三相电源相线，上边较大的孔接保护接地线。

7.2.3.3 其他注意事项

① 可以设置一些带开关的插座，这样不用拔插头就可以切断电源，也不至于拔下来的电线吊着影响美观。

② 厨房插座不要装在灶台上房，防止过热。

③ 安装卫生间浴霸开关，记得多留几厘米的位置，因为这个开关一般比灯的开关大一圈。

④ 不要把开关装在太靠近水的地方，若装在开放式阳台，记得用开关插座专用防溅盖。

⑤ 考虑书柜内、橱柜内灯光的插座和相应的控制开关。

⑥ 考虑防盗报警器、煤气报警器、壁挂式液晶、玄关灯光等的插座和相应控制开关。

⑦ 考虑每个房间吸尘器的使用插座，其他的还有卫星电源插座、壁挂式鱼缸插座等。总之，室内应多预留插座以备用。

7.2.4 开关插座的维护

(1) 开关插座的使用　在使用开关插座时，应根据不同用电设备来选用不同类型，做到开关与被控制的设备相符、插头与插座相符，保证安全和用电的可靠性。

(2) 开关插座的清洗　开关插座一般每一个月进行一次表面清洗。清洁剂可应用饮用水、洗洁精。

开关插座的清洗方法：停电后，用毛巾蘸湿 0.03％洗洁精水，并拧干，洗擦开关插座面板，后用毛巾蘸湿饮用水，并拧干，擦净面板。

(3) 开关插座的维护和保养　电工和岗位操作员，在开关插座使用中，应定期进行检查，做到发现故障及时修理，保证其安全、可靠地使用。

7.3 三相异步电动机的安装与维护

7.3.1 三相异步电动机的安装

电动机安装得正确与否，关系到电动机的安全运行、操作维护的方便以及人身的安全。因此，安装电动机时，首先要选好安装地点，确定好基础形式，然后进行施工和安装，同时要注意各项校正和安全工作。

7.3.1.1　电动机机座的安装与校正

一般中小型电动机大都安装在机械设备的固定底座上，无固定底座的，一定要安装在混凝土座墩上，安装方法按下述步骤进行。

(1) 电动机座墩的建造　电动机座墩的形式如图 7-18 所示。

图 7-18(a) 所示为直接安装墩，座墩高出地面一般不应低于 $H = 150mm$。具体高度要按电动机的规格、传动方式和安装条件等确定。B 和 L 应按电动机底座尺寸而定，但四周应留出 150mm 左右的距离，以保证埋设的地脚螺栓有足够的强度。

图 7-18(b) 所示为槽轨安装墩，是在直接安装墩的地脚螺栓上安装槽轨，然后再把电动机安装在槽轨上，这种结构便于更换电动机时进行安装调整。

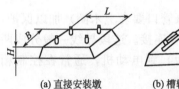
(a) 直接安装墩　　(b) 槽轨安装墩
图 7-18　电动机的安装座墩

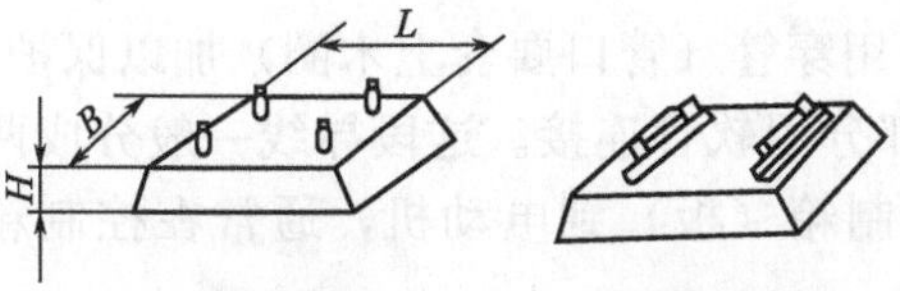

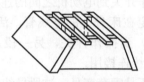
图 7-19　座墩浇筑模板

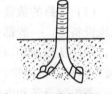
图 7-20　地脚螺栓的埋设

浇筑混凝土座墩前，先挖好基坑，并夯实坑基，以防基础下沉，然后用石块铺平，用水淋透，再将图 7-19 所示的座墩模板放在上面，并埋进地脚螺栓。在浇筑混凝土时，要保持地脚螺栓的尺寸位置不变和上下垂直，以保持与电动机底座螺孔的尺寸一致。

(2) 地脚螺栓的制作　为保证地脚螺栓埋设牢固，用于作地脚螺栓的六角头一端要做成人字形开口，其开口长度约是埋入长度的一半，如图 7-20 所示。

(3) 电动机与座墩的安装方法　小型电动机可用人力抬到基础上，较大的电动机，用起重吊车或滑轮来安装。为防止振动，安装时须在电动机与座墩间加衬垫，加一层质地坚韧的木板或硬橡皮等防振物；四个紧固螺栓上均要套弹簧垫圈；拧紧螺母时要按对角线交错依次逐个拧紧，每个螺母要拧得一样紧。

(4) 电动机的校正　电动机的水平校正，一般用水平仪放在电动机转轴上进行，用 0.5～5mm 厚的钢片垫在机座下，来调整电动机的水平。

7.3.1.2　电动机传动装置的安装与校正

传动装置安装精度低，会增加电动机的负载，严重时会烧坏电动机的绕组和损坏电动机的轴承。

(1) 齿轮传动的安装与校正

① 安装的齿轮与电动机要配套，转轴的直径要配合安装齿轮的尺寸。

② 所装齿轮的模数、直径和齿形要与被动轮配套。

③ 齿轮装上后，电动机的轴应与被动轮的轴平行，两齿轮的啮合可用塞尺测量，如果两齿轮的间隙均匀，说明两轴已平行。

(2) 皮带传动装置的安装与校正

① 电动机机座与底座间衬垫的防振物不可太厚，否则，会影响两个皮带轮的间距，尤其 V 带轮，更是如此。

② 两个皮带轮的直径大小必须配套。

③ 两个皮带轮要装在一个平面上，两轴间要平行。

④ 塔形 V 带轮必须装成一正一反，否则不能进行调速。

⑤ 平皮带的接头必须正确，皮带扣的正反面不应搞错；平皮带装上皮带轮时，正反面不可搞错。

（3）常用的弹性联轴器的安装与校正

① 先把两半片联轴器分别装在电动机与被拖动机械的轴上，然后把电动机移近连接处。

② 移动电动机使两轴相对地处于一条直线上，初步拧紧电动机机座的地脚螺栓，但不能拧得过紧。

③ 用力转动电动机的转轴，旋转180°，看两半片联轴器是否在同一高度上。若不在同一高度上，可增减电动机机座下面防振物的厚薄，直至高低一致。这时联轴器和电动机已处于同轴心状态，可把它们分别固定后，拧紧安装螺栓。

7.3.1.3 电动机线路装置的安装

（1）线路的敷设 操作开关到电动机之间的连接要用穿管（管口要套上木圈）加以保护，机床设备上，一般都有固定在床身上的电线管，活动部分用软管连接。这段导线一般分成两段，一段从控制箱（或板）到操作开关，另一段从控制箱（板）到电动机，通常在控制箱（板）内设有接线柱，供导线连接用。

若控制设备和电动机不是配套产品，这段导线的走线形式常用的有两种：一种是从地下埋管（用厚壁管）通过；另一种是用明管线路，沿建筑面敷设到电动机。前一种应用较多，其线管的敷设形式如图7-21所示。

穿电线的钢管应在浇混凝土前埋好，连接电动机一端的管口离地不得低于100mm，尽量接近电动机的接线盒，最好用软管伸入接线盒内。

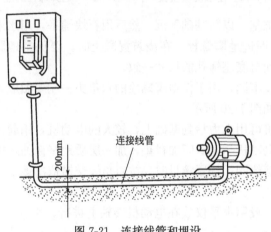

图7-21 连接线管和埋设

（2）电动机操作开关的安装 操作开关必须安装在既便于操作者监视电动机和设备的运行情况，又便于操作且不易被人体或工件触碰而造成误动作的位置。开关装在墙上的，宜装在电动机的右侧；如果开关需要装在远离电动机的地方，则必须在电动机附近加装紧急时切断电源用的紧急开关，同时，还要加装开关合闸前的预示警告装置，以便使处在电动机与被拖动机械周围的人得到警告。操作开关的安装位置，还应保证操作者操作时的安全。

（3）电动机控制开关的安装

① 小型电动机不频繁、不换向、不变速时，可只用一个开关。

② 开关需频繁操作、换向操作和变速操作时，则需装两个开关（称两级控制）。前一个开关作控制电源用，叫控制开关，常采用铁壳开关、断路器或转换开关；后一个开关用来直接操作电动机，叫操作开关。若采用启动器，则启动器就是操作开关。

③ 凡无明显分断点的开关，如电磁开关，则必须装两个开关。在前一级装一个有明显断点的开关，如闸刀开关、转换开关等作控制开关。

④ 凡容易产生误动作的开关，如手柄倒顺开关、按钮开关等，也必须在前一级加装控制开关，以防开关误动作而造成事故。

（4）熔断器的安装

① 熔断器必须与开关在同一块木台上或同一个控制箱内。凡作为保护用的熔断器，必须

装在控制开关的后级和操作开关（包括启动开关）的前级。

② 用低压断路器作控制开关时，而所采用的操作开关又无保护装置，就应在断路器的前一级装一道熔断器作双重保护，以免热脱扣器或电磁脱扣器失灵时，熔断器能起到保护作用。同时可兼作隔离开关，以便维修时切断电源。

③ 采用倒顺开关和电磁开关作操作开关，而前级用转换开关作控制开关时（一般机床常采用这种结构形式），必须在两级开关之间安装一个熔断器。

④ 在三相回路中的熔断器应安装三个型号、规格相同的熔丝，分别串接在三根相线上。

(5) 电压表和电流表的安装　有些大、中型或要求较多的电动机，为对电源电压和额定电流进行监视，在控制板上应同时装有电压表和电流表。电压表通常只用一块，通过换相开关进行换相测量，电压表的量程为 450V 或 500V；要求较高的应装三块电流表，一般要求的，可只装一块电流表。电流表的规格必须使得电动机的启动电流能通过，宜选用其量程大于额定电流的 2～3 倍。若电动机的额定电流大于 50A，应通过互感器进行电流的测量，电流互感器的规格同样要大于电动机额定电流的 2～3 倍，配用电流互感器的电流表规格，可选用 5A 的。

(6) 电动机接线盒的接线　电动机接线盒中都有一块接线板，三相绕组的六个接线柱排成上下两排，并规定上排三个接线柱自左至右排列的编号为 1（U1）、2（V1）、3（W1），下排自左至右的编号为 6（W2）、4（U2）、5（V2），如图 7-22 所示。

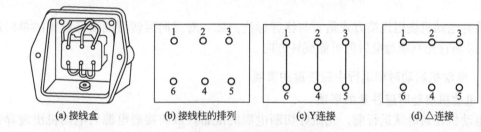

| (a) 接线盒 | (b) 接线柱的排列 | (c) Y 连接 | (d) △连接 |

图 7-22　电动机的接线板

凡制造和维修时均应按这个序号排列。在电网电压已定的条件下，根据电动机铭牌标明的额定电压与接法的关系，决定电动机的接线方法，如铭牌标出 380V "Y" 连接时，应按图 7-22(c) 连接；如铭牌标出了 380V "△" 连接时，应按图 7-22(d) 连接。把来自操作开关的三根导线的线头分别与 6、4、5 连接（一般情况下电动机接线盒的出线口都开在下方，接下排方便）。如果电动机出现反转，可把任意两根导线的线头对换接线柱的位置即会顺转。

7.3.2　三相异步电动机的维护

正确使用和维护好电动机，可以减轻运行中产生的绝缘老化及轴承磨损，减少电动机的故障发生率，延长电动机的寿命。

7.3.2.1　电动机启动前的检查

新装和长期未用的电动机在启动前应做如下检查，以保证电动机的安全运行。

① 检查电动机的清洁情况。如果内部有灰尘或脏物，则应先将电动机拆开，用不大于 2 个大气压的干燥压缩空气吹净各部分的污物。如无压缩空气也可用手风箱吹或用干抹布去抹，但不能用湿布或沾有汽油、煤油、机油的布擦拭电动机的内部。

② 检查电动机的紧固情况，看端盖、轴承压盖及机座等各处螺钉有无松动现象。

③ 检查熔断器、开关和导线接触情况是否紧密，有无松动、断股等现象。

④ 用手拨动转子，检查转动是否灵活，有无摩擦杂音。并检查传动装置是否运转灵活、

可靠。轴承润滑情况是否良好。

⑤ 检查接地线接触是否可靠。

⑥ 检查绝缘电阻是否符合绝缘标准。一般对于低压电动机可以用摇表进行测量，高压电动机要进行耐压试验。按要求，电动机每 1kV 工作电压，绝缘电阻不得低于 $1M\Omega$。一般额定电压为 380V 的三相异步电动机，用 500V 的兆欧表测量绝缘电阻应大于 $0.5M\Omega$ 才可使用（测量时拆除该电动机出线端子上的所有外部接线及出线端子）。

如发现绝缘电阻较低，则为电动机受潮所致，可对电动机进行烘干处理，然后再测绝缘电阻，合格后才可通电使用。如测出绝缘电阻为零，则说明该电动机定子绕组有接地故障或相间绝缘损坏，这时绝不允许通电运行，必须查明故障点并排除故障后才可通电使用。绝缘电阻测试合格后，再将所有的连接线复原。

⑦ 检查电源是否合乎要求。三相异步电动机是对电源电压波动敏感的设备，无论电源电压过高或过低，都会给电动机运行带来不利影响。电压过高，会使电动机迅速发热，甚至烧毁；电压过低，使电动机输出力矩减小，转速下降，甚至停转。故当电压波动超出额定值＋10％及－5％时，应改善电源条件后投运。

⑧ 检查电动机的启动、保护设备是否合乎要求。检查内容有：启动设备是否完好（直接启动的中小型三相异步电动机除外）；电动机所配熔丝的型号是否合适；电动机的外壳接地是否良好。

⑨ 检查电动机绕组连接方式是否与铭牌标注一致，对反向运转可能损坏设备的单向运转电动机，必须首先判断通电后的可能旋转方向。

7.3.2.2 电动机启动时和运行中应注意的事项

(1) 电动机启动时应注意的事项

① 电动机在通电试运行前，先做好切断电源的准备，以防接通电源后电动机出现异常的情况时能立即切断电源，切不可接通电源后马上离开操作位置，并提醒在场人员不能站在电动机及被拖动设备两侧，以免旋转物切向飞出造成伤害事故。

② 操作者在操作各种开关时必须注意操作到位。如按钮要一按到底，动作要快；闸刀开关在合闸时要向上推到位，分闸时要向下拉到底；断路器操作时动作不宜太快，用力不要过猛，以免折断操作手柄。

③ 闭合开关后应密切注意电动机的状态，如发现电动机冒火、振动过大、不转、转速很低或有嗡嗡声等，均应立即断开开关，查明原因，清除故障后才允许重新闭合开关。

④ 启动过程中注意观察电动机带动的机械的动作状态是否正常，电流表、电压表读数是否符合要求，如有异常，应立即断开开关，检查并排除故障后再重新启动。

⑤ 注意限制电动机连续启动的次数。电动机空载启动次数不能超过 3～5 次；经长时间工作，处于热状态下的电动机，连续启动不能超过 2～3 次。否则，电动机将可能过热损坏。

⑥ 绕线式电动机在接通电源前，应检查启动器的操作手柄是不是已经在"零"位，若不是则应先置于"零"位。接通电源后再逐渐转动手柄，随着电动机转速的提高而逐渐切除启动电阻。

⑦ 通过同一电网供电的几台电动机，尽可能避免同时启动，最好按容量不同，从大到小逐一启动。因同时启动的大电流将使电网电压严重下降，不仅不利于电动机的启动，还会影响电网对其他设备的正常供电。

⑧ 若电动机运转方向反了，应立即断开开关，调换电源任意两相的接线，即改变三相的相序，从而改变旋转磁场的旋转方向，也就改变了电动机的转动方向。

(2) 电动机运行中应注意的事项

① 一般大型电动机都装有继电保护装置，当电动机发生事故时，保护装置动作使电动机脱离电源。对于用熔断器保护的电动机应注意监视其运行情况，若闭合开关电动机运转后，电动机处于无人监视下运行，当发生故障时（尤其是一相熔丝熔断，电动机缺相运行的情况），若不及时处理，就会烧毁电动机，因此要对电动机进行运行监视。

② 通过电压表监视电源电压的变化。电压变化范围不宜超过电动机额定电压的10%，当电压低于额定电压的90%时，必须减少负载，以免温升过高。三相电压不平衡也会引起电动机的额外发热，任意两相电压的差值，不得超过5%。

③ 由电流表监视电动机的三相电流。要求电流不能超过电动机铭牌上规定的额定电流值。没有安装电流表的电动机，可以利用钳形电流表定时检查三相电流是否平衡或过载。

④ 监视电动机的温升。电动机在运行中都不能超过制造厂所规定的温升限度。大型电动机都用温度计监视，没有温度计的电动机一般可以用手摸其外壳的方法来判断。注意应该在经检验外壳不带电后进行。若没有烫得要缩手的感觉，则电动机不过热；若烫得需要立即缩手，说明电动机已经过热；当手感觉非常烫以致难以忍受时，说明电动机温度已超过 90℃。此外还要注意轴承温度是否正常。也可在机壳上滴水滴检验，如果水滴只冒热气而没有声音，表明电动机不过热；如果既冒热气又伴有噬噬声，则表明已经过热。

⑤ 在运行中要经常检查电动机有无不正常的振动或响声。在正常运行时电动机产生一种均匀的响声，没有杂音和怪叫声。若运行中电动机发出特别大的嗡嗡声，表示电流过大，这是由于过载或三相电流显著不平衡引起的；发出时高时低的嗡嗡声，而且机身振动，表示转子出现断条；如发出噬噬声，表示轴承润滑油不足；发出咕噜咕噜声，表示轴承中钢珠损坏；若从定子外壳上听到嘶嘶声，表示定子硅钢片松弛；若有不均匀的嚓嚓声，表示定子与转子有相摩擦现象。运行人员发现电动机有不正常的响声后，应立即停机，对电动机进行检查、修理，校正安装。

⑥ 电动机在运行中如运行人员嗅闻到有绝缘漆的焦味，应立即切断电源，停机检查。除此以外，还应注意轴承、通风等情况是否良好。

7.3.2.3　电动机的定期维修

电动机运行中无论是否出现故障，除了必要的维护外，都必须定期进行维修。这样可以消除隐患、减少和防止故障发生。定期维修分为小修和大修两种。

(1) 定期小修　小修一般情况下一季度一次，对电动机和附属设备只做一般性检修，不做大的拆卸。小修项目主要有以下几项。

① 清洁电动机。清除电动机外壳上的灰尘和污物，以利于散热。

② 检测绕组绝缘电阻，测完后按要求连接好绕组接头。

③ 检查和清洁接线盒，清除灰尘及污物，检查压线螺钉有无松动和烧伤，拧紧螺母。

④ 检查各固定螺钉及接地线。检查接地螺钉、端盖螺钉及轴承盖螺钉是否紧固，接地是否可靠。

⑤ 检查轴承。拆下轴承盖，检查轴承是否缺油或漏油，缺油补充，脏了换新。拆下一边端盖，检查气隙是否均匀，以判断轴承有无磨损。

⑥ 检查电动机和生产机械之间的传动装置是否正常，传动是否良好。

⑦ 检查电动机附属设备是否完好、清洁。擦拭外壳，检查触点有无烧伤，接触是否良好，检测绕组及带电部分对地绝缘电阻是否符合要求。

(2) 定期大修　大修一般情况下一年一次，要拆开电动机做全面检查，彻底清扫和修理。

大修项目主要有以下几项。

① 先清除机壳表面的灰尘和污物，可拆开电动机，用皮老虎或 2～3atm（1atm＝101325Pa）的压缩空气吹去灰尘，再用干布擦净污物，擦完后再吹一遍。

② 拆下轴承并洗掉废油，将轴承浸入柴油中洗刷干净，再用干净布擦干，洗净轴承盖。检查转动是否灵活，是否磨损等。检查后对不能使用的应当更换，对能用的加足钠基脂或钙钠基脂等高速黄油，个别负载重、转速很高的轴承，可选用二硫化钼钡基润滑脂，再按要求组装复位。

③ 检查定子绕组有无绝缘性能下降，对地短路、相间短路、开路、接错等故障。检查转子绕组有无断条，测量绝缘电阻是否符合要求，并针对检查中发现的问题进行修理。

④ 检查定、转子铁芯有无槽擦。观察定、转子铁芯有无相擦痕迹，如有应修正。

⑤ 检查电动机其他零部件是否齐全，有无磨损及损坏。

⑥ 清洁和检查启动设备、测量仪表及保护装置。清除灰尘及油污；检查启动设备的触点是否良好，接线是否牢固；各仪表是否准确；保护装置动作是否良好、准确。

⑦ 检查传动装置。清除灰尘和油污；检查皮带松紧程度，联轴器是否牢固，联络螺钉有无松动。

⑧ 试车检查。装配好电动机，测量绝缘电阻；检查各转动部分是否灵活，安装是否牢固，启动和运行时电压、电流是否正常，有无不正常的振动和噪声。确认无毛病时通电空载运行半小时，再带负荷试车。试车合格，方说明该电动机及附属设备大修任务完成。

⑨ 检修完毕，应填写检修记录单，留作参考。

第8章
电气配电线路的安装与维护

8.1 导线的连接与绝缘层的恢复

在电气安装与线路维护工作中，通常因导线长度不够或线路有分支，需要把一根导线与另一根导线做成固定电连接，在电线终端要与配电箱或用电设备做电连接，这些固定电连接处称为接头。做导线的电连接是电工工作的一道重要工序，每个电工都必须熟练掌握这一操工作工艺。

导线的电连接方法很多，有绞接、焊接、压接、紧固螺钉连接等。不同的电连接方法适于不同的导线种类和不同的使用环境。导线连接的基本要求有以下几点。

① 接触紧密、接触电阻小。

② 接头的机械强度不应小于该导线机械强度的 80%。

③ 接头应耐腐蚀。

④ 接头的绝缘电阻应与该导线的绝缘电阻相同。

8.1.1 导线绝缘层的去除

在做导线电气连接之前，必须将导线端部或导线中间清理干净，要求削切绝缘层方法正确。

8.1.1.1 电磁线绝缘层去除方法

(1) 漆包线线头绝缘层的去除 直径为 0.1mm 以上的线头，宜用细砂纸（布）擦去漆层；直径在 0.6mm 以上的线头，可用薄刀片刮削漆层；直径在 0.1mm 以下的也可用细砂纸（布）擦除，但线芯易于折断，要细心留看，也可将线头浸蘸熔化的松香液，等松香凝固后剥去松香时，将漆层一并剥落。

(2) 丝包线线头绝缘层的去除 对于丝径较小的丝包线，只要把丝包层向后推缩即可露出线芯。但对线径较大的，要松散一些丝包层，然后再向后推缩露出线芯。但对过大线径的线头，松散后的丝线头要打结扎住。去除了丝包层的线芯需用细砂布擦去氧化层。

(3) 丝漆包线、纸包线、玻璃丝包线和纱包线线头绝缘层的去除 方法与丝包线线头绝缘层的去除的方法基本类似。

8.1.1.2 电力线绝缘层去除方法

(1) 塑料线绝缘层的去除 塑料线绝缘层的去除方法主要有以下三种。

① 用剥线钳剥离塑料层 其方法如图 8-1 所示。

② 用钢丝钳剥离塑料层 用钢丝钳剥离的方法，适用于线芯截面积为 2.5mm^2 及以下的塑料线。用左手捏住导线，根据线头所需长度用钢丝钳刀口轻切塑料层，但不可切入线芯，然后用右手握住钢丝钳头部向外勒去塑料层，如图 8-2 所示。

图 8-1　用剥线钳剥离塑料层　　　图 8-2　用钢丝钳剥离塑料层

③ 用电工刀剥离塑料层　其方法如图 8-3 所示。注意塑料软线不能用电工刀来剖削塑料层。

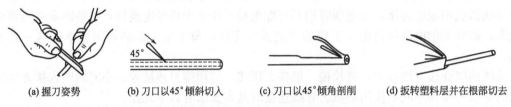

(a) 握刀姿势　　(b) 刀口以45°倾斜切入　　(c) 刀口以45°倾角剖削　　(d) 扳转塑料层并在根部切去

图 8-3　用电工刀剖削塑料层

(2) 塑料护套线绝缘层的去除　按照所需的长度用刀尖在线芯缝隙间划开护套层，接着扳转用刀口切齐，如图 8-4 所示。绝缘层的剖削方法与塑料线绝缘层的剖削方法相同，但绝缘层的切口与护套层的切口间应留 5~10mm 的距离。

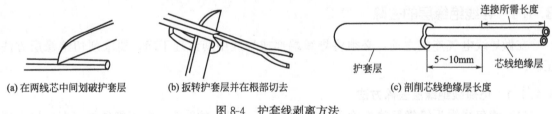

连接所需长度

护套层　　　　　5~10mm　　　芯线绝缘层

(a) 在两线芯中间划破护套层　　(b) 扳转护套层并在根部切去　　　(c) 剖削芯线绝缘层长度

图 8-4　护套线剥离方法

(3) 橡皮线绝缘层的去除　先把编织保护层用电工刀尖划开（与剥离护套层方法类同），然后用与剥塑料绝缘层相同的方法剥去橡胶层，最后松散棉纱层至根部，用电工刀切去。

(4) 花线绝缘层的去除　花线绝缘层分外层和内层，外层是柔韧的棉纱编织物，内层是橡胶绝缘层和棉纱层。其剖削方法如下。

① 在所需线头长度处用电工刀在棉纱织物保护层四周割切一圈，将棉纱织物拉去。

② 在距棉纱织物保护层 10mm 处，用钢丝钳的刀口切割橡胶绝缘层，注意不可损伤芯线。

③ 将露出的棉纱层松开，用电工刀割断，如图 8-5 所示。

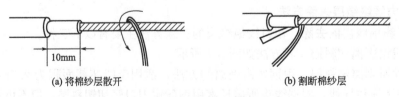

10mm

(a) 将棉纱层散开　　　　　　　　(b) 割断棉纱层

图 8-5　花线绝缘层的剖削

(5) 铅包线绝缘层的去除　铅包线绝缘层由外部铅包层和内部芯线绝缘层组成，内部芯线绝缘层用塑料（塑料护套）或橡胶（橡胶护套）制成。其剖削方法如下。

① 先用电工刀将铅包层切割一刀，如图 8-6(a) 所示。

② 用双手来回扳动切口处，使铅包层沿切口折断，把铅包层拉出来，如图 8-6(b) 所示。

③ 内部绝缘层的剖削方法与塑料线绝缘层或橡胶绝缘的剖削方法相同，如图 8-6(c) 所示。

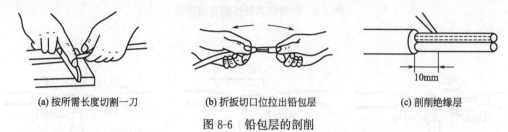

(a) 按所需长度切割一刀　　　(b) 折扳切口位拉出铅包层　　　(c) 剖削绝缘层

图 8-6　铅包层的剖削

(6) 橡套软电缆绝缘层的去除　橡套软线外包橡胶护套层，内部每根芯线上又有各自的橡胶绝缘层。其剖削方法如下。

① 用电工刀从端头任意两芯线缝隙中割破部分护套层，如图 8-7(a) 所示。

② 把割破已可分成两片的护套层连同芯线一起进行反向分拉来撕破护套层，当撕拉难以破开护套层时，再用电工刀补割，直到所需长度时为止，如图 8-7(b) 所示。

③ 翻扳已被分割的护套层，在根部分别切断，如图 8-7(c) 所示。

④ 拉开护套层以后部分的剖削与花线绝缘层的剖削方法大体相同。

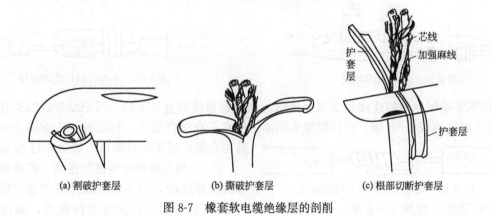

(a) 割破护套层　　　　　(b) 撕破护套层　　　　　(c) 根部切断护套层

图 8-7　橡套软电缆绝缘层的剖削

8.1.2　导线的连接

常用绝缘导线有单股、7 股和 19 股等多种，连接方法随线芯材质与股数不同而不同。

8.1.2.1　铜芯线线头的连接

(1) 单股铜芯线的连接

① 直接连接　先把两导线的芯线 X 形相交，如图 8-8(a) 所示；互相绞绕 2～3 圈，然后扳直线头，如图 8-8(b) 所示；将每个线头在芯线上紧贴并绕 6 圈，用钢丝钳切去余下的芯线，并钳平芯线的末端，如图 8-8(c) 所示。

② 分支连接　分支连接有 T 字分支连接和十字分支连接两种。把支线线芯与干线线芯十字相交，按如图 8-9 所示的方法，环绕成结状；再把支线线头抽紧扳直紧密地并缠在线芯上，缠绕长度为线芯直径的 8～10 倍。对于面积较大的线芯，还要进行搪锡加固。

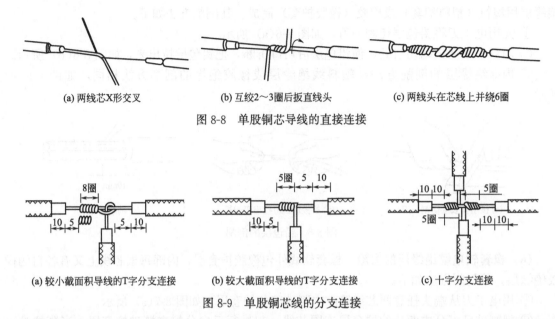

(a) 两线芯X形交叉　　　(b) 互绞2～3圈后扳直线头　　　(c) 两线头在芯线上并绕6圈

图 8-8　单股铜芯导线的直接连接

(a) 较小截面积导线的T字分支连接　　　(b) 较大截面积导线的T字分支连接　　　(c) 十字分支连接

图 8-9　单股铜芯线的分支连接

③ 双股线的对接　将两根双芯线线头剖削成图 8-10 所示的形式。连接时，将两根待连接的线头中颜色一致的芯线按小截面积直线连接方式连接。用相同的方法将另一颜色的芯线连接在一起。

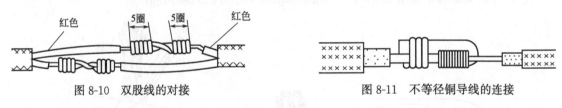

图 8-10　双股线的对接　　　　　　　　图 8-11　不等径铜导线的连接

④ 不等径铜导线的连接　如果要连接的两根铜导线的直径不同，可把细导线线头在粗导线线头上紧密缠绕5～6 圈，弯折粗线头端部，使它压在缠绕层上，再把细线头缠绕3～4 圈，剪去余端，钳平切口即可，如图 8-11 所示。

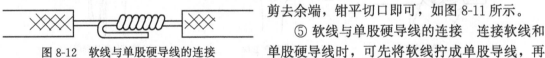

图 8-12　软线与单股硬导线的连接

⑤ 软线与单股硬导线的连接　连接软线和单股硬导线时，可先将软线拧成单股导线，再在单股硬导线上缠绕 7～8 圈，最后将单股硬导线向后弯曲，以防止绑线脱落，如图 8-12 所示。

(2) 多股线芯的连接

① 7 股线芯的直接连接　可按以下步骤进行连接。

a. 先将剖去绝缘层的线头拉直，接着把线芯全长的 1/3 根部进一步绞紧，然后把余下的 2/3 部分的线芯头按图 8-13(a) 所示的方法，分散成伞骨状，并把每股线芯拉直。

b. 把两伞骨状线芯头隔股对叉，然后捏平两端每股线芯，如图 8-13(b)、图 8-13(c) 所示。

c. 先把一端的 7 股线芯按 2、2、3 股分成三组，接着把第一组 2 股线芯扳起，垂直于线芯，如图 8-13(d) 所示，然后按顺时针方向紧贴线芯并缠两圈，再扳成与线芯平行的直角，如图 8-13(e) 所示。

d. 按照上述方法继续紧缠第二和第三组线芯。但在后一组线芯扳起时，应把扳起的线芯紧贴住前一组线芯已弯成直角的根部，如图 8-13(f)、图 8-13(g) 所示。第三组线芯应紧缠 3

圈，在缠到第二圈时，应把前两组多余的线芯端剪去，线端切口应刚好被第 3 圈缠好后全部压没，不应有伸出第 3 圈的余端。当缠到两圈半时，把 3 股线芯的多余端头剪去，使之刚好缠满 3 圈，如图 8-13(h) 所示。

用同样的方法再缠绕另一侧线芯。

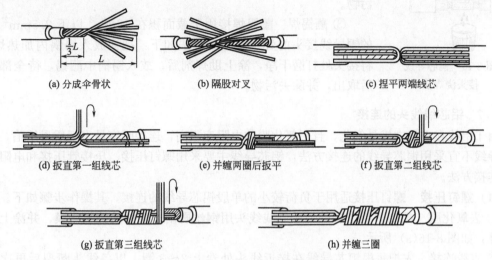

(a) 分成伞骨状　　　　　(b) 隔股对叉　　　　　(c) 捏平两端线芯

(d) 扳直第一组线芯　　　(e) 并缠两圈后扳平　　　(f) 扳直第二组线芯

(g) 扳直第三组线芯　　　　　　　　　(h) 并缠三圈

图 8-13　7 股铜芯线的直接连接

② 7 股线芯的 T 字分支连接　把分支线芯头的 1/8 处根部进一步绞紧，再把 7/8 处部分的 7 股线芯分成两组。如图 8-14(a) 所示，接着，把干线芯线用螺钉旋具撬分成两组，把支线 4 股线芯的一组插入干线的两组线芯中间。如图 8-14(b) 所示，然后把 3 股线芯的一组往干线一边按顺时针方向缠绕 3～4 圈，去余端并钳平切口。如图 8-14(c) 所示，另一组 4 股线芯按相同的方法缠绕 4～5 圈后，剪去多余部分并钳平切口。

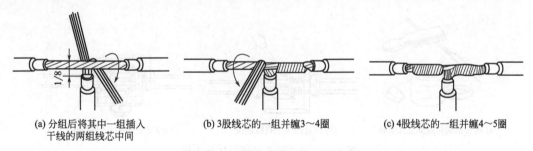

(a) 分组后将其中一组插入　　　(b) 3股线芯的一组并缠3～4圈　　　(c) 4股线芯的一组并缠4～5圈
　　干线的两组线芯中间

图 8-14　7 股铜芯线的 T 字分支连接

③ 19 股线芯的直接连接　其方法与 7 股线芯的直接连接方法类同。在连接时，由于股数较多，可剪去中间几股。

④ 19 股线芯的 T 字分支连接　其方法与 7 股线芯的 T 字分支连接方法类同。其中支路芯线按 9 根和 10 根分成两组。

(3) 铜芯导线接头的锡焊　铜导线连接后还应进行焊接处理，接头的锡焊通常有三种方法：电烙铁锡焊、浇锡焊、蘸锡焊。

① 电烙铁锡焊　通常，截面积为 2.5mm² 及以下的铜芯导线接头，可用 150W 电烙铁进行锡焊。焊接前，先清除接头上的污物，然后在接头处涂上一层无酸焊锡膏，待电烙铁烧热后，即可锡焊。

② 浇锡焊　截面积为 70mm² 以下 16mm² 以上的铜芯导线接头，应实行浇锡焊。浇锡焊

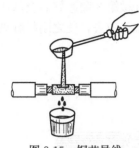

图 8-15　铜芯导线
接头浇焊法

方法如下：把锡放入锡锅内加热熔化，将导线接头处打磨干净，涂上助焊剂，放在锡锅上面，用勺盛上熔化的锡，从接头上面浇下，如图 8-15 所示。刚开始时，由于接头温度较低，焊锡浸润不好，应继续浇下去，使接头温度升高，直到全部浸润焊牢为止，最后除去污物。

③ 蘸锡焊　蘸锡焊接用于截面积在 16mm^2 以下 2.5mm^2 以上的铜导线接头的焊接。蘸锡焊法如下：把锡放入锡锅内加热熔化，将接头处打磨干净，涂上助焊剂后，放入锡锅中蘸锡，待全部浸润后取出，并除去污物。

8.1.2.2　铝芯线线头的连接

由于铝线在空气中极易氧化，且铝氧化膜的电阻率很高，连接时容易出现质量缺陷，所以铝芯导线不宜采用铜芯导线的连接方法，铝芯导线主要采用螺钉压接、压接管压接和电阻焊焊接等连接方法。

(1) 螺钉压接　螺钉压接适用于负荷较小的单股铝芯导线的连接，其操作步骤如下。

① 去氧化膜　把削去绝缘层的铝芯导线线头用钢丝刷刷去表面的铝氧化膜，并涂上中性凡士林，如图 8-16(a) 所示。

② 直线连接　先把每根铝芯导线在接近线头处卷上 2～3 圈，以备线头断裂后再次连接用，然后把四个线头两两相对地插入两个瓷接头（又称接线桥）的四个接线端子上，然后旋紧接线端子上的螺钉，如图 8-16(b) 所示。

③ 分路连接　把支路导线的两个芯线头也分别插入两个瓷接头的两个接线端子上，然后旋紧螺钉，如图 8-16(c) 所示。如果分路连接处在插座或熔断器附近，则不必用瓷接头，可用插座或熔断器上的接线端子进行过渡连接。

④ 最后在瓷接头上加罩塑料盒盖或木盒盖。

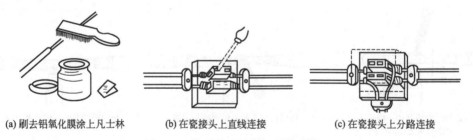

(a) 刷去铝氧化膜涂上凡士林　　(b) 在瓷接头上直线连接　　(c) 在瓷接头上分路连接

图 8-16　铝芯线头的螺钉压接连接

(2) 压接管压接　一般内线工程用单股铝导线的截面积为 10mm^2 以下，多用铝压接管进行局部压接，根据导线规格选择压接管并使线头穿出 25～30mm，先将两线端绝缘层剥去 50～55mm，清理表面后涂上凡士林膏，将两头放入选好的铝套管内，铝压接管有圆形和椭圆形两种，然后用压接钳压接。压接后形状如图 8-17 所示。

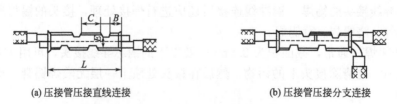

(a) 压接管压接直线连接　　　　(b) 压接管压接分支连接

图 8-17　铝芯线头的压接管压接

注意压接时，必须是压接钳压到必要的极限位置，并且所有的压接中心处于同一条直线上。第一道压坑应压在线头的一侧，不可压反，压坑的距离和数量应符合技术要求。对 $16\sim40\text{mm}^2$ 的多股铝线，必须使用手动液压钳，压接工艺与 10mm^2 以下的单股铝线基本一致。

（3）电阻焊焊接　对单股铝线的连接可采用电阻焊，即低电压（$6\sim12\text{V}$）炭极电阻焊，先将两导线剖切 $30\sim50\text{mm}$，再将两裸线并绞齐，剩 $20\sim30\text{mm}$ 长，将焊接电源与被焊接头接通。操纵焊把电极使焊接电源接通，随着接触点温度升高，适量加入焊药（助焊剂），使接头熔化为球状，如图 8-18 所示。焊把（炭极）移走，经冷却形成牢固的电连接。

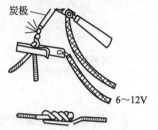

图 8-18　铝芯线头的
电阻焊焊接

8.1.2.3　导线与电气接线端子的连接

通常，各种电气设备、电气装置和电气用具均设有供连接导线用的接线端子。常见的接线端子有柱形端子和螺钉端子两种。

（1）线头与柱形端子的连接

① 单股线芯头的连接方法　在通常情况下，线芯直径都小于孔径，且多数可插入两股线芯。故必须把线头的线芯对折成双股后插入孔内，并应使压紧螺钉顶住在双股线芯的中间，如图 8-19 所示。如果线芯直径较大，无法插入双股线芯，则应在单股芯线插入孔前把线芯端子略折一下，转折的端头翘向孔上部。

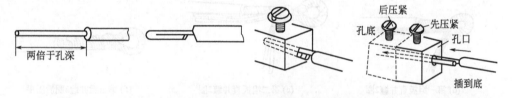

图 8-19　单股线芯与柱形端子的压接法

② 多股线芯的连接方法　连接方法如图 8-20 所示。在线芯直径与孔大小较匹配时，把线芯进一步绞紧后装入孔中即可；孔过大时可用一根单股线芯在绞紧后的线芯上紧密地排绕一层；孔过小时，可把多股线芯处于中心部位的线芯剪去几股，重新绞紧进行连接。

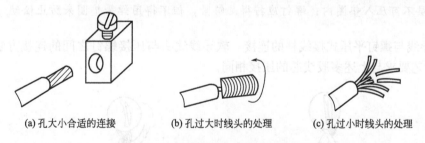

(a) 孔大小合适的连接　　　(b) 孔过大时线头的处理　　　(c) 孔过小时线头的处理

图 8-20　多股线芯与柱形端子的连接法

　注意：

不论是单股线芯或多股线芯的线头在插入孔时必须插到底，同时绝缘层不得插入孔内，孔外的裸线头长度不得超过 3mm。

（2）线头与螺钉平压式接线柱的连接　线头与螺钉端子的连接，通常是把线芯弯成压接圈（俗称羊眼圈）来进行连接。

① 单股导线压接圈的弯法　单股导线压接圈的弯法和步骤如图 8-21 所示。

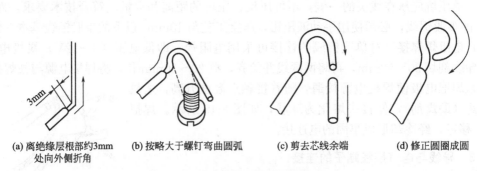

(a) 离绝缘层根部约3mm　(b) 按略大于螺钉弯曲圆弧　(c) 剪去芯线余端　(d) 修正圆圈成圆
处向外侧折角

图 8-21　单股导线压接圈的弯法和步骤

② 7 股导线压接圈的弯法　7 股导线线芯压接圈的弯制方法如图 8-22 所示。

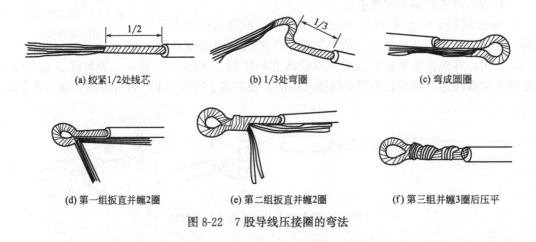

(a) 绞紧1/2处线芯　(b) 1/3处弯圈　(c) 弯成圆圈

(d) 第一组扳直并缠2圈　(e) 第二组扳直并缠2圈　(f) 第三组并缠3圈后压平

图 8-22　7 股导线压接圈的弯法

> **注意：**
>
> 　　压接圈和接线耳必须压在垫圈下边；压接圈的弯曲方向必须与螺钉拧紧方向保持一致；导线绝缘层不可压入垫圈内；螺钉应拧得足够紧，但不得用弹簧垫圈来防止松动。

③ 软导线与螺钉平压式接线柱的连接　软导线线头与压接螺钉之间的连接方法如图 8-23 所示，其工艺要求与上述多股线芯的压接相同。

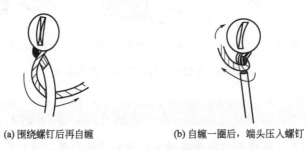

(a) 围绕螺钉后再自缠　(b) 自缠一圈后，端头压入螺钉

图 8-23　软导线线头与平压式接线柱的连接方法

(3) 线头与瓦形接线柱的连接　瓦形接线柱的垫圈为瓦形。为了保证线头不从瓦形接线柱内滑出，压接前应先将已去除氧化层和污物的线头弯成 U 形，如图 8-24(a) 所示，然后将其卡入瓦形接线柱内进行压接。如果需要把两个线头接入一个瓦形接线柱内，则应使两个弯成 U

形的线头重合，然后将其卡入瓦形垫圈下方进行压接，如图 8-24(b) 所示。

(a) 一个线头连接方法　　　　　　　　(b) 两个线头连接方法

图 8-24　单股线芯与瓦形接线柱的连接

8.1.2.4　导线与导线端头的连接

多股软导线或较大面积的单股导线与电气元件或电气设备连接时，需要装接相应规格的导线端头（俗称线鼻子），铝导线要使用铝铜过渡材质的导线端头，使用时应按接线端子的类型选择不同形状的导线端头，各种形状的导线端头如图 8-25 所示。

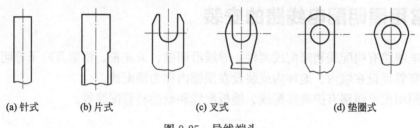

(a) 针式　　　　　(b) 片式　　　　　　(c) 叉式　　　　　　　　(d) 垫圈式

图 8-25　导线端头

(1) 单股或多股铝导线与端头的连接　一般采用压接法，压接操作方法与铝导线的压接方法相同。有条件的也可以采用气焊法。

(2) 单股或多股铜导线与端头的连接　通常采用压接和锡焊两种方法，压接操作方法与铝导线的压接方法相同。锡焊方法有三种，$2.5mm^2$ 以下的导线，可使用电烙铁焊接，$4\sim16mm^2$ 的导线，应采用蘸锡焊接，$16mm^2$ 以上的导线，应采用浇锡焊接。

8.1.3　导线绝缘层的恢复

导线连接后，必须恢复绝缘。导线的绝缘层破损后，也必须恢复绝缘。恢复后的绝缘强度应不低于原来的绝缘层。通常用黄蜡带、涤纶薄膜带和黑胶带作为恢复绝缘层的材料，黄蜡带和黑胶带一般选用 20mm 宽的，包缠方便。

8.1.3.1　绝缘带的包缠方法

将黄蜡带从导线左边完整的绝缘层上开始包缠，包缠两倍带宽后方可进入无绝缘层的芯线部分，如图 8-26(a) 所示。包缠时黄蜡带与导线保持约 55°的倾斜角，每圈压叠带宽的 1/2，如图 8-26(b) 所示。

包缠一层黄蜡带后，将黑胶布接在黄蜡带的尾端，按另一斜叠方向包缠一层黑胶带，也要每圈压叠带宽的 1/2，如图 8-26(c) 和图 8-26(d) 所示。

8.1.3.2　绝缘带包缠注意事项

① 380V 线路上的导线恢复绝缘时，必须先包缠 1～2 层黄蜡带（或涤纶薄膜带），然后再包缠一层黑胶带。

② 220V 线路上的导线恢复绝缘时，先包缠一层黄蜡带（或涤纶薄膜带），然后再包缠一

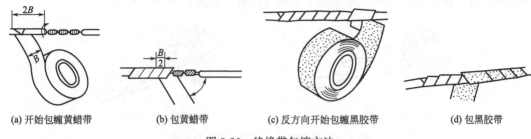

(a) 开始包缠黄蜡带　　(b) 包黄蜡带　　(c) 反方向开始包缠黑胶带　　(d) 包黑胶带

图 8-26　绝缘带包缠方法

层黑胶带，也可只包缠两层黑胶带。

③ 包缠绝缘带时，不能过疏，更不允许露出芯线，以免发生短路或触电事故。

④ 绝缘带不可保存在温度很高的地点，也不可浸染油类。

8.2　常用照明配电线路的安装

照明配电线路有明配线和暗配线两种。导线沿墙壁、天花板、桁架及柱子等明敷设称为明配线；导线穿管埋设在墙内、地坪内或装设在顶棚内称为暗配线。

常用的照明配电线路有护套线配线、槽板配线和硬塑料管配线等。

8.2.1　照明配电线路的技术要求

8.2.1.1　室内照明配电线路的基本要求

室内照明配电线路不仅要使电能传送安全、可靠，而且要使线路布置合理、整齐、安装牢固，其技术要求如下。

① 不同电价的用电线路应分别安装并有明显区别。特别是动力线路和照明线路，电价不同，应各自用电度表分别计量用电量。

② 不同电压等级的线路和设备在一个区域安装时，应有明显区别，必要时用文字或符号标注。

③ 在低压供电系统中，禁止用大地作中性线，如三线一地制、两线一地制和一线一地制等。

④ 导线的耐压值应大于线路工作电压峰值。

⑤ 导线的截面积应满足供电安全电流和机械强度的要求，一般的家用照明线路以选用 $2.5mm^2$ 的铝芯绝缘导线或 $1.5mm^2$ 的铜芯绝缘导线为宜。

⑥ 应选用绝缘电线作为敷设用线，导线的绝缘应符合线路的安装方式和敷设环境的要求。线路中绝缘电阻一般规定为：相线与大地或中性线之间不应小于 $0.22M\Omega$、相线与相线之间不应小于 $0.38M\Omega$，在潮湿、具有腐蚀性气体或水蒸气的场所，导线的绝缘电阻允许降低一些要求。

⑦ 导线敷设时，尽量避免接头。若是管道配线，无论什么情况下都不允许在管内接头。实在无法避免时，接头只能放在接线盒内。在导线的接头处、分支处都不应受到机械应力，特别是拉力的作用。

⑧ 线路沿建筑物敷设时，应保持"横平竖直"。水平敷设时，对地距离不小于 2.5m；竖直敷设时，最下端对地距离不小于 2m。如情况特殊，无法满足上述尺寸时，应加钢管保护。

⑨ 线路穿越楼板时，应加钢管保护。钢管上端距楼板 2m，下端以刚穿出楼板为限。导线穿墙时应加穿墙套管保护，套管两端出墙长度不小于 10mm，以防导线直接接触墙体而受潮。导线沿墙敷设时，与墙体距离不小于 10mm。

⑩ 室内电气管道线路及配电设备与其他管道、设备之间必须保持足够的安全距离，其最小安全距离见表 8-1。

表 8-1 室内电气线管和配电设备与其他管道、设备之间的最小距离   m

类别	管线及设备名称	管内导线	明敷绝缘导线	裸母线	滑触线	配电设备
平行	煤气管	0.1	1.0	1.0	1.5	1.5
	乙炔管	0.1	1.0	2.0	3.0	3.0
	氧气管	0.1	1.0	1.0	1.5	1.5
	蒸气管	1.0/0.5	1.0/0.5	1.0	1.0	0.5
	暖气管	0.3/0.2	0.3/0.2	1.0	1.0	0.1
	通风管	—	0.1	1.0	1.0	0.1
	上、下水管	—	0.1	1.0	1.0	0.1
	压缩气管	—	0.1	1.0	1.0	0.1
	工艺设备			1.5	1.5	—
交叉	煤气管	0.1	0.3	0.5	0.5	—
	乙炔管	0.1	0.5	0.5	0.5	—
	氧气管	0.1	0.3	0.5	0.5	—
	蒸气管	0.3	0.3	0.5	0.5	—
	暖气管	0.1	0.1	0.5	0.5	—
	通风管	—	0.1	0.5	0.5	—
	上、下水管	—	0.1	0.5	0.5	—
	压缩气管	—	0.1	0.5	0.5	—
	工艺设备	—	—	1.5	1.5	—

8.2.1.2 室内配电线路的供电方式

由于室内用电容量大小不同，我国室内配电常用 220V 单相制和 380V 三相四线制两种方式。

(1) 220V 单相制 220V 单相制供电适用于小容量的场合，如家庭、小实验室、小型办公场所等。它是由一根相线和一根中性线构成的单相供电回路，如图 8-27 所示。一般是在 380V 三相四线制中取出一相线和一中性线而得到 220V 电压。

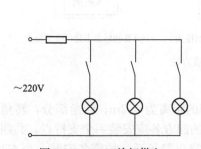

图 8-27 220V 单相供电

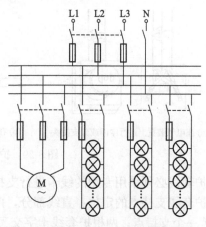

图 8-28 380/220V 三相四线制供电

(2) 380V 三相四线制 用电容量较大的场所，如车间、礼堂、机关、学校等采用 380/

220V 三相四线制供电，如图 8-28 所示。在进行线路设计时，应将用电范围的负载尽可能相等地分成三组，分别由三相电源供电，使三相负载尽可能平衡，这样每相对地为 220V 相电压。

对于完全对称的三相负载，如三相电动机、三相电阻炉等，为节省导线，也可用三相三线制供电。

8.2.1.3 室内照明配电线路的一般工序

安装室内照明配电线路主要包括以下几道工序。

① 定位。按设计图纸确定灯具、插座、开关、配电箱、启动设备等的位置。

② 画线。在导线沿建筑物敷设的路径上，画出线路走向，确定绝缘支持件固定点、穿墙孔、穿楼板孔的位置，并注明记号。

③ 凿孔与预埋。按上述标注位置凿孔，并预埋绕有铁丝的木螺钉、螺栓或木砖等紧固件。

④ 安装绝缘支持物、线夹或管子、按线盒等。

⑤ 敷设导线。

⑥ 完成导线间的连接、分支和封端，处理线头绝缘。

⑦ 检查线路安装质量。检查线路外观质量、直流电阻和绝缘电阻是否符合要求，有无断路、短路。

⑧ 完成线端与设备的连接。

⑨ 通电试验，全面验收。

8.2.2 护套线配线

塑料护套线是一种具有塑料保护层的双芯或多芯绝缘导线，具有防潮、耐酸和耐腐蚀等性能。塑料护套线可以直接敷设在空心楼板内、墙壁以及建筑物上。以前用铝片卡作为导线的支持物，现在常用塑料卡来支持。

8.2.2.1 护套线配线的技术要求

① 护套线芯线的最小截面积规定为：户内使用时，铜芯的不小于 $1.0mm^2$，铝芯的不小于 $1.5mm^2$；户外使用时，铜芯的不小于 $1.5mm^2$，铝芯的不小于 $2.5mm^2$。

② 护套线路的接头要放在开关、灯头和插座等设备内部，以求整齐美观；否则应装设接线盒，将接头放在接线盒内，接线盒也可用木台代替，如图 8-29 所示。

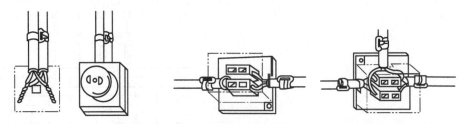

(a) 在电气装置上进行中间或分支接头　　(b) 在接线盒上进行中间接头　　(c) 在接线盒上进行分支接头

图 8-29　护套线线头的连接方法

③ 护套线必须采用专用的线卡进行支持。

④ 护套线支持点的定位：直线部分，两支持点之间的距离为 0.2m；转角部分，转角前后各应安装一个支持点；两根护套线十字交叉时，叉口处的四方各应安装一个支持点，共四个支持点；进入木台前应安装一个支持点；在穿入管子前或穿出管子后，均需各安装一个支持点。护套线路支持点的各种安装位置，如图 8-30 所示。

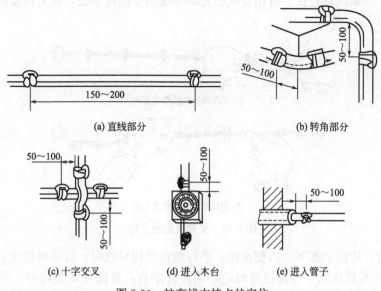

图 8-30　护套线支持点的定位

　⑤ 护套线线路的离地距离不得小于 0.15m；在穿越楼板的一段及在离地 0.15m 以下部分的导线，应加钢管（或硬塑料管）保护，以防导线遭受损伤。

8.2.2.2　护套线配线的施工步骤

　① 准备施工所需的器材和工具。
　② 标画线路走向，同时标出所有线路装置和用电器具的安装位置，以及导线的每个支持点。
　③ 錾打整个线路上的所有木榫安装孔和导线穿越孔，安装好所有木榫。
　④ 安装所有铝片线卡。
　⑤ 敷设导线。
　⑥ 安装各种木台。
　⑦ 安装各种用电装置和线路装置的电气元件。
　⑧ 检验线路的安装质量。

8.2.2.3　护套线配线的施工方法

　(1) 放线　整圈护套线不能搞乱，不可使线的平面产生小半径的扭曲，在冬天放塑料护套线时尤应注意。
　(2) 敷线
　① 勒直：在护套线敷设之前，把有弯曲的部分用纱团裹捏后来回勒平，使之挺直，如图 8-31 所示。

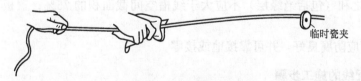

临时瓷夹

图 8-31　护套线勒直方法

　② 直敷：水平方向敷设护套线时，如果线路较短，为便于施工，可按实际需要长度将导线剪断，将它盘起来。敷线时，可先固定牢一端，拉紧护套线使线路平直后固定另一端，最后

再固定中间段；如果线路较长，可用瓷夹板先将导线初步固定多处，然后再逐段固定并拆除相应瓷夹板，如图 8-32 所示。

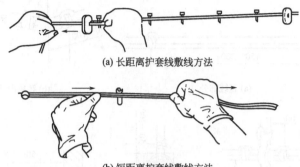

(a) 长距离护套线敷线方法

(b) 短距离护套线敷线方法

图 8-32　护套线敷线方法

垂直敷线时，应由上而下，以便操作。平行敷设多根导线时，可逐根固定。

③ 弯敷：护套线在同一墙面转弯时，必须保持垂直，弯曲导线要均匀，弯曲半径应为护套线宽度的三倍左右。转弯的前后应各固定一个线卡。两交叉处要固定四个线卡。

8.2.3　槽板配线

槽板应使用金属槽板和阻燃槽板，木线槽板已淘汰，槽板配线应本着安全、整洁、美观、适用和与建筑物结构平行的原则进行。

8.2.3.1　槽板配线的技术要求

① 阻燃槽板必须有阻燃标记和制造厂标。

② 线槽应设在干燥、不易受机械损伤的场所，槽板内应平整光滑、无扭曲变形。

③ 槽板安装应整齐美观，槽板应紧贴在建筑物的表面敷设，敷设时应尽量沿房屋的角线、墙角、横梁等敷设，要与建筑物的线条平行或垂直；槽板不应敷设在顶棚和墙壁内。

④ 线槽连接应连续无间断，每块槽板的固定点不应少于两处，固定点的间距不应小于500mm，且牢固可靠；线槽接口应平直、严密；槽盖齐全平整无翘角。

⑤ 固定或连接用的螺钉及其他紧固件紧固后，其端部与线槽槽底表面应光滑平整；出线口位置应正确无毛刺。

⑥ 线槽安装应横平竖直，其水平和垂直偏差不应大于其长度的 2%，全长最大偏差不应大于 20mm；并列安装时，槽盖应便于打开。

⑦ 线槽配线的导线截面积和数量应符合设计要求。当无具体规定时，导线的总截面积不应大于线槽空间截面积的 60%。

⑧ 在不可拆卸盖板的线槽内，导线不允许有接头；在可拆卸盖板的线槽内，导线接头处所有导线截面积之和（包括绝缘层）不应大于线槽空间截面积的 75%；盖板不应挤伤导线的绝缘层。

⑨ 金属线槽应防腐良好，并可靠接地或接零。

8.2.3.2　槽板配线的施工步骤

(1) 确定位置　按施工电路图在建筑物上确定并标出灯具、插座、控制电器、配电板等的位置。

(2) 画线　按图纸要求画出槽板的敷设路线，标明导线穿墙、穿楼板、起点、转角、分支、终点位置及槽底板的固定位置。

(3) 固定槽底板 按要求用钉子、木螺钉将槽底板固定在预埋件上，或用粘接技术将槽底板粘接在建筑物上。

① 两块槽板直线连接时，应将底板端口锯平或锯成 45°斜面，使两个槽口对准。盖板与底板连接处应错开 200mm，可直线或 45°角连接，如图 8-33 所示。

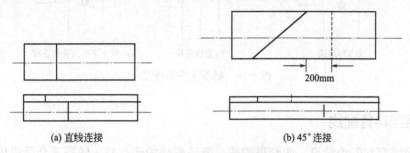

(a) 直线连接 (b) 45°连接

图 8-33 两槽板的直线连接

② 两块槽板 90°转角连接时，应将线槽底板端口锯平或锯成 45°连接，盖板可直线或 45°连接，如图 8-34(a) 和图 8-34(b) 所示；有的槽板直接带有 90°压盖，盖板不用 45°连接，直接扣上即可，如图 8-34(c) 所示。

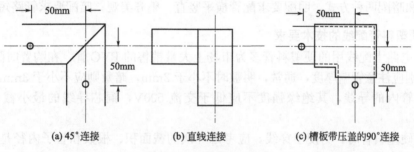

(a) 45°连接 (b) 直线连接 (c) 槽板带压盖的90°连接

图 8-34 两槽板 90°连接

③ 两块槽板作 T 形连接时，应将一个线槽底板端口锯平，另一个底板边缘锯成与线槽等边的豁口，盖板可直线或按图 8-35 所示连接。

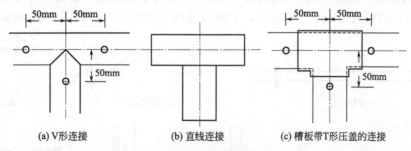

(a) V形连接 (b) 直线连接 (c) 槽板带T形压盖的连接

图 8-35 槽板 T 形连接

④ 槽板作十字连接时，应将两线槽底板端口都锯平，盖板按图 8-36 所示连接。

(4) 敷设导线 槽板固定好后，即可沿线槽敷设导线。一条线槽内只能敷设同一回路的导线，同一线槽内可敷设同一回路的导线，导线不得有接头或挤压。

(5) 固定盖板 固定盖板和敷设导线可同时进行，盖板接口处应紧密，不留空隙，盖板可用钉子钉在线槽的中心线上。盖板敷设如上面所述。

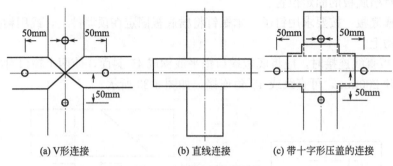

(a) V形连接   (b) 直线连接   (c) 带十字形压盖的连接

图 8-36　槽板十字形连接

8.2.4　硬塑料管配线

将绝缘导线穿在管内敷设，叫管道配线。管道配线的优点是：线路不会受机械损伤，不受潮湿、多尘、有腐蚀性气体等环境影响，不易发生火灾，适用于易燃、易爆环境，并可减少因接地故障造成的触电事故，而且整洁美观。缺点是造价高，维修不甚方便。管道配线适用于对安全可靠性和美观程度要求较高的场所。

管道配线分钢管配线和硬塑料管配线两种，照明配电线路一般用硬塑料管配线。硬塑料管配线有明配和暗配两种方式，明配要求配管横平竖直、整齐美观；暗配要求管路短，弯头少。

8.2.4.1　硬塑料管配线的技术要求

① 目前电路上配线用的硬塑料管多为市场上大量销售的 PVC 管，在购置时除外观质量、材质外，特别应注意管壁厚度，通常，明敷时不小于 2mm，暗敷则应不小于 3mm。

② 穿入管内的导线，其绝缘强度不应低于交流 500V，铜芯导线的最小截面积不能小于 1mm^2。

③ 选配硬塑料管时，为便于穿线，应考虑导线的截面积、根数和管子内径是否合适。一般要求硬塑料管内导线的总截面积（包括绝缘层）不应超过硬塑料管内径截面积的 40%。

④ 管子与管子连接或管子与接线盒连接时均可采用套接，在具有蒸汽、腐蚀气体，多尘，或油、水和其他液体可能渗入内的场所，硬塑料管的连接处均应密封。

⑤ 明敷的硬塑料管应采用管卡支持。固定管子的管卡距始端、终端、转角中点、接线盒或电气设备边缘的距离为 150～500mm，中间直线部分间距均匀，如图 8-37 所示，管卡均应

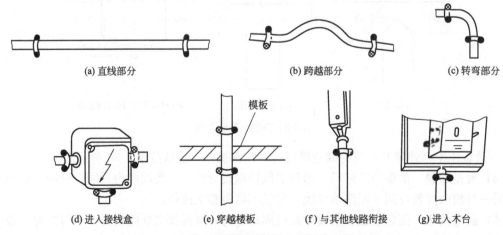

(a) 直线部分   (b) 跨越部分   (c) 转弯部分

(d) 进入接线盒   (e) 穿越楼板   (f) 与其他线路衔接   (g) 进入木台

图 8-37　硬塑料管线路的敷设方法及管卡的定位

安装在木结构和木榫上。明设直线部分管卡的定位要求如表 8-2 所示。

表 8-2 明设塑料管直线部分管卡间距   m

塑料管标称直径/mm	20 及以下	25～40	50 及以上
垂直	1.0	1.5	2.0
水平	0.8	1.2	1.5

⑥ 明敷的硬塑料管在易受机械损伤的部分应加钢管保护。如埋地敷设引向设备时，对伸出地面 200mm 段、伸入地下 50mm 段，应该用同一钢管保护。硬塑料管与热力管间距也不应小于 50mm。

⑦ 为了便于导线的安装和维修，对接线盒的位置有以下规定：无转角时在硬塑料管全长每 45m 处、有一个转角时在第 30m 处、有两个转角时在第 20m 处、有三个转角时在第 12m 处均应安装一个接线盒。

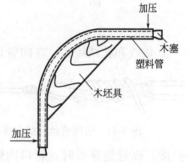

⑧ 塑料管在同一平面转弯时应保持直角，转角处的塑料管可用成品弯头来连接，也可根据现场需要形状进行弯制。塑料管的弯曲，可用热弯法，即在电烘箱或电炉上加热，待至柔软时弯曲成形，如图 8-38 所示，管径在 50mm 以上时，可在管内填以砂子进行局部加热，以免弯曲后产生粗细不匀或弯扁现象。

图 8-38 塑料管的弯曲

⑨ 为防止硬塑料管两端所留的线头长度不够，或因连接不慎线端断裂出现欠长而造成维修困难，线头应留出足够作两、三次再连接的长度。多留的导线可留成弹簧状储于接线盒或木台内。

⑩ 穿线时，应尽可能将同一回路的导线穿入同一根硬塑料管。不同回路或不同电压的导线不得穿入同一根硬塑料管。每根硬塑料管内穿线最多不超过 10 根。

8.2.4.2 硬塑料管配线的施工

(1) 硬塑料管的连接 根据线路走向的不同，硬塑料管有直线、90°直角、T 形和十字形连接等形式。随着技术的进步和生产的发展，目前市场上有与各种管径配套的直线接头、90°弯头、T 形接头（俗称"三通"）、十字接头（俗称"四通"），如图 8-39 所示。由于接头和管子之间加工较精密，在连接时，可将管子直接插入接头中。要求更高的场合，可在管子外径和接头内径涂上黏合剂，使其牢固地结合在一起。

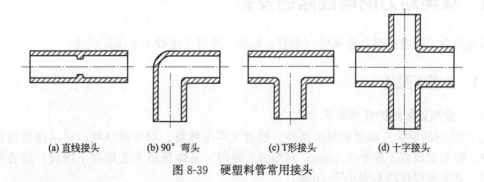

(a) 直线接头   (b) 90°弯头   (c) T 形接头   (d) 十字接头

图 8-39 硬塑料管常用接头

(2) 穿线 管道敷设完毕，应将导线穿入管道。穿线通常按下列三个步骤进行。

① 检查管口与穿引线铁丝 管口是否倒角，是否有毛刺，必须在穿线前再次检查，以免

穿线时割伤导线,然后向管内穿入 1.2~1.6mm 的引线铁丝,用它将导线拉入管内。如果管径较大,转弯较小,可将引线铁丝从管口一端直接穿入,为了避免管内壁上凸凹部分挂住铁丝,要求铁丝头部做成如图 8-40(a) 所示的弯钩。如果管道较长、转弯较多或管径较小,一根引线铁丝无法直接穿过时,可用两根铁丝分别从两端管口穿入。但应将引线铁丝端头弯成钩状,如图 8-40(b) 所示,使穿入管子的两根铁丝中间能互相钩住,如图 8-40(c) 所示。然后将要留在管内的铁丝一端拉出管口,使管内保留一根完整铁丝,两头伸出管外,并绕成一个大圈,使其不得缩入管内,以备穿线之用。

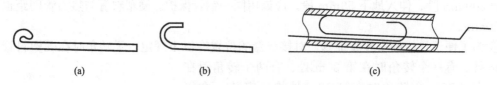

(a)　　　　　　　　(b)　　　　　　　　(c)

图 8-40　线管穿引线铁丝

② 放线和扎结线头　在向管内放导线时,管内需穿入多少根,就应按管子的长度(加上线头及余量)放出多少根,然后将这些线头剥去绝缘层,扭绞后按图 8-41 所示方法,将其紧扎在引线铁丝头部。

图 8-41　引线铁丝与线头绑扎

③ 穿线　穿线前,应在管口套上橡皮或塑料护圈,以避免穿线时,管口内侧割伤导线绝缘层。然后由两人在管子两端配合穿线入管,位于管子前端的人慢慢拉引线铁丝,位于管子后端的人慢慢将线理顺送入管内,如图 8-42 所示。

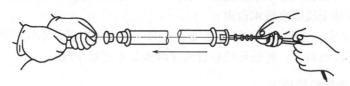

图 8-42　导线穿管

如果管道较长、转弯较多或管径太小而造成穿线困难时,可在管内适量加入滑石粉以减少摩擦,但不得用油脂或石墨粉,以免损伤导线绝缘或将导电粉尘带入电气管道。

8.3　常用动力配电线路的安装

常用的动力配电线路有金属管(钢管)配线、绝缘子配线和电缆配线等。

8.3.1　金属管配线

8.3.1.1　金属管配线的技术要求

① 配线用的钢管有厚壁和薄壁两种,后者又叫电线管。对干燥环境,可用薄壁钢管明敷和暗敷,但管壁厚度不应小于1mm;对潮湿、易燃、易爆场所和在地坪下埋设,则必须用厚壁钢管,其管壁厚度均不应小于2mm。

② 钢管的选择要注意不能有折扁、裂纹、砂眼,管内应无毛刺、铁屑,管内外不应有严重锈蚀。

③ 管子与管子连接时，应采用外接头；管子与接线盒连接时，连接处应用薄型螺母内外拧紧；在具有蒸汽、腐蚀气体，多尘，或油、水和其他液体可能渗入内的场所，线管的连接处均应密封；钢管管口均应加装护圈。

④ 明敷的线管应采用管卡支持，其敷设方法及管卡的定位与塑料管配线相类似。明设直线部分管卡的定位要求如表 8-3 所示。

表 8-3　明设钢管直线部分管卡间距　　　　　　　　　m

钢管标称直径/mm	12～20	25～32	40～50	70～80
垂直	1.5	2.0	2.5	3.5
水平	1.0	1.5	2.0	—

⑤ 钢管的弯曲，对于直径 50mm 以下的管子可用弯管器；对于直径 50mm 以上的管子可用电动或液压弯管机。

金属管配线的其他技术要求与硬塑料管配线类似。

8.3.1.2　金属管配线的施工

(1) 钢管加工

① 除锈与涂漆　敷设之前，将已选用钢管内外的灰渣、油污与锈块等清除。为防止除锈后重新氧化，应迅速涂漆。常用除锈方法如下：在钢丝刷两端各绑一根长度适合的铁丝，将铁丝与钢丝刷穿过钢管，来回拉动，如图 8-43 所示，即可除去钢管内壁的锈块。钢管外壁除锈很容易，可直

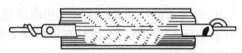

图 8-43　用钢丝刷去除钢管内铁锈

接用钢丝刷或电动除锈机除锈，除锈后立即涂防锈漆。但在混凝土中埋设的管子外壁不能涂漆，否则会影响钢管与混凝土之间的结构强度。如果钢管内壁有油垢或其他脏物，也可在一根长度足够的铁丝中部捆上适量布条，在管中来回拉动，即可擦掉，待管壁清洁后，再涂防锈漆。

② 钢管的锯割　敷设电线的钢管一般都用钢锯锯割。下锯时，锯架要扶正，向前推动时，适当加压力，但不得用力过猛，以防折断锯条。钢锯回拉时，应稍微抬起，减小锯条磨损。管子快锯断时，要放慢速度，使断口平整。锯断后用半圆锉锉掉管口内侧的棱角，以免穿线时割伤导线。

③ 钢管的套螺纹与连接　钢管与钢管之间连接时，应先在连接处套螺纹。

钢管与钢管连接所用的束节应按线管直径选配。连接时如果存在过松现象，应用白线或塑料薄膜嵌垫在螺纹中，裹垫时应顺螺纹固紧方法缠绕，如果需要密封，须在麻丝上涂一层白漆，如图 8-44 所示。

(a) 用束节连接线管　　　　　(b) 裹垫白线　　　　　(c) 装束节

图 8-44　钢管的连接

④ 弯管　线路敷设中，由于走向的改变，管道必须随之弯曲。弯管的工具常用管弯管器和滑轮弯管器。对于管壁较厚或管径较大的钢管，可用气焊加热弯曲。在用氧炔焰加热时要注意火候，若火候不到，无法弯动；加热过度，又容易弯瘪。最好在加热前，先用干燥砂粒灌入

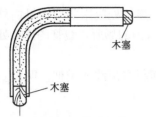

图 8-45 灌砂弯管

管内并捣紧，然后再加热弯曲，即可避免弯瘪现象发生。灌砂弯管如图 8-45 所示。对于薄壁大口径管道，灌砂弯管显得更为重要。

（2）钢管敷设

① 明管敷设工艺 明管敷设的一般顺序如下。

a. 按施工图确定电气设备的安装位置，画出管道走向中心线及交叉位置，并埋设支承钢管的紧固件。

b. 按线路敷设要求对钢管进行下料、清洁、弯曲、套螺纹等加工。

c. 在紧固件上固定并连接钢管。

d. 将钢管、接线盒、灯具或其他设备连成一个整体，并将管路系统妥善接地。

② 暗管敷设工艺 在工厂车间、各类办公场所，特别是现代城乡住宅，大量运用暗管在墙壁内、地坪内、天花板内敷线。各种灯具的灯头盒、线路接线盒、开关盒、电源插座盒等，都嵌入墙体或天花板内。这样可使整个房间显得清爽、整洁。

暗管敷设的一般顺序如下。

a. 按施工图确定接线盒、灯头盒、开关盒、插座盒等在墙体、楼板或天花板上的具体位置。测出线路和管道敷设长度。这时不必像明管敷设那样讲究横平竖直，可尽量走捷径，尽量减少弯头。

b. 对管道进行加工、连接并在确定位置接好接线盒、灯头盒、开关盒、插座盒等。随后在管道中穿入引线铁丝。然后在管口堵上木塞，在上述盒体内填满废纸或木屑，以免水泥砂浆和其他杂物进入。

c. 将管道和连接好的各种盒体固定在墙体、地坪、天花板内或现浇混凝土模板内。

d. 对金属管、盒、箱，应在管与管、管与盒、管与箱之间焊好跨接地线，使该管路系统的金属体连成一个可靠的接地整体。用塑料管道配线时则这一工序可略去。

③ 暗线施工工艺 暗线管道敷设工艺如下。

a. 在现浇混凝土楼板内敷设管道时，应在浇灌混凝土以前进行管道敷设。先用石、砖等在模板上将管子垫高 15mm 以上，使管子与模板保持一定距离，然后用铁丝将管子固定在钢筋上或用钉子将其固定在模板上，如图 8-46 所示。

b. 在砖墙内敷设线管应在土建砌砖时预埋，边砌砖边预埋，并用水泥砂浆、砖屑等将管子塞紧。如在土建时没有预埋管道，也没有预留管与盒的槽穴。在建筑物主体工程完工后，在粉水工程动工以前，可人工凿打管槽和盒穴。凿打时可

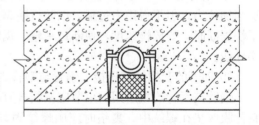

图 8-46 在楼板内固定暗管

用凿子、錾子，也可用建筑装饰用加工墙、地砖的切割机，将要凿打的线槽两边切割成狭缝，再将中间砖块凿去，即成为两边缘整齐的线管槽。这种办法不仅在新安装时使用，在平时若需要新安装或改造线路，也可使用。

c. 在地板下敷设管道时，应在浇灌混凝土前将管道固定。其方法是先将木桩或圆钢打入地下泥土中，用铁丝将管子绑扎在这些支承物上，下面用砖块等垫牢，离土面 15～20mm 左右，再浇灌混凝土，使管子位于混凝土内，避免泥土潮气腐蚀。

d. 在楼板内敷设管道时，由于楼板厚度限制，对管道外径选择有一定要求：楼板厚 80mm，管子外径应小于 40mm，楼板厚 120mm，管子外径应小于 50mm。

④ 灯头盒、接线盒、开关盒等埋设工艺 在浇灌混凝土前，应在楼板中设计的灯头盒等

盒体位置预埋木砖，待混凝土固化后，取出木砖，装入灯头盒、接线盒等盒体，如图 8-47 所示。此外，也可将上述盒体用铁钉固定在混凝土模板上，如图 8-48 所示。在混凝土固化后，再将这些盒体与管道连接，如图 8-49 所示。

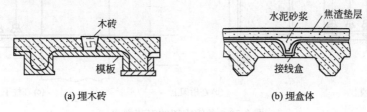

(a) 埋木砖　　　　　　　　　(b) 埋盒体

图 8-47　在楼板内预埋盒体、木砖

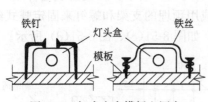

图 8-48　灯光盒在模板上固定

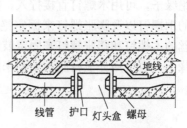

图 8-49　灯头盒与管道的连接

8.3.2　绝缘子配线

　　绝缘子配线是利用绝缘子支持导线的一种配线方式。适用于用电量较大或环境比较恶劣的场所。绝缘子有鼓形绝缘子（又称瓷柱）、蝶形绝缘子、针式绝缘子和悬式绝缘子几种。导线截面积较细的，一般采用鼓形绝缘子，导线较粗的，可采用其他几种绝缘子配线。绝缘子配线的步骤大致如下。

　　(1) 定位　定位工作应在土建抹灰前进行。首先按图确定电气设备的安装地点，然后再确定导线的敷设位置、穿过墙壁和楼板的位置，以及起始、转角和终端绝缘子的固定位置，最后再确定中间绝缘子的位置。在电气设备附近约 50mm 处，都应安装一个绝缘子。

　　(2) 画线　画线可采用粉线袋或有尺寸刻度的简易木尺。画线时应考虑线路的走向，尽可能沿房屋、线脚、墙角等处敷设，用铅笔或粉线袋画出安装路径，并在每个电路设备固定点中心处做一个标记。

　　(3) 凿孔　在砖墙上凿孔，可采用小扁凿或电钻；在混凝土结构上凿孔，可用麻线凿或冲击钻；在墙上凿穿通孔，可用长凿。

　　(4) 埋设紧固件　所有的孔眼凿好后，可在孔眼中埋设木砖、木榫、支架或缠有铁丝的木螺钉。

　　(5) 埋设保护管　穿墙瓷套管或过楼板钢管，最好在土建时预埋。过梁或其他混凝土结构预埋瓷管，应在土建铺模板时进行。穿墙瓷管一般采用整根的，若不得不用两根拼接使用时，接口应对正，接缝处用胶布加以固定，以便穿线。

　　(6) 固定支架　绝缘子通常都固定在角钢支架上。角钢的规格视所用绝缘子尺寸而定，一般采用等边角钢，尺寸在 40mm×40mm 以上，以保证一定的机械强度。

　　固定角钢支架的方式，取决于建筑物支承面的形状、固定点的距离以及线路受力等情况。常见有三种，即安装在墙上、安装在桁架上或安装在柱子上，如图 8-50 所示。

　　(7) 固定绝缘子　绝缘子的固定方法随支持面的状况而定。在木结构建筑物上，通常只固

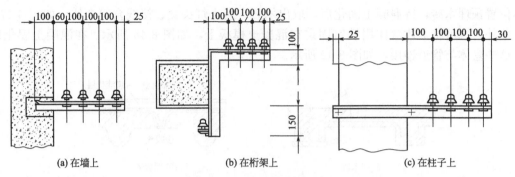

(a) 在墙上　　　　　　(b) 在桁架上　　　　　　(c) 在柱子上

图 8-50　角钢支架的安装方式

定鼓形绝缘子，可用木螺钉直接拧入，如图 8-51(a) 所示。在砖墙上，可利用预埋的木榫或缠有铁丝的木螺钉以及膨胀螺钉来固定绝缘子，如图 8-51(b) 所示。在混凝土构件上，既可用缠有铁丝的木螺钉和膨胀螺钉来固定鼓形绝缘子，或用预埋的支架和螺钉来固定蝶式绝缘子、针式绝缘子，也可用环氧树脂黏结剂来固定绝缘子，如图 8-51(c)、图 8-51(d) 所示。

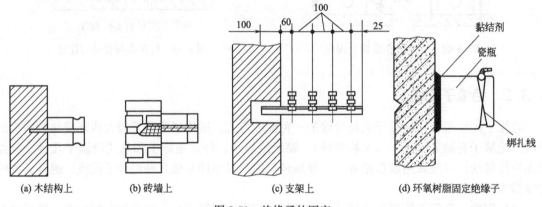

(a) 木结构上　　　(b) 砖墙上　　　(c) 支架上　　　(d) 环氧树脂固定绝缘子

图 8-51　绝缘子的固定

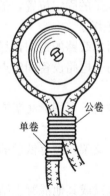

图 8-52　终端导线的绑扎

(8) 敷设绑扎导线　在绝缘子上敷设导线，也应从一端开始，将一端的导线绑扎在绝缘子的颈部，如果导线弯曲，应事先校直，然后将导线的另一端收紧绑扎固定，最后把中间导线也绑扎固定。导线在绝缘子上绑扎固定的方法如下。

① 终端导线的绑扎。导线的终端可用回头线绑扎，如图 8-52 所示。绑扎线宜用绝缘线，绑扎线的直径和绑扎圈数见表 8-4。

② 直线段导线的绑扎。鼓形和蝶形绝缘子直线段导线一般采用单绑法或双绑法两种，截面积在 $6mm^2$ 及以下的导线可采用单绑法，步骤如图 8-53(a) 所示，截面积在 $6mm^2$ 及以上的导线可采用双绑法，步骤如图 8-53(b) 所示。

表 8-4　绑扎线的直径和绑扎圈数

导线截面积 /mm²	绑线直径/mm			绑线圈数	
	纱包铁芯线	铜芯线	铝芯线	公圈数	单圈数
1.5～10	0.8	1.0	2.0	10	3
10～35	0.89	1.4	2.0	12	5
50～70	1.2	2.0	2.6	16	5
95～120	1.24	2.6	3.0	20	5

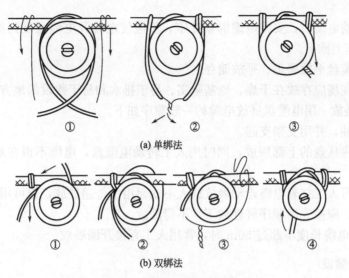

（a）单绑法

（b）双绑法

图 8-53　直线段导线的绑扎

 注意:

　　在绑扎导线时，平行的两根导线，应敷设在两绝缘子的同一侧或两绝缘子的外侧，不能放在两绝缘子的内侧；在同一平面内，导线有曲折时，绝缘子应装设在导线曲折角的内侧；当导线互相交叉时，应在距建筑物近的导线上套瓷管保护。

8.3.3　电缆配线

8.3.3.1　电缆路径的选择

　　选择电缆路径时，应注意以下几个方面。

　　① 在满足要求的前提下，为节省投资，要选择最短距离的路径。

　　② 为便于安装与维护，电缆路径要尽量减少穿越各种管道、铁路、公路和其他高低压电缆等设备的次数。在建筑物内安装，要尽量减少穿越墙壁和楼房地板的次数。

　　③ 电缆路径要考虑远景规划，尽量避开拟建房屋和建筑工程、各种管线工程等需要挖掘的地方。

　　④ 从安全运行考虑，要尽量保证电缆不受任何损害，包括机械外力、振动、虫害、水浸泡、摩擦、化学侵蚀、杂散电流和热源的影响等。

　　⑤ 便于搬运、施工、容易维修的地方。

　　⑥ 地形复杂的桥隧区段，大桥、特大桥应允许电缆在铁道桥梁上或铁道隧道内敷设。

8.3.3.2　电缆的搬运与展放

　　(1) 电缆的搬运　电缆在搬运时应注意以下几个方面。

　　① 电缆应在电缆盘上搬运，短电缆可按不小于电缆最小弯曲半径的规定卷成圈，并且至少在4处捆紧后搬运。在搬运和装卸中，应防止电缆和电缆盘受伤，不得在地面上拖拉。

　　② 运输或滚动电缆盘前，必须保证电缆盘牢固、电缆绕紧。电缆盘只允许短距离滚动，滚动方向必须顺着电缆盘上箭头指示方向（即电缆的缠紧方向）。道路应平整、坚实。

　　③ 无保护板的电缆盘如需滚动，其挡板应高出电缆100mm，如地面不平或松软，尚须采

取其他保护措施。

④ 用车辆运输电缆时，要将电缆绑紧扎牢，不应使电缆及电缆盘受到损伤。卸车时严禁将电缆盘直接从车上推下。

⑤ 禁止将电缆盘平放搬运、平放储存。

⑥ 电缆运至现场应存放在干燥、地基坚实、易于排水和易于敷设的地方。

(2) 电缆的展放　用电缆盘展放电缆的一般顺序如下。

① 电缆盘穿轴，并用支架支起。

② 电缆展放应从盘的上部展放，同时用人工转动电缆盘，电缆不得在地上摩擦拖动，展放电缆要有弛度。

③ 电缆展放可人工扛着电缆走动展放或人不动而用手传递展放，也可用机械牵引展放。

④ 放下电缆，应按先后顺序轻轻放下，不得乱放。

10kV 及以下电缆长度不超过 50m 时，常用人工直接开圈展放。

8.3.3.3　电缆的敷设

(1) 直埋敷设　电缆直接埋设是一种最经济、最简便的敷设方法。并且电缆散热性好、载流量大，应用最广泛。直埋敷设的有关尺寸如图 8-54 所示。

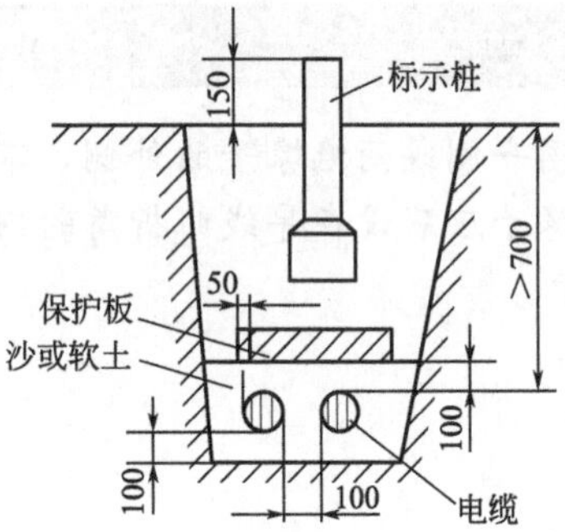

图 8-54　直埋敷设电缆的有关尺寸

直埋电缆宜采用聚氯乙烯护套铠装电缆。在穿越铁路、道路、道口等机动车通行的地段时应穿管敷设。直埋电缆的敷设步骤如下。

① 按设计线路走向挖出一条深 0.7m 以上的沟，其深度和宽度应能放下各根电缆、盖板或砖。10kV 及以下电缆，应使各根电缆之间距离不小于 100mm。

② 使沟底平整、无石块，并铺上 100mm 厚筛过的松土或细沙土，作为电缆的垫层。

③ 将电缆松弛放入沟内，做好中间接头和终端接头，在电缆上面铺 100mm 厚的松土或沙层，再盖上混凝土板或砖作保护，最后在上面填土，覆土要高出地面 150～200mm。

④ 在电缆线路两端、转弯处、中间接头处，均应树立一根混凝土标示桩，注明电缆型号、规格、敷设日期及线路走向。

(2) 电缆沟敷设　电缆沟敷设是较简易的电缆敷设方式。占地小、投资少、走向灵活，可以几根电缆并敷，检修、更换、增设电缆都很方便。在线路不很长（如车间、室内）或隧道中，常采用电缆沟敷设。

电缆沟分为无支架、单侧支架和双侧支架三种，如图 8-55 所示。电缆沟壁要用防水水泥砂浆抹面，沟壁上安有电缆支架的，在平行敷设于支架上的各根电缆之间应有 100mm 以上的距离，上下层电缆间垂直距离应不小于 150mm，电缆沟盖板应有足够的厚度和强度。可能积水的地段应有排水措施。

电缆沟又有室内沟、室外沟、厂区沟等区分。室内电缆沟的盖板敷设后与地坪平齐。室外电缆沟的盖板应高出地坪面，兼作操作通道用。厂区内的电缆沟，盖板一般低于地面 300mm，盖板上回填泥土或沙子与地面平齐。

电缆固定于水平支架水平设置时，外径大于 50mm 的电力电缆每隔 1000mm 宜加支撑，外径小于 50mm 的电力电缆以及控制电缆，每隔 600mm 加支撑；垂直设置时每隔 1000～1500mm 应该固定。沟道两端和接地极、长距离的电缆隧道每隔 50～100m 应设一个人孔、一

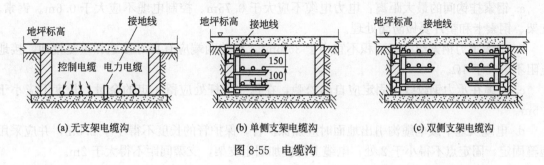

(a) 无支架电缆沟　　　　　(b) 单侧支架电缆沟　　　　　(c) 双侧支架电缆沟

图 8-55　电缆沟

道防火墙。

电缆沟的结构尺寸见表 8-5。

表 8-5　电缆沟结构尺寸

名　称			最小允许距离/mm
单侧支架时通道宽（支架与对面墙壁间的水平距离）			450
双侧支架时通道宽（支架水平净距离）			500
电缆托架层间垂直净距	电力电缆	≤10kV	150
		20~35kV	200
		≥110kV	≥2D+50
	控制电缆		100
电力电缆水平间距			35(≥D)

注：D 为电缆外径。

(3) 在钢索上敷设　电缆在钢索上敷设安装是电缆施工较简单易行的方法。不占用土地，施工方便，便于电缆散热，维护方便，应用广泛，如图 8-56 所示。

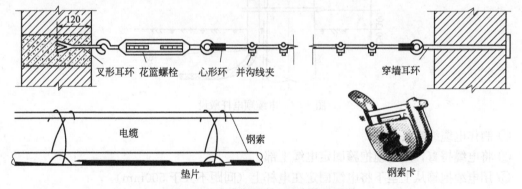

图 8-56　电缆在钢索上的安装及固定

① 安装步骤　具体安装步骤如下。

a. 在两电杆或建筑物之间安装钢索，拉紧。必要时可使用花篮螺栓拉紧。

b. 将电缆吊起至安装高度。

c. 在电缆下部钢索卡（或挂钩）位置垫上铁托片。

d. 将钢索卡挂在钢索上。

e. 将电缆固定在钢索卡中。

② 注意事项　安装固定时，应注意以下几个方面。

a. 钢索挂钩间的最大距离：电力电缆不应大于 0.75m。控制电缆不应大于 0.6m。钢索、支架、钢索卡和垫片要做防腐处理。

b. 电缆承力钢绞线截面积不宜小于 $35mm^2$，线路两端应有良好接地和重复接地，接地电阻不得大于 4Ω。

c. 电缆在承力钢绞线上固定应自然松弛，在每一电杆处应留一定的余量，长度不应小于 0.5m。

d. 电缆从地下或电缆沟引出地面时应加保护管，保护管的长度不得小于 2.5m，并应采用抱箍固定，固定点不得小于 2 处；电缆上杆应加固定支架，支架间距不得大于 2m。

(4) 顺电杆敷设 如图 8-57 所示，将电缆穿过电缆保护钢管，按以下步骤进行敷设。

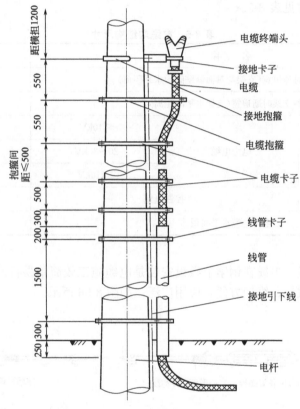

图 8-57 电缆顺电杆敷设

① 制作电缆终端头。

② 将电缆捋直，用电缆抱箍固定电缆上部。

③ 用电缆抱箍从上至下将电缆固定在电杆上（间距不大于 500mm）。

④ 用接地卡子与电缆终端头紧密相连，与接地抱箍固定。

⑤ 将接地装置与接地引下线连接。

(5) 在支架上或沿墙敷设 电缆在支架上或沿墙敷设的步骤如下。

① 用角钢制作电缆支架。

② 将支架固定在墙上。

③ 吊起电缆。

④ 用卡子将电缆固定在支架上（铠装电缆卡子处垫铁片；裸铅包、全塑电缆垫软衬垫，如毡条、泡沫塑料等）。

(6) 在混凝土排管中敷设　如图 8-58 所示，按以下步骤进行敷设。

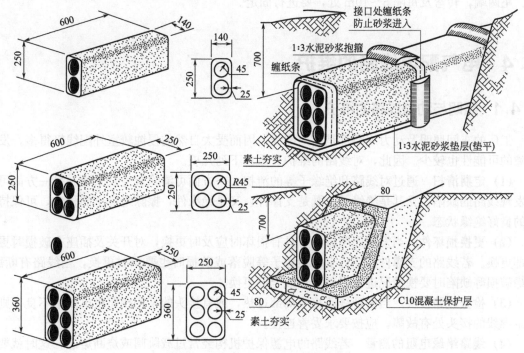

图 8-58　电缆在混凝土排管中敷设

① 将水泥排管排在挖好夯实的排管沟中（顶部距地面 500～700mm）。

② 清除排管中积物，管口对正，缠上封条，用水泥砂浆封实。

③ 将钢拉线从人口井一端穿入水泥排管至另一端，将一端头与电缆绑扎结实。

④ 从人口井端口，轻缓地将电缆从排管中拉出。

(7) 在桥梁上敷设　电缆在桥梁上敷设的步骤如下。

① 桥梁较短采用穿管敷设；桥梁较长采用槽道敷设，槽道内放自息性塑料泡沫。

② 将电缆穿过线管，或蛇形置于槽道中。

③ 在桥梁伸缩处和桥墩外侧留出余量，将电缆固定。

④ 封严槽道盖板。

(8) 在电缆桥架上敷设　电缆桥架也叫电缆托盘或电缆梯架，常用于室内电缆敷设。电缆桥架如图 8-59 所示。

电缆在桥架敷设应注意以下几点。

① 架设电缆桥架时，水平敷设，距地面高度 2.5m 以上，跨距一般为 2～3m，垂直设固定点间距一般为 2m。

② 不同电压、不同用途的电缆不能敷设在同一层电缆桥架。在一层桥架上可无间距敷设电缆。

③ 电缆桥架多层敷设，控制电缆间距不宜小于 0.2m；电力电缆间距不应小于 0.3m；弱电电缆与电力电缆间距不宜小于 0.5m；桥架距顶棚或其他障碍物不应小于 0.3m。

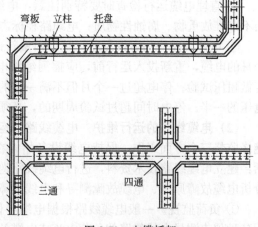

图 8-59　电缆桥架

④ 桥架内电缆垂直敷设电缆上端及每隔 1.5～2m 处，要进行固定。水平敷设时，电缆的首、尾两端，转弯及每隔 5～10m 处，要进行固定。

8.4 电气配电线路的维护

8.4.1 照明与动力线路的维护

工厂的车间照明及动力线路都是室内配线，因而受大自然的侵蚀较室外配线轻得多，发生故障的可能性也较少。因此，对线路的维护着重在下列几项。

(1) 定期清扫 通过对线路和绝缘子等的清扫，一方面可清除灰尘及杂物；另一方面可及时发现线路的缺陷。尤其是绝缘子，既是支撑件，又是绝缘件，擦除绝缘子的积尘，可保持线路的良好绝缘状态。

(2) 更换损坏件 当发现照明灯及灯具有损坏时应及时更换，对开关及插座有破损时更应立即更换。若线路的支撑件如铝片卡、绝缘子等脱落或破损时也要及时更换，当线路有断股、绝缘破损等缺陷时要视情况进行局部修理或全部更换。

(3) 检查线路接头 当发现线路接头局部过热，或有接头的某相线路供电质量不良，则可肯定导线的接头处有故障，应按要求妥善连接。

(4) 线路绝缘电阻的测量 若线路的电源保护机构经常过载跳闸或烧断熔芯，这时就要怀疑电源线路绝缘不良，可用兆欧表进行绝缘电阻的测量。测量前，必须使线路上的所有用电设备断开，测量后，必须放电，以防电击。

上述所有维护工作，必须有严格的安全措施，在确保断开电源的情况下进行。

8.4.2 电缆线路的维护

(1) 保证电缆线路正常运行 为使电缆线路能正常运行，应注意以下几点事项。

① 不要长时间过负荷运行或过热。过负荷运行会引起发热，损坏电缆线路。

② 电缆线路馈线保护不应投入重合闸。电缆线路的故障多为永久性故障，若重合闸动作，则必然会扩大事故，威胁电网的稳定运行。

③ 电缆线路的馈线跳闸后，不要忽视电缆的检查。重点检查电缆路径有无挖掘、电线有无损伤，必要时应通过试验进一步检查判断。

④ 直埋电缆运行检查时要特别注意：电缆路径附近地面不能随便挖掘；电缆路径附近地面不准堆放重物、腐蚀性物质；电缆路径标志桩和保护设施不能随便移动、拆除。

⑤ 电缆线路停用后恢复运行时必须重新试验后才能投入使用。停电超过一星期但不满一个月的电缆，重新投入运行前，应摇测绝缘电阻，与上次试验记录相比不得降低 30%，否则应做耐压试验；停电超过一个月但不满一年的，则必须做耐压试验，试验电压可为预防性试验电压的一半；停电时间超过试验周期的，必须做预防性试验。

(2) 电缆线路的运行维护 电缆线路的运行维护要做好负荷监视、电缆金属套腐蚀监视和绝缘监督三个方面工作，保持电缆设备始终在良好的状态和防止电缆事故突发。主要项目包括：建立电缆线路技术资料，进行电缆线路巡视检查、电缆预防性试验，防止电缆外力破坏，分析电缆故障原因、电缆故障测寻和电线故障修理等。

① 负荷监视。一般电缆线路根据电缆导体的截面积、绝缘种类等规定了最大电流值，利用各种仪表测量电线线路的负荷电流或电缆的外皮温度等，作为主要负荷监视措施，防止电缆

绝缘超过允许最高温度而缩短电缆寿命。

　　② 温度监视。测量电缆的温度，应在夏季或电线最大负荷时进行。测量直埋电线温度时，应测量同地段无其他热源的土壤温度。电缆同地下其他管路交叉或接近敷设时，电缆周围的土壤温度，在任何情况下不应超过本地段其他地方同样深度的土壤温度 10℃以上。检查电缆的温度，应选择电缆排列最密处或散热最差处或有外面热源影响处。

　　③ 腐蚀监视。以专用仪表测量邻近电缆线路的周围土壤，如果属于阳极区，则应采取相应措施，以防止电缆金属套的电解腐蚀。电缆线路周围润湿的土壤或以生活垃圾填覆的土壤，电缆金属套常发生化学腐蚀和微生物腐蚀，根据测得阳极区的电压值，选择合适的阴极保护措施或排流装置。

　　④ 绝缘监督。对每条电缆线路按其重要性，编制预防性试验计划，及时发现电缆线路中的薄弱环节，消除可能发生电缆事故的缺陷。金属套对地有绝缘要求的电缆线路，一般在预防性试验后还需对外护层分别另做直流电压试验，以及时发现和消除外护层的缺陷。

参考文献

[1] 秦钟全.低压电工上岗技能一本通 [M].北京：化学工业出版社，2014.

[2] 肖辉进.电工技术 [M].北京：人民邮电出版社，2007.

[3] 蒋文祥.低压电工控制电路一本通 [M].北京：化学工业出版社，2014.

[4] 闫和平.常用低压电器应用手册 [M].北京：机械工业出版社，2003.

[5] 王宝超.低压电工实用技术 [M].北京：清华大学出版社，2012.

[6] 徐君贤，朱平.电工技术实训 [M].北京：机械工业出版社，2001.

[7] 王敏.图解电工安全知识要诀 [M].北京：中国电力出版社，2005.

[8] 刘光源.实用维修电工手册 [M].第4版.上海：上海科学技术出版社，2010.

[9] 李俊，遇桂琴.供用电网络及设备 [M].第2版.北京：中国电力出版社，2003.

[10] 熊幸明.电工电子技能训练 [M].北京：电子工业出版社，2004.

[11] 刘介才.工厂供电 [M].第5版.北京：机械工业出版社，2010.

[12] 戴绍基.建筑供配电技术 [M].北京：机械工业出版社，2003.

[13] 劳动部培训司.电气制图 [M].北京：中国劳动出版社，1993.

[14] 贺应和，马国伟.电工技能实训 [M].北京：清华大学出版社，2013.

[15] 劳动部培训司.电工材料 [M].北京：中国劳动出版社，1988.

[16] 王建.电气控制线路安装与维修 [M].北京：中国劳动社会保障出版社，2006.

[17] 高玉奎.维修电工手册 [M].北京：中国电力出版社，2012.

[18] 李俊、遇桂琴.供用电网络及设备 [M].第2版.北京：中国电力出版社，2003.

[19] 唐海.建筑电气设计与施工 [M].第2版.北京：中国建筑工业出版社，2010.

[20] 韩英歧.电子元器件应用技术手册：元件分册 [M].北京：中国标准出版社，2012.

化学工业出版社专业图书推荐

ISBN	书名	定价
26291	电工操作 600 问	49
26289	维修电工 500 问	49
26318	建筑弱电电工 600 问	49
26320	低压电工 400 问	39
26316	高压电工 400 问	49
26567	电动机维修技能一学就会	39
26002	一本书看懂电工电路	29
25881	一本书学会电工操作技能	49
25291	一本书看懂电动机控制电路	36
25250	高低压电工超实用技能全书	98
25170	实用电气五金手册	138
25150	电工电路识图 200 例	39
24509	电机驱动与调速	58
24162	轻松看懂电工电路图	38
24149	电工基础一本通	29.8
24088	电动机控制电路识图 200 例	49
24078	手把手教你开关电源维修技能	58
23470	从零开始学电动机维修与控制电路	88
22836	LED 超薄液晶彩电背光灯板维修详解	79
22829	LED 超薄液晶彩电电源板维修详解	79
22827	矿山电工与电路仿真	58
22515	维修电工职业技能基础	79
21704	学会电子电路设计就这么容易	58
21122	轻松掌握电梯安装与维修技能	78
21082	轻松看懂电子电路图	39
21068	轻松掌握电子产品生产工艺	49
20507	电磁兼容原理、设计与应用一本通	59
20494	轻松掌握汽车维修电工技能	58
20395	轻松掌握电动机维修技能	49
20376	轻松掌握小家电维修技能	39
20356	轻松掌握电子元器件识别、检测与应用	49
20240	轻松学会 Protel 电路设计与制版	49
20163	轻松掌握高压电工技能	49
20162	轻松掌握液晶电视机维修技能	49
20158	轻松掌握低压电工技能	39
20157	轻松掌握家装电工技能	39
19940	轻松掌握空调器安装与维修技能	49

ISBN	书名	定价
19861	轻松看懂电动机控制电路	48
19855	轻松掌握电冰箱维修技能	39
19854	轻松掌握维修电工技能	49
19244	低压电工上岗取证就这么容易	58
19190	学会维修电工技能就这么容易	59
18814	学会电动机维修就这么容易	39
18813	电力系统继电保护	49
18736	风力发电与机组系统	59
18015	火电厂安全经济运行与管理	48
16565	动力电池材料	49
15726	简明维修电工手册	78

欢迎订阅以上相关图书

图书详情及相关信息浏览：请登录 http：// www.cip.com.cn

购书咨询：010-64518800

邮购地址：北京市东城区青年湖南街 13 号化学工业出版社 （100011）

如欲出版新著，欢迎投稿 E-mail：editor2044@sina.com